世纪高等学校重点课程辅导教材

WEIJIFEN JIAOXUE
TONGBU ZHIDAO YU XUNLIAN

微积分教学同步指导与训练

■ 喻德生　主编

化学工业出版社
·北京·

《微积分教学同步指导与训练》参照赵树嫄主编《微积分》(第四版)的基本内容，以每小节两学时的篇幅对微积分进行教学设计，全书共计50节100学时.

每节均由教学目标、考点题型、例题分析和课后作业四个部分组成. 教学目标根据微积分教学大纲的基本要求编写，目的是把教学目标交给学生，使学生了解教学大纲和教师的要求，从而增强学习的主动性和目的性；考点题型分两级列出考点，并以求解、证明等字眼指出考查考点常见的题型；例题分析选择、构造一些比较典型的题目，从不同侧面阐述解题的思路、方法和技巧，每个题均按照“例题＋分析＋解或证明＋思考”的模式编写，广泛运用变式、引申等方式，突出题目的重点，揭示解题方法的本质，从而把“师生对话”的机制融入解题的过程中，使“教、学、思”融于一体，使举一反三成为可能，进而提高学生分析问题和解决问题的能力；课后作业以每次课配置一次作业的原则进行编写. 每次作业均包含3种题型7个题目，其中填空题2个，选择题2个，解答、证明题3个. 各题后均留有空白处，用于书写解答的过程. 每次练习均印刷在同一页的正、反面上，完成作业后即可将其撕下上交，方便使用.

《微积分教学同步指导与训练》是微积分教学的同步教材，对微积分每堂课的教学都具有较强的指导性、针对性和即时性，可作为高等院校理科、经管、文科微积分教学的指导书和练习册供师生使用.

图书在版编目(CIP)数据

微积分教学同步指导与训练/喻德生主编. —北京：化学工业出版社，2017.10

21世纪高等学校重点课程辅导教材

ISBN 978-7-122-30398-1

Ⅰ.①微… Ⅱ.①喻… Ⅲ.①微积分-高等学校-教学参考资料 Ⅳ.①O172

中国版本图书馆CIP数据核字(2017)第191837号

责任编辑：唐旭华 尉迟梦迪　　文字编辑：陶艳玲 王 婧 刘丽菲

责任校对：边 涛　　装帧设计：史利平

出版发行：化学工业出版社(北京市东城区青年湖南街13号 邮政编码100011)

印　　刷：北京永鑫印刷有限责任公司

装　　订：三河市宇新装订厂

787mm×1092mm 1/16 印张15¼ 字数406千字 2017年10月北京第1版第1次印刷

购书咨询：010-64518888(传真：010-64519686)　售后服务：010-64518899

网　　址：http://www.cip.com.cn

凡购买本书，如有缺损质量问题，本社销售中心负责调换。

定　　价：29.80元

前　　言

《微积分教学同步指导与训练》根据高等院校理科、经管、文科微积分课程教学的基本要求，结合当前微积分教学改革和学生学习的实际需要，组织教学经验比较丰富的教师编写而成．本书是微积分教学的同步教材，对微积分每堂课的教学都具有较强的指导性、针对性和即时性，可作为高等院校理科、经管、文科微积分教学的指导书和练习册供师生使用．

《微积分教学同步指导与训练》根据本科院校微积分课程教学的基本要求和教学时数，参照赵树嫄主编《微积分》（第四版）的基本内容，合理地分割每次课（2 学时）的教学内容，并以每次课配置一次练习的原则进行编写．每节均包括教学目标、考点题型、例题分析和课后作业四个部分，各部分编写说明如下：

（1）教学目标　根据微积分教学大纲的基本要求分层次进行编写，目的是把教学目标交给学生，使学生了解教学大纲的精神和教师的要求，从而增强学习的主动性和目的性．

（2）考点题型　分两级列出考点，其中打“*”号的表示一级考点，否则为二级考点；并以求解、证明等字眼指出考查考点常见的题型．

（3）例题分析　围绕每次课教学内容的重点、难点，按每次课 6 个例题的幅度选择一些比较典型的例题，从不同侧面阐述解题的思路、方法与技巧．每个题均按照“例题＋分析＋解或证明＋思考”的模式编写，广泛运用变式、引申等方式，突出题目的重点，揭示解题方法的本质．从而在解题的过程中，运用“师生对话”的机制，使“教、学、思”融于一体，使举一反三成为可能，提高学生分析问题和解决问题的能力．

（4）课后作业　每次练习均包含 3 种题型 7 个题目，其中填空题 2 个，选择题 2 个，解答、证明题 3 个．各题后均留有空白处，用于书写解答的过程．每次练习均印刷在同一页的正、反面上，完成作业后即可将其撕下上交，方便使用．

本书是在我校近 20 年以来编写使用的教学指导书和练习册的基础上编写而成的，由喻德生教授主编．参加本书及练习册答案原稿部分内容编写的老师有：李昆、邹群、明万元、黄香蕉、王卫东、程筠、杨就意、胡结梅、徐伟、陈菱蕙、毕公平、漆志鹏、熊归凤、魏贵珍、李园庭、鲁力、王利魁、赵刚等．本次修订由喻德生完成．参与本书校样稿校阅的老师有：刘娟娟、杨就意、鲍丽娟．

本书编写得到我校教务处和数学与信息科学学院，以及化学工业出版社的大力支持，在此表示衷心感谢！

由于水平有限，书中难免出现疏漏、甚至错误之处，敬请国内外同仁和读者批评指正．

编者

2017 年 6 月于南昌航空大学

目　录

第一章　函数与极限同步指导与训练

第一节　集合的概念与性质，函数的定义

一、教学目标

理解集合的基本概念与性质，能根据实际问题的需要，用适当的方法表示集合. 掌握集合的并、交、差和补等运算以及这些运算的性质. 理解函数的定义，了解函数与映射之间的关系. 会求函数的定义域、值域以及一些问题的函数表达式.

二、考点题型

集合相等的证明，集合的求解；函数的定义域*，对应法则*和值域的求解，函数应用题.

三、例题分析

例 1.1.1　证明集合的分配律：(i) $(A\cup B)\cap C=(A\cap C)\cup(B\cap C)$；(ii) $(A\cap B)\cup C=(A\cup C)\cap(B\cup C)$.

分析　根据集合相等的定义，只需证明等式两边的两个集合相互包含即可，为此必须紧扣集合交与并运算的概念.

证明　(i) $\forall x\in(A\cup B)\cap C\Rightarrow x\in A\cup B$ 且 $x\in C\Rightarrow x\in A$ 且 $x\in C$ 或 $x\in B$ 且 $x\in C\Rightarrow x\in A\cap C$ 或 $B\cap C\Rightarrow x\in(A\cap C)\cup(B\cap C)\Rightarrow(A\cup B)\cap C\subset(A\cap C)\cup(B\cap C)$；

反之，$\forall x\in(A\cap C)\cup(B\cap C)\Rightarrow x\in A\cap C$ 或 $x\in B\cap C\Rightarrow x\in A$ 且 $x\in C$ 或 $x\in B$ 且 $x\in C\Rightarrow x\in A\cup B$ 且 $x\in C\Rightarrow x\in(A\cup B)\cap C\Rightarrow(A\cap C)\cup(B\cap C)\subset(A\cup B)\cap C$.

所以
$$(A\cup B)\cap C=(A\cap C)\cup(B\cap C).$$

(ii) 类似地可以证明.

思考　写出以下四个集合的运算律：(i) $(A\cup B)\cap(C\cup D)$；(ii) $(A\cap B)\cup(C\cap D)$，并给出证明.

例 1.1.2　下列四个集合中，与集合 $J=\{-1,0,1\}$ 不相等的集合是（　　）.

A. $J_1=\{x_n\mid x_n=\sin\frac{n\pi}{2},n\in\mathbf{Z}\}$；　　B. $J_2=\{x_n\mid x_n=\frac{2}{\sqrt{3}}\sin\frac{n\pi}{3},n\in\mathbf{Z}\}$；

C. $J_3=\{x_n\mid x_n=\cos\frac{n\pi}{2},n\in\mathbf{Z}\}$；　　D. $J_4=\{x_n\mid x_n=2\cos\frac{n\pi}{3},n\in\mathbf{Z}\}$.

分析　尽管四个选项中的 n 都可以取所有整数，但由于各选项中的 x_n 的周期性，故对不同的整数 n，x_n 可以重复取某几个值，而对我们这里所指集合而言，相同的元素是不重复计算的，因此各选项也可能是与集合 $J=\{-1,0,1\}$ 相等的有限集，为此先求出各选项中的集合.

解　因为在 J_4 中，当 $n=6k$ 时，$x_n=2\cos2k\pi=2$；

当 $n=6k+1$ 时，$x_n=2\cos(2k\pi+\frac{\pi}{3})=2\cos\frac{\pi}{3}=1$；

当 $n=6k+2$ 时，$x_n=2\cos(2k\pi+\frac{2\pi}{3})=2\cos\frac{2\pi}{3}=-1$；

当 $n=6k+3$ 时，$x_n=2\cos(2k\pi+\pi)=2\cos\pi=-2$；

当 $n=6k+4$ 时，$x_n=2\cos(2k\pi+\frac{4\pi}{3})=2\cos\frac{4\pi}{3}=-1$；

当 $n=6k+5$ 时，$x_n=2\cos(2k\pi+\frac{5\pi}{3})=2\cos\frac{5\pi}{3}=1$.

所以 $J_4=\{1, 2, -1, -2\}\neq J$，故选择 D.

思考 (i) 不计算 J_4 中的其余各值，而仅根据其中的 $x_{6k}=2\cos 2k\pi=2$，就可以作出选择 D 的决定？为什么？(ii) 用排除法求解该题.

例 1.1.3 设 $A=\{a, b, c\}$，$B=\{b, c, d\}$ 且 $A\cap B=\{b, c\}$，求 $(A\times B)-(B\times A)$.

分析 这是笛卡尔积集与差集的混合运算，先求出两个笛卡尔积集，再求它们的差集.

解 根据笛卡尔积集和差集的定义，可得

$A\times B=\{(a, b), (a, c), (a, d); (b, b), (b, c), (b, d); (c, b), (c, c), (c, d)\}$，

$B\times A=\{(b, a), (b, b), (b, c); (c, a), (c, b), (c, c); (d, a), (d, b), (d, c)\}$，

$(A\times B)-(B\times A)=\{(a, b), (a, c), (a, d), (b, d), (c, d)\}$.

思考 (i) 若没有 $A\cap B=\{b, c\}$ 的限制，以上解答过程是否正确？为什么？若否，如何完善？(ii) 若另设 $C=\{c, d, a\}$，求 $(A\times B)-(B\times C)$ 和 $(A\times C)-(B\times C)$.

例 1.1.4 下列各对函数中是相同函数的是（　　）.

A. $f(x)=\frac{x^2-1}{x-1}$ 与 $g(x)=x+1$；

B. $f(x)=\ln x^2$ 与 $g(x)=2\ln x$；

C. $f(x)=\sqrt{x^2(x-1)}$ 与 $g(x)=x\sqrt{x-1}$；

D. $f(x)=\sqrt[3]{x^3(1-x)}$ 与 $g(x)=x\sqrt[3]{1-x}$.

分析 根据确定函数的两个要素——函数的定义域与对应法则来判断：若两个函数的定义域与对应法则均相同，而不管它们形式上是否相同，都是相同的函数；否则是不同函数.

解 选 D. 因为在 D 中，$D_f=D_g=\boldsymbol{R}$，且通过恒等变形 $f(x)=\sqrt[3]{x^3(1-x)}$ 与 $g(x)=x\sqrt[3]{1-x}$ 可以互化，所以它们是相同的函数，故选择 D.

思考 说明 A, B 和 C 中各对函数为什么不是相同的函数.

例 1.1.5 求函数 $y=\sqrt{|x|(x-1)}+\frac{1}{\ln(3-x)}$ 的定义域.

分析 在没有实际意义限制的情况下，函数的定义域是使函数表达式有意义的所有实数的集合. 根据根式，对数和分式的要求列出相应的不等式，求出 x 的范围即可.

解 由函数中的各个表达式有意义，可得

$$\begin{cases}|x|(x-1)\geqslant 0\\3-x>0\\3-x\neq 1\end{cases}，解得\begin{cases}x=0\text{ 或 }x\geqslant 1\\x<3\\x\neq 2\end{cases}，$$

故函数的定义域 $D_f=\{0\}\cup[1, 2)\cup(2, 3)$.

思考 若函数为 $y=\sqrt{x|x-1|}+\frac{1}{\ln(3-x)}$，结果如何？若 $y=\sqrt{|x|(x-1)}+$

$\frac{1}{\ln|3-x|}$ 或 $y=\sqrt{x|x-1|}+\frac{1}{\ln|3-x|}$ 呢？

例 1.1.6　为节约能源，政府出台梯度电价．规定居民每户每月用电 300 度以内，每度价格 0.6 元；300 度以上每增加 100 度，每度价格增加 0.02 元．若已知居民每月用电量不会超过 800 度，试求居民梯度电费函数的表达式，并求电费函数定义域和值域．

分析　梯度电费是电量的分段函数，每段内的电费都等于该段内的用电量与该段内的梯度电价的乘积，至当前电量各段电费的和就是该段的电费函数．注意，表达实际问题函数的定义域与值域都受实际意义的限制．

解　设某户居民每月的用电量为 x，电费函数为 $p(x)$，则

$$p(x)=\begin{cases}0.6x, & 0\leqslant x\leqslant 300\\ 180+0.62(x-300), & 300<x\leqslant 400\\ 242+0.64(x-400), & 400<x\leqslant 500\\ 306+0.66(x-500), & 500<x\leqslant 600\\ 372+0.68(x-600), & 600<x\leqslant 700\\ 440+0.7(x-700), & 700<x\leqslant 800\end{cases}=\begin{cases}0.6x, & 0\leqslant x\leqslant 300\\ 0.62x-6, & 300<x\leqslant 400\\ 0.64x-14, & 400<x\leqslant 500\\ 0.66x-24, & 500<x\leqslant 600\\ 0.68x-36, & 600<x\leqslant 700\\ 0.7x-50, & 700<x\leqslant 800\end{cases},$$

显然，$D_p=[0,\ 800]$，$R_p=[0,\ 510]$．

思考　(i) 若某户某月使用的电量为 460 度，问其该月每度的平均电价为多少？为 750 度呢？(ii) 若 300 度以上每增加 100 度，每度价格增加 0.05 元，以上各题的结果如何？

第二节　函数的性质、复合函数与反函数

一、教学目标

会求解一些有关函数单调性，有界性，奇偶性和周期性的问题．了解复合函数的概念，会求函数的复合函数或将一个函数分解成一些函数的复合．了解反函数的概念，反函数与直接函数之间的关系．会求函数的反函数．了解初等函数的概念与性质，会进行函数的运算．

二、考点题型

函数的有界性，单调性*，奇偶性*和周期性的证明及运用；反函数的求解；复合函数的求解*．

三、例题分析

例 1.2.1　设函数 $f(x)=xe^{\sin x}\tan x$，则 $f(x)$ 是（　　）．

A. 偶函数；　　B. 无界函数；　　C. 周期函数；　　D. 单调函数．

分析　根据以上四种函数的定义，逐个判断各个选项是否正确，并作出选择．

解　选 B．因为函数 $e^{\sin x}$ 没有奇，偶性，因此它与两奇函数 x 和 $\tan x$ 的积不可能是偶函数；x 不是周期函数，因此它与两个周期函数 $e^{\sin x}$ 和 $\tan x$ 的积不可能是周期函数；函数 $e^{\sin x}$ 在 $f(x)$ 的定义区间 $(k\pi-\frac{\pi}{2},\ k\pi+\frac{\pi}{2})(k\in\mathbf{Z})$ 内不是单调的，所以它与两个在区间 $(k\pi-\frac{\pi}{2},\ k\pi+\frac{\pi}{2})(k\in\mathbf{Z})$ 内单调的函数 x 和 $\tan x$ 的积不可能是单调函数，故排除选项 A，C 和 D，从而选择 B．

思考　(i) 若函数为 $f(x)=e^{x}\sin x\tan x$，结果如何？(ii) 在以上两题中，能否利用函

数 $\tan x$ 在 $x=k\pi+\frac{1}{2}\pi$ 处无界性，说明 $f(x)$ 的无界性？为什么？

例 1.2.2 设 $f(x)$ 是定义在 $(-l, l)$ $(l>0)$ 上的奇函数. 若 $f(x)$ 在 $(0, l)$ 是单调增加的，证明：$f(x)$ 在 $(-l, 0)$ 内也是单调增加的.

分析 根据定义，只需证明，对任意的 $x_1, x_2\in(-l, 0)$ 且 $x_1<x_2$，有 $f(x_1)<f(x_2)$.

证明 对任意的 $x_1, x_2\in(-l, 0)$ 且 $x_1<x_2$，有 $-x_1, -x_2\in(0, l)$ 且 $-x_1>-x_2$. 因为 $f(x)$ 在 $(0, l)$ 是单调增加的，故有

$$f(-x_1)>f(-x_2).$$

又因为 $f(x)$ 是定义在 $(-l, l)$ $(l>0)$ 上的奇函数，所以 $f(-x_1)=-f(x_1)$，$f(-x_2)=-f(x_2)$，代入上式并在不等式两边乘以 -1，得

$$f(x_1)<f(x_2),$$

因此 $f(x)$ 在 $(-l, 0)$ 内也是单调增加的.

思考 若 $f(x)$ 在 $(0, l)$ 是单调减少的，结论如何？若 $f(x)$ 为偶函数，结论怎样？若 $f(x)$ 为偶函数且在 $(0, l)$ 是单调增加的，结论是什么？并证明结论.

例 1.2.3 证明：$y=\dfrac{x^2-x+1}{x^2+x+1}$ 是有界函数.

分析 根据定义，只需证明，对函数定义域内的任何 x，函数值 $y(x)$ 存在且为有限数，即函数的值域在一个有限的区间之内.

证明 显然，函数的定义域 $D=(-\infty, +\infty)$，故对任意的 $x\in(-\infty, +\infty)$，函数值 $y(x)=\dfrac{x^2-x+1}{x^2+x+1}$ 存在，也就是关于方程 x 的二次方程 $y(x^2+x+1)=x^2-x+1$，即

$$(y-1)x^2+(y+1)x+(y-1)=0$$

恒有实根. 于是

$$\Delta=(y+1)^2-4(y-1)^2=(3y-1)(3-y)\geqslant 0,$$

所以 $1/3\leqslant y\leqslant 3$.

思考 若 $y=\dfrac{x^2-x+1}{x^2+1}$，结论如何？并证明你的结论. 若 $y=\dfrac{x^2+1}{x^2-x+1}$ 呢？

例 1.2.4 已知 $f(x)=e^{x^2}$，$f[\varphi(x)]=1-x$ 且 $\varphi(x)\geqslant 0$，求 $\varphi(x)$.

分析 这是已知复合函数，要求被复合中间函数的问题. 确定一个函数，只要求出其表达式和定义域.

解 因为 $f[\varphi(x)]=e^{[\varphi(x)]^2}=1-x$，所以 $\varphi(x)=\sqrt{\ln(1-x)}$. 由 $\ln(1-x)\geqslant 0$ 得 $1-x\geqslant 1$，所以 $x\leqslant 0$. 故 $\varphi(x)=\sqrt{\ln(1-x)}$，$x\leqslant 0$.

思考 如果 $\varphi(x)\geqslant 1$，结果如何？如果 $\varphi(x)\leqslant 0$，结果怎样？

例 1.2.5 设 $f(x)=\dfrac{x-1}{x+1}$，求 $f[f(x)]$.

分析 把 $f(x)$ 看成 x，代入 $f(x)$ 中，化简即可. 注意，化简过程中不能扩大缩小 x 的范围.

解 $D_f=(-\infty, -1)\cup(-1, +\infty)$，$R_f=(-\infty, 1)\cup(1, +\infty)$. 由于 $D_f\cap R_f\neq\varnothing$，所以 $f(x)$ 与 $f(x)$ 可以复合. 于是

$$f[f(x)]=\frac{f(x)-1}{f(x)+1}=\frac{(x-1)/(x+1)-1}{(x-1)/(x+1)+1}=\frac{(x-1)-(x+1)}{(x-1)+(x+1)}=-\frac{1}{x},$$

又由 $f(x)$ 的定义域可知 $x\neq-1$；由 $f(x)$ 的值域可有 $f(x)\neq-1$，解得 $x\neq 0$. 故所

求复合函数

$$f[f(x)]=-\frac{1}{x}\quad (x\neq 0,\ -1).$$

注　从本例可以看出，化简所得到的式子，未必就是所求的复合函数. 因为化简未必是恒等变形，它可能改变自变量的取值范围.

例 1.2.6　求函数 $y=\frac{e^x-1}{e^x+1}$ 的反函数，并求该函数及其反函数的定义域和值域.

分析　求一个函数 $y=y(x)$ 的反函数，只要将 x 看成是未知数，从方程 $y=y(x)$ 中解出 $x=x(y)$，再将该表达式中的 x，y 互换就是所求的反函数. 由于函数和其反函数的定义域和值域是互置的关系，所以设法求得其中的一个，互置就可以得出另一个.

解　因为 $y=\frac{e^x-1}{e^x+1}$，所以 $(e^x+1)y=e^x-1$，$(y-1)e^x=-1-y$. 于是 $e^x=\frac{1+y}{1-y}$，$x=\ln\frac{1+y}{1-y}$，故函数 $y=\frac{e^x-1}{e^x+1}$ 的反函数为 $y=\ln\frac{1+x}{1-x}$.

显然函数 $y=\frac{e^x-1}{e^x+1}$ 的定义域为 $(-\infty,\ +\infty)$，故反函数 $y=\ln\frac{1+x}{1-x}$ 的值域为 $(-\infty,\ +\infty)$；而由 $\frac{1+x}{1-x}>0$，易得反函数 $y=\ln\frac{1+x}{1-x}$ 的定义域 $(-1,\ +1)$，所以函数 $y=\frac{e^x-1}{e^x+1}$ 的值域为 $(-1,\ +1)$.

思考　若函数 $y=\frac{\sin x-1}{\sin x+1}$，$x\in\left[-\frac{\pi}{2},\ \frac{\pi}{2}\right]$，结果如何？若 $y=\frac{\sin x+1}{\sin x-1}$，$x\in\left(-\frac{\pi}{2},\ \frac{\pi}{2}\right)$ 呢？

第三节　习题课

例 1.3.1　用集合表示 xOy 平面上三直线 $x+y=1$，$2y-x=1$，$x-1=0$ 所围成的闭区域.

分析　每条直线都将 xOy 平面均分成两部分，其中只有一部分包含三直线所围成的闭区域. 将这样的三部分表示成三个集合，则三直线所围成的闭区域就是这三个集合的交集. 此外，由于坐标面上点是由有序数对构成，因此可以确定集合 D 中两坐标的范围，也可以用两坐标 x，y 的两不等式来表示.

解　如图 1.1 所示，设三直线所围成的闭区域为 D. 显然 D 位于直线 $x+y=1$ 的上侧，位于直线 $2y-x=1$ 的下侧，直线 $x-1=0$ 的左侧，故令

$$A=\{(x,\ y)\mid x+y\geqslant 1\},$$
$$B=\{(x,\ y)\mid 2y-x\leqslant 1\},$$
$$C=\{(x,\ y)\mid x\leqslant 1\},$$

则 $D=A\cap B\cap C$.

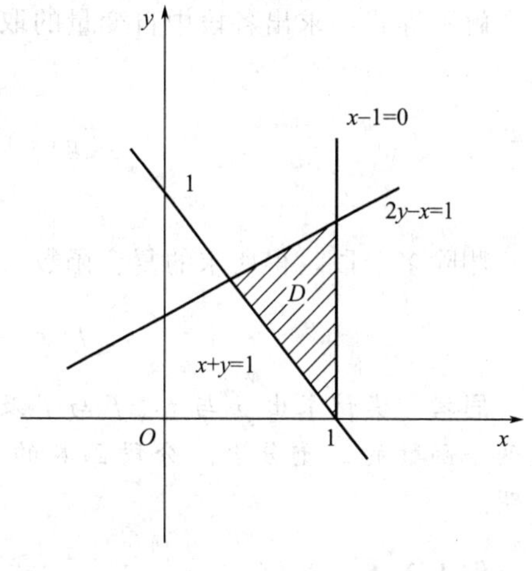

图 1.1

思考　若三直线为三直线 $x+y=1$，$x-y=0$，$x-1=0$ 或 $x+y=1$，$2y-x=1$，$x+2y=1$，结

果如何？若为 $x+y=1$，$x-y=0$，$x+2y=1$ 呢？

例 1.3.2 设函数 $f(x)$ 的定义域为 $D=[0,1]$．(i) 求函数 $f(\sin x)$ 的定义域；(ii) 讨论 a 为何值时，两函数 $f(x+a)$ 和 $f(x-a)$ 可以进行加减运算，并求函数 $f(x+a)\pm f(x-a)$ 的定义域.

分析 这是已知简单函数的定义域，要求复合函数定义域的问题．因此，被复合的中间变量必须落在简单函数的定义域之内.

解 (i) 因为函数 $f(x)$ 的定义域为 $D=[0,1]$，故由 $0\leqslant\sin x\leqslant 1$，解得 $2k\pi\leqslant x\leqslant(2k+1)\pi$，$k\in\mathbf{Z}$，因此 $f(\sin x)$ 的定义域 $D=\{x\mid 2k\pi\leqslant x\leqslant(2k+1)\pi,\ k\in\mathbf{Z}\}$.

(ii) 由 $\begin{cases}0\leqslant x+a\leqslant 1\\0\leqslant x-a\leqslant 1\end{cases}$，解得 $\begin{cases}-a\leqslant x\leqslant 1-a\\a\leqslant x\leqslant 1+a\end{cases}$．于是当 $a\leqslant 1-a$，即 $a\leqslant\dfrac{1}{2}$ 时，不等式组的解为 $a\leqslant x\leqslant 1-a$；当 $1-a<a$，即 $a>\dfrac{1}{2}$ 时，不等式组 $\begin{cases}-a\leqslant x\leqslant 1-a\\a\leqslant x\leqslant 1+a\end{cases}$ 无解.

于是当 $a\leqslant\dfrac{1}{2}$ 时，两函数 $f(x+a)$ 和 $f(x-a)$ 可以进行加减运算，且函数 $f(x+a)\pm f(x-a)$ 的定义域为 $D=\{x\mid a\leqslant x\leqslant 1-a\}$；当 $a>\dfrac{1}{2}$ 时，两函数 $f(x+a)$ 和 $f(x-a)$ 不可以进行加减运算，此时 $f(x+a)\pm f(x-a)$ 无意义.

思考 (i) 求函数 $f(2\sin x)$ 的定义域；(ii) 讨论 a 为何值时，两函数 $f(2x+a)$ 和 $f(a-2x)$ 可以进行加减运算，并求函数 $f(2x+a)\pm f(a-2x)$ 的定义域.

例 1.3.3 设 $f(x)=\begin{cases}2-x, & x\leqslant 0\\x+2, & x>0\end{cases}$，$g(x)=\begin{cases}x^2, & x<0\\-x, & x\geqslant 0\end{cases}$，求 $f[g(x)]$.

分析 先将分段函数 $g(x)$ 看成 x 代入 $f(x)$ 中，得出关于 $g(x)$ 的分段表达式；再将 $g(x)$ 各段的表达式代入，得出各段关于自变量 x 的表达式及各段上 x 的取值范围．最后删除可能出现的取值范围为空集的所谓的“多余段”．注意，“$\wedge$”是逻辑运算符号，意即“同”.

解 因为

$$f[g(x)]=\begin{cases}2-f(x), & f(x)\leqslant 0\\2+f(x), & f(x)>0\end{cases}=\begin{cases}2-x^2, & x^2\leqslant 0\wedge x<0\\2+x^2, & x^2>0\wedge x<0\\2-(-x), & -x\leqslant 0\wedge x\geqslant 0\\2+(-x), & -x>0\wedge x\geqslant 0\end{cases},$$

解不等式，求出各段中自变量的取值范围，得

$$f[g(x)]=\begin{cases}2-x^2, & x\in\varnothing\\2+x^2, & x<0\\2+x, & x\geqslant 0\\2-x, & x\in\varnothing\end{cases},$$

删除多余段，得所求的复合函数

$$f(x)=\begin{cases}2+x^2, & x<0\\2+x, & x\geqslant 0\end{cases}.$$

思考 尝试求出 g 与 f、f 与 f 及 g 与 g 的复合 $g[f(x)]$，$f[f(x)]$，$g[g(x)]$ 以及这两个函数的三重复合．分段函数的复合函数一定是分段函数吗？如果不一定是，举例说明.

例 1.3.4 设 $f(x)=\begin{cases}1, & |x|\leqslant 1\\0, & |x|>1\end{cases}$，求 $f\{f[f(x)]\}$.

分析 用上题方法，先求二重复合 $f[f(x)]$，再把 $f[f(x)]$ 看成 x，由 $f(x)$ 的表达式，即可求出三重复合 $f\{f[f(x)]\}$.

解 因为 $f[f(x)]=\begin{cases}1, & |f(x)|\leqslant 1\\ 0, & |f(x)|>1\end{cases}=\begin{cases}1, & 1\leqslant 1 \wedge |x|\leqslant 1\\ 0, & 1>1 \wedge |x|>1\end{cases}=1,\ |x|\leqslant 1$，所以

$$f\{f[f(x)]\}=\begin{cases}1, & |f[f(x)]|\leqslant 1\\ 0, & |f[f(x)]|>1\end{cases}=1,\ |x|\leqslant 1.$$

思考 若 $f(x)=\begin{cases}1, & |x|\leqslant 2\\ 0, & |x|>2\end{cases}$，结果如何？若为 $f(x)=\begin{cases}2, & |x|\leqslant 1\\ 0, & |x|>1\end{cases}$ 或 $f(x)=\begin{cases}2, & |x|\leqslant 2\\ 0, & |x|>2\end{cases}$ 呢？

注 该题为 2001 年数学考研题，以选择题的形式出现. 由以上讨论，易见其选项 $f\{f[f(x)]\}=1$ 忽略了 $f\{f[f(x)]\}$ 的定义域，是不确切的.

例 1.3.5 设函数 $f(x)$ 满足等式

$$af(x)+bf(\frac{1}{x})=c\ln x, \tag{1.3.1}$$

其中 a，b，c 为常数且 $|a|\neq|b|$，求 $f(x)$.

分析 在已知等式中，有两个函数 $f(x)$，$f(\frac{1}{x})$ 都是未知的，但求得其中一个，另一个也就确定了. 因此要利用 $f(x)$，$f(\frac{1}{x})$ 之间的关系，得出另一个等式，从而利用方程组来求解.

解 以 $\frac{1}{x}$ 代已知等式（1.3.1）中的 x，得

$$bf(x)+af(\frac{1}{x})=-c\ln x. \tag{1.3.2}$$

式（1.3.1）和式（1.3.2）联立，解得

$$f(x)=\begin{vmatrix}c\ln x & b\\ -c\ln x & a\end{vmatrix}\Big/\begin{vmatrix}a & b\\ b & a\end{vmatrix}=\frac{c(a+b)\ln x}{a^2-b^2}=\frac{c}{a-b}\ln x.$$

思考 如果式(1.3.1)为 $af(x)+bf(\frac{2}{x})=c\ln x$，应如何求解？如果 $a=b$，那么 c 等于多少？能否求出 $f(x)$ 或满足式(1.3.1)的某些 $f(x)$？

例 1.3.6 证明：函数 $f(x)=\frac{1}{x}\sin\frac{1}{x}$ 在 $x=0$ 的任意邻域 $U^0(0,\delta)$ 内是无界的.

分析 根据定义，对任给的 $M>0$，找出某 $x_0\in U^0(0,\delta)$，使 $|f(x_0)|>M$.

证明 任给 $M>0$，要 $|f(x)|=|\frac{1}{x}\sin\frac{1}{x}|>M$，必要 $|\frac{1}{x}|>M$，即 $|x|<\frac{1}{M}$. 令 $\delta=\frac{1}{M}$，取充分大的正整数 n，使 $x_0=\frac{1}{2n\pi+\frac{\pi}{2}}\in U^0(0,\delta)$，则有 $|f(x_0)|>M$ 成立. 因此 $f(x)$ 在 $x=0$ 的任意邻域 $U^0(0,\delta)$ 内是无界的.

思考 若 $f(x)=\frac{1}{x^2}\sin\frac{1}{x}$，如何证明？$f(x)=\frac{1}{x}\cos\frac{1}{x}$ 或 $f(x)=\frac{1}{x^2}\cos\frac{1}{x}$ 呢？

例 1.3.7 设 $f(x)$ 在 $\boldsymbol{R}$ 上有定义，且对任意的 x，y 恒有 $f(x+y)=f(x)+f(y)$，

证明：$F(x)=(\frac{1}{a^x-1}+\frac{1}{2})f(x)$ $(a>0, a\neq 1)$ 为偶函数.

分析 $F(x)$ 可以看成是两个函数的乘积，只需证明这两个函数均为奇函数.

证明 令 $\varphi(x)=(\frac{1}{a^x-1}+\frac{1}{2})$，于是

$$\varphi(-x)=\frac{1}{a^{-x}-1}+\frac{1}{2}=\frac{a^x}{1-a^x}+\frac{1}{2}=\frac{1}{1-a^x}-1+\frac{1}{2}=-(\frac{1}{a^x-1}+\frac{1}{2})=-\varphi(x),$$

所以 $\varphi(x)$ 为奇函数.

又依题设，$f(x)=f(x+0)=f(x)+f(0)$，因此 $f(0)=0$. 于是

$$0=f(0)=f(x-x)=f(x)+f(-x),$$

所以 $f(-x)=-f(x)$，即 $f(x)$ 为奇函数.

因此 $F(-x)=\varphi(-x)f(-x)=\varphi(x)f(x)=F(x)$，即 $F(x)$ 为偶函数.

思考 若 $F(x)=(\frac{1}{1-a^x}-\frac{1}{2})f(x)$ $(a>0, a\neq 1)$，结果如何?

例 1.3.8 求函数 $y=\frac{1}{2}(x+\frac{1}{x})$ 在 $|x|\geqslant 1$ 上的反函数 $y=\varphi(x)$，并判断 $\varphi(x)$ 的奇偶性.

分析 求一个函数的反函数，一是要用函数表示自变量，即把函数看成是关于自变量的方程并解出自变量，从而确定反函数的表达式；二是要确定反函数的定义域，即函数的值域.

解 因为 $|x|\geqslant 1 \Leftrightarrow x\geqslant 1 \vee x\leqslant -1$. 当 $x\geqslant 1$ 时，$y=\frac{1}{2}(x+\frac{1}{x})\geqslant\sqrt{x\cdot\frac{1}{x}}=1$；当 $x\leqslant -1$ 时，$-y=\frac{1}{2}(-x-\frac{1}{x})\geqslant\sqrt{(-x)\cdot(-\frac{1}{x})}=1\Rightarrow y\leqslant -1$. 把函数 $y=\frac{1}{2}(x+\frac{1}{x})$ 看成是关于自变量 x 的方程，即

$$x^2-2yx+1=0,$$

其解为

$$x=y\pm\sqrt{y^2-1}, \quad |y|\geqslant 1,$$

故当 $y\geqslant 1$ 时，$x=y+\sqrt{y^2-1}\geqslant 1$；当 $y\leqslant -1$ 时，$x=y-\sqrt{y^2-1}\leqslant -1$. 故所求反函数为

$$\varphi(x)=\begin{cases}x+\sqrt{x^2-1}, & x\geqslant 1\\ x-\sqrt{x^2-1}, & x\leqslant -1\end{cases}.$$

反函数的定义域为 $D_\varphi=(-\infty, -1]\cup[1, +\infty)$. 显然，当 $x\in D_\varphi$ 时，有 $-x\in D_\varphi$，且

$$\varphi(-x)=\begin{cases}-x+\sqrt{(-x)^2-1}, & -x\geqslant 1\\ -x-\sqrt{(-x)^2-1}, & -x\leqslant -1\end{cases}=\begin{cases}-x+\sqrt{x^2-1}, & x\leqslant -1\\ -x-\sqrt{x^2-1}, & x\geqslant 1\end{cases}$$

$$=-\begin{cases}x-\sqrt{x^2-1}, & x\leqslant -1\\ x+\sqrt{x^2-1}, & x\geqslant 1\end{cases}=-\varphi(x),$$

因此，$\varphi(x)$ 为奇函数.

思考 显然，函数 $y=\frac{1}{2}(x+\frac{1}{x})$ 也是奇函数. 因此，自然会问：有反函数的奇函数的反函数都是奇函数吗? 是，给出证明；不是，举出反例.

1. 设 $A=\{1, 2, 4\}$，$B=\{2, 4, 5\}$，$C=\{2, 4, 6\}$，则 $(A\cup B)\cap C=$__________；$(A\cap B)\cup C=$__________.

2. 函数 $f(x)=\begin{cases}2x, & |x|\leqslant 1/2 \\ \arcsin x, & \text{其他}\end{cases}$ 的定义域 $D_f=$__________；值域 $R_f=$__________.

3. 设 $A=\{x\mid -2<x<7\}$，$B=\{x\mid |x|\geqslant 1\}$，则以下结论不正确的是（　　）.

A. $A\cup B=(-\infty, +\infty)$；　　B. $A\cap B=(-2, -1]\cup[1, 7)$；

C. $A-B=(-1, 1)$；　　D. $B-A=(-\infty, -2)\cup(7, +\infty)$.

4. 下列各组函数中表示同一函数的是（　　）.

A. $f(x)=x$ 与 $g(x)=\sqrt{x^2}$；　　B. $f(x)=\dfrac{x^2-1}{x-1}$ 与 $g(x)=x+1$；

C. $f(x)=10^{-2\lg x}$ 与 $g(x)=(\lg 10^x)^{-1}$；　　D. $f(x)=\left|\lg\left(\dfrac{1}{2}\right)^x\right|$ 与 $g(x)=|x|\lg 2$.

5. 求函数 $f(x)=\sqrt{x-1}+\dfrac{1}{\ln|x-2|}$ 的定义域.

6. 设 $f(x)=\begin{cases}1-2x, & x\leqslant 1\\ 2x, & 1<x\leqslant 2\\ 1+x^2, & x>3\end{cases}$，求 $f(-1)$，$f(3/2)$，$f(2)$，$f(4)$.

7. 拟建造一个无盖的体积为 $V\ \mathrm{m}^3$ 的圆柱形水池，设水池侧面每平方米的造价为 k 元，而底面单位面积的造价是侧面单位面积造价的 2 倍，试将其总造价表示成底面半径的函数，并求函数的定义域.

1. 函数 $y=e^{\sin^2(2x-1)}$ 是由简单函数＿＿＿＿＿＿复合而成的.

2. 函数 $y=\sqrt{\sin(\arcsin\frac{x-1}{2})}$ 的定义域是＿＿＿＿＿＿；值域是＿＿＿＿＿＿.

3. 下列函数在整个定义域上不单调的是（　　）.

A. $y=\sqrt{x}$；　　B. $y=(1/2)^x$；

C. $y=\ln(x^2+1)$；　　D. $y=1/x$.

4. 设函数 $f(x)$ 的定义域为 $[-1, 3]$，则 $f(2x-1)$ 的定义域为（　　）.

A. $[-1, 2]$；　B. $[-1, 4]$；　C. $[0, 2]$；　D. $[0, 4]$.

5. 设 $f(x)=\begin{cases}0, & x\leqslant 0\\ x, & x>0\end{cases}$，$g(x)=\begin{cases}0, & x\leqslant 0\\ -x^2, & x>0\end{cases}$，求 $f[f(x)]$，$f[g(x)]$，$g[f(x)]$，$g[g(x)]$.

6. 讨论 $f(x)=\dfrac{\sin x}{x}$，$g(x)=\dfrac{a^x-1}{a^x+1}$ 奇偶性.

7. 设 $f(x)=\begin{cases}x^3-1 & |x|<1\\ \mathrm{e}^{x-1}, & x\geqslant 1\end{cases}$，求 $f(x)$ 的反函数 $f^{-1}(x)$，并确定 $f^{-1}(x)$ 的定义域与值域.

1. 设 $f(x-3)=(x^2-9)\sqrt{6x-x^2}$，则 $f(x)=$＿＿＿＿＿＿.

2. 函数 $y=\ln(\sqrt{x^2+1}+x)$ 的反函数是＿＿＿＿＿＿.

3. 函数 $\sqrt{\sin(\cos x)}$ 的定义域是（　　）.

A. $k\pi-\frac{\pi}{2}\leqslant x\leqslant k\pi+\frac{\pi}{2}$；　　B. $2k\pi-\frac{\pi}{2}\leqslant x\leqslant 2k\pi+\frac{\pi}{2}$；

C. $k\pi\leqslant x\leqslant k\pi+\pi$；　　D. $2k\pi\leqslant x\leqslant 2k\pi+\pi$.

4. 下列四个集合中，与其余三个集合不相等的集合是（　　）.

A. $J_1=\{y \mid y=\cos 2x+C_1,\ C_1\in \boldsymbol{R}\}$；

B. $J_2=\{y \mid y=\frac{1}{2}\cos 2x+C_2,\ C_2\in \boldsymbol{R}\}$；

C. $J_3=\{y \mid y=\cos^2 x+C_3,\ C_3\in \boldsymbol{R}\}$；

D. $J_4=\{y \mid y=C_4-\sin^2 x,\ C_4\in \boldsymbol{R}\}$.

5. 设 $\varphi(x+1)=\begin{cases}x^2, & 0\leqslant x\leqslant 1\\2x, & 1<x\leqslant 2\end{cases}$，求 $\varphi(x)$.

6. 求函数 $y=\ln\dfrac{x-1}{x+1}$ 的反函数，并判断反函数的奇偶性.

7. 设 $f(x)$ 是以 $T=4$ 为周期的函数，且 $f(x)$ 是奇函数. 已知当 $0\leqslant x\leqslant 2$ 时，$f(x)=2x-x^2$，求 $f(x)$ 在 $[-2, 6]$ 上的表达式.

第二章　极限与连续同步指导与训练

第一节　数列与函数的极限

一、教学目标

理解数列与极限的概念、数列与函数极限的几何意义，会用数列与函数极限证明一些简单数列（函数）的极限．了解单侧极限的概念，理解函数极限存在的充分必要条件，会用单侧极限讨论分段函数在分段点处的极限．了解极限的唯一性，有界性和保号性，收敛数列与其子列之间的关系以及函数极限与数列极限之间的关系．

二、考点题型

数列通项公式的求解；简单的极限的证明；分段函数在分段点处的极限，函数极限存在的充分必要条件*；应用收敛数列与其子列之间的关系，证明某些数列的极限存在或不存在*；应用函数极限与数列极限的关系，证明一些函数极限不存在*．

三、例题分析

例 2.1.1　已知 $x_n=\frac{1}{n}\cos\frac{n\pi}{2}$，用列举方式写出该数列，并用 -1 的幂表示其通项．

分析　把 $x_n=\frac{1}{n}\cos\frac{n\pi}{2}$ 看成是 n 的函数，求出其前面若干项的函数值并依次列出，再按要求用另一种方式写出其通项．

解　$x_1=\cos\frac{\pi}{2}=0$，$x_2=\frac{1}{2}\cos\pi=-\frac{1}{2}$，$x_3=\frac{1}{3}\cos\frac{3\pi}{2}=-\frac{1}{3}$，$x_4=\frac{1}{4}\cos\pi=\frac{1}{4}$，…，故数列为

$$0,\ -\frac{1}{2},\ 0,\ \frac{1}{4},\ 0,\ -\frac{1}{6},\ 0,\ \frac{1}{8},\ \cdots,$$

其通项为 $x_n=(-1)^{n-1}\frac{1+(-1)^n}{2n}$，即 $x_n=\frac{(-1)^{n-1}-1}{2n}$．

思考　若数列的通项为 $x_n=\frac{1}{n}\sin\frac{n\pi}{2}$，结果如何?

例 2.1.2　证明：$\lim\limits_{x\to+\infty}\frac{\sin x}{\sqrt{x}}=0$.

分析　利用正弦函数的有界性 $|\sin x|\leqslant 1$，将 $\left|\frac{\sin x}{\sqrt{x}}-0\right|$ 放大成 x 的幂函数，找 $\left|\frac{\sin x}{\sqrt{x}}-0\right|<\varepsilon$ 恒成立的充分条件.

证明　因为 $\left|\frac{\sin x}{\sqrt{x}}-0\right|=\left|\frac{\sin x}{\sqrt{x}}\right|\leqslant\frac{1}{\sqrt{x}}$．故对 $\forall\varepsilon>0$，要 $\left|\frac{\sin x}{\sqrt{x}}-0\right|<\varepsilon$，只要 $\frac{1}{\sqrt{x}}<\varepsilon$，即要 $x>\frac{1}{\varepsilon^2}$．取 $X=\frac{1}{\varepsilon^2}$，则当 $x>X$ 时，恒有 $\left|\frac{\sin x}{\sqrt{x}}-0\right|<\varepsilon$，故 $\lim\limits_{x\to+\infty}\frac{\sin x}{\sqrt{x}}=0$.

思考 证明：$\lim\limits_{x \to \infty} \dfrac{\sin x}{x}=0$.

例 2.1.3 证明：$\lim\limits_{x \to -\frac{1}{2}} \dfrac{1-4x^2}{2x+1}=2$.

分析 因为 $x \to -\dfrac{1}{2}$ 意味着 $x \neq -\dfrac{1}{2}$，故可以通过约分将 $\left|\dfrac{1-4x^2}{2x+1}-2\right|$ 化成 $2x+1$ 的幂函数，找出 $\left|\dfrac{1-4x^2}{2x+1}-2\right|<\varepsilon$ 恒成立的充要条件.

证明 因为 $\left|\dfrac{1-4x^2}{2x+1}-2\right|=\left|\dfrac{1-4x^2-4x-2}{2x+1}\right|=|2x+1|$. 故对 $\forall \varepsilon>0$，要 $\left|\dfrac{1-4x^2}{2x+1}-2\right|<\varepsilon$，即要 $|2x+1|<\varepsilon$，$\left|x+\dfrac{1}{2}\right|<\dfrac{\varepsilon}{2}$. 取 $\delta=\dfrac{\varepsilon}{2}$，则当 $0<\left|x+\dfrac{1}{2}\right|<\delta$ 时，恒有 $\left|\dfrac{1-4x^2}{2x+1}-2\right|<\varepsilon$，故 $\lim\limits_{x \to -\frac{1}{2}} \dfrac{1-4x^2}{2x+1}=2$.

思考 证明：$\lim\limits_{x \to \frac{1}{2}} \dfrac{1-4x^2}{2x-1}=-2$.

例 2.1.4 当 $x \to 2$ 时，函数 $y=x^2+1 \to 5$. 问 δ 等于多少时，使当 $0<|x-2|<\delta$ 时，恒有 $|y-5|<0.001$?

分析 这是对给定的 ε，反过来找 δ 的问题. 此时，δ 通常不是唯一的，一般找出最大可能的 δ 即可.

解 因为 $x \to 2$，因此不妨设 $|x-2|<1$（即不妨设一个 $\delta<1$），即 $1<x<3$. 要使 $|y-5|=|x^2-4|=|x+2||x-2| \leqslant 5|x-2|<0.001$，只要 $|x-2|<0.0002$，故取 $\delta=0.0002$，则当 $0<|x-2|<\delta$ 时，恒有 $|y-5|<0.001$.

思考 在假定 $|x-2|<0.5$ 和 $|x-2|<2$ 的前提下，分别求出相应的 δ.

例 2.1.5 设函数 $f(x)=\begin{cases} x-1, & x<0 \\ x, & 0 \leqslant x<1 \\ 2-x, & x \geqslant 1 \end{cases}$，证明：$\lim\limits_{x \to 1} f(x)=1$，但 $\lim\limits_{x \to 0} f(x)$ 不存在.

分析 先求出函数左、右极限，再根据极限存在充要条件证明.

证明 因为 $f(1^+)=\lim\limits_{x \to 1^+} f(x)=\lim\limits_{x \to 1^+}(2-x)=2-1=1$，$f(1^-)=\lim\limits_{x \to 1^-} f(x)=\lim\limits_{x \to 1^-} x=1$，所以 $f(1^+)=f(1^-)$，于是 $\lim\limits_{x \to 1} f(x)=1$；

又 $f(0^+)=\lim\limits_{x \to 0^+} f(x)=\lim\limits_{x \to 0^+} x=0$，$f(0^-)=\lim\limits_{x \to 0^-} f(x)=\lim\limits_{x \to 0^-}(x-1)=-1$，所以 $f(0^+) \neq f(0^-)$，从而 $\lim\limits_{x \to 0} f(x)$ 不存在.

思考 若所论及的函数为 $f(x)=\begin{cases} x+1, & x<0 \\ x, & 0 \leqslant x<1 \\ 2-x, & x \geqslant 1 \end{cases}$，是否有相同的结论？若 $f(x)=\begin{cases} x+1, & x<0 \\ x, & 0 \leqslant x<1 \\ 3-2x, & x \geqslant 1 \end{cases}$ 呢？

例 2.1.6 对于数列 $\{x_n\}$，证明：$\lim\limits_{n \to \infty} x_n=a$ 的充要条件是 $\lim\limits_{k \to \infty} x_{2k-1}=a$，$\lim\limits_{k \to \infty} x_{2k}=a$.

分析 $\{x_{2k}\}$ 和 $\{x_{2k-1}\}$ 是 $\{x_n\}$ 的两个子列. 对 $\forall \varepsilon>0$，由存在使 $|x_n-a|<\varepsilon$ 恒

成立的正整数，找出使 $|x_{2k}-a|<\varepsilon$ 和 $|x_{2k-1}-a|<\varepsilon$ 同时恒成立的正整数，证明必要性；反之，根据两子列的极限，通过取大函数证明充分性.

证明　必要性　因为 $\lim\limits_{n\to\infty}x_n=a$，故对 $\forall\varepsilon>0$，$\exists$ 正整数 N，使 $n>N$ 时恒有 $|x_n-a|<\varepsilon$. 则当 $n>N$ 时，有 $2n>N$，$2n-1>N$，故恒有 $|x_{2n}-a|<\varepsilon$，$|x_{2n-1}-a|<\varepsilon$. 于是 $\lim\limits_{2n\to\infty}x_{2n}=a$，$\lim\limits_{2n-1\to\infty}x_{2n-1}=a$. 又因 $2n\to\infty$，$2n-1\to\infty\Rightarrow n\to\infty$，所以

$$\lim_{n\to\infty}x_{2n}=a,\quad \lim_{n\to\infty}x_{2n-1}=a.$$

充分性　因为 $\lim\limits_{n\to\infty}x_{2n}=a$，$\lim\limits_{n\to\infty}x_{2n-1}=a$，故对 $\forall\varepsilon>0$，$\exists$ 正整数 $N_1=2K_1$，$N_2=2K_2-1$（其中 K_1，K_2 为正整数），使 $2n>N_1$，$2n-1>N_2$ 时，恒有 $|x_{2n}-a|<\varepsilon$，$|x_{2n-1}-a|<\varepsilon$. 取 $N=\max\{K_1,K_2\}$，则当 $n>N$ 时，因 $2n>2K_1$，$2n-1>2K_2-1\Leftrightarrow n>\max\{K_1,K_2\}=N$，于是由 $|x_{2n}-a|<\varepsilon$，$|x_{2n-1}-a|<\varepsilon$ 恒成立可以推出 $|x_n-a|<\varepsilon$ 恒成立，所以 $\lim\limits_{n\to\infty}x_n=a$.

思考　$\lim\limits_{k\to\infty}x_{3k-2}=a$，$\lim\limits_{k\to\infty}x_{3k-1}=a$，$\lim\limits_{k\to\infty}x_{3k}=a$ 是否是 $\lim\limits_{n\to\infty}x_n=a$ 的充要条件？是，给出证明；否，给出反例.

第二节　变量的极限、无穷大与无穷小

一、教学目标

理解无穷小的概念，无穷小与函数极限之间的关系. 了解无穷大概念，无穷大与无穷小之间的关系. 了解无穷小的一些性质，极限与无穷小之间的关系；了解无穷小的阶和等价无穷小的概念.

二、考点题型

无穷小与无穷大的简单证明；无穷小与无穷大、无穷小与极限之间的关系在证明或解题中的应用，无穷小的比较*.

三、例题分析

例 2.2.1　证明：$\lim\limits_{x\to1}\dfrac{1}{x^2-1}=\infty$.

分析　根据无穷大的定义，对任意给定 $M>0$，找出相应的 $\delta>0$，使 $0<|x-1|<\delta$ 时，恒有 $\left|\dfrac{1}{x^2-1}\right|>M$ 即可.

证明　不妨设 $|x-1|<1$，则 $0<x<2$. 于是对任意给定 $M>0$，要 $\left|\dfrac{1}{x^2-1}\right|>M$，只要 $\left|\dfrac{1}{x^2-1}\right|=\dfrac{1}{|x-1||x+1|}>\dfrac{1}{2|x-1|}>M$，只要 $|x-1|<\dfrac{1}{2M}$. 取 $\delta=\min\left\{1,\dfrac{1}{2M}\right\}$，则当 $0<|x-1|<\delta$ 时，$|x-1|<1$ 和 $|x-1|<\dfrac{1}{2M}$ 同时成立，从而 $\left|\dfrac{1}{x^2-1}\right|>M$ 恒成立，即 $\lim\limits_{x\to1}\dfrac{1}{x^2-1}=\infty$.

思考　仿以上过程，证明：$\lim\limits_{x\to-1}\dfrac{1}{x^2-1}=\infty$.

例 2.2.2 证明：当 $x\to 0^-$ 时，函数 $f(x)=2^{\frac{1}{x}}$ 是无穷小.

分析 根据无穷小及单侧极限的定义，对任意给定 $\varepsilon>0$，找出相应的 $\delta>0$，使 $-\delta<x-0<0$ 时，恒有 $|2^{\frac{1}{x}}|<\varepsilon$ 即可. 注意，为使从不等式 $|2^{\frac{1}{x}}|<\varepsilon$ 中反求出的 x 为负值，可以对 ε 作适当的限制.

证明 对任意给定 $\varepsilon>0$（不妨设 $\varepsilon<1$），要 $|2^{\frac{1}{x}}-0|=2^{\frac{1}{x}}<\varepsilon$，只要 $\dfrac{1}{x}<\log_2^{\varepsilon}$，只要 $x>1/\log_2^{\varepsilon}$. 取 $\delta=-1/\log_2^{\varepsilon}$，则当 $-\delta<x<0$ 时，恒有 $|2^{\frac{1}{x}}-0|<\varepsilon$，故当 $x\to 0^-$ 时，函数 $f(x)=2^{\frac{1}{x}}$ 是无穷小.

思考 证明：当 $x\to 0^+$ 时，函数 $f(x)=2^{\frac{1}{x}}$ 是无穷大.

例 2.2.3 当 $x\to 0$ 时，函数 $f(x)=\dfrac{1}{x^2}\sin\dfrac{1}{x}$ 是（　　）.

A. 无穷小；　　　　　　　　B. 无穷大；

C. 有界但不是无穷小量；　　D. 无界但不是无穷大量.

分析 根据无穷小与无穷大，有界与无界的定义，选择较为显然的错误的项，一个一个地排除，最后所剩的选项就是应选项.

解 选D. 取 $x\to 0$ 时的两个子列 $\{x_n'\}$，$\{x_n''\}$，其中 $x_n'=\dfrac{1}{2n\pi}$，$x_n''=\dfrac{1}{2n\pi+\dfrac{\pi}{2}}$，于是

$$\lim_{n\to\infty}f(x_n')=\lim_{n\to\infty}(2n\pi)^2\sin(2n\pi)=\lim_{n\to\infty}(2n\pi)^2\cdot 0=\lim_{n\to\infty}0=0,$$

$$\lim_{n\to\infty}f(x_n'')=\lim_{n\to\infty}\left(2n\pi+\frac{\pi}{2}\right)^2\sin\left(2n\pi+\frac{\pi}{2}\right)=\lim_{n\to\infty}\left(2n\pi+\frac{\pi}{2}\right)^2\cdot 1=\infty,$$

因此，可以排除 A，B，C，从而选择 D.

思考 若所论及的函数为 $f(x)=\dfrac{1}{x^2}\cos\dfrac{1}{x}$，结果如何？$f(x)=\dfrac{1}{x^2}\tan\dfrac{1}{x}$ 呢？

例 2.2.4 求极限 $\lim\limits_{x\to 0}\dfrac{\tan x}{2+\mathrm{e}^{\frac{1}{x}}}$.

分析 注意到分子是一个无穷小，分母是大于 2，因此考虑利用无穷小的性质来解题.

解 由 $\mathrm{e}^{\frac{1}{x}}>0$ 得 $2+\mathrm{e}^{\frac{1}{x}}>2$，于是 $0<\dfrac{1}{2+\mathrm{e}^{\frac{1}{x}}}<\dfrac{1}{2}$，即 $\dfrac{1}{2+\mathrm{e}^{\frac{1}{x}}}$ 为有界函数. 又因为 $\lim\limits_{x\to 0}\tan x=0$，故根据无穷小与有界函数的乘积为无穷小，所以 $\lim\limits_{x\to 0}\dfrac{\tan x}{2+\mathrm{e}^{\frac{1}{x}}}=0$.

思考 (i) 能用商的极限运算法则求解吗？为什么？(ii) 能用单边极限和商的极限运算法则求解吗？能，写出解答过程；不能，说明理由.

例 2.2.5 求极限 $\lim\limits_{x\to+\infty}[\sin\ln(x+1)-\sin\ln x]$.

分析 因为 $\lim\limits_{x\to+\infty}\sin\ln(x+1)$ 与 $\lim\limits_{x\to+\infty}\sin\ln x$ 都不存在（振荡），所以不能使用极限运算法则，也不能断言原极限一定不存在，如果利用三角变换"和差化积"，则有可能求解.

解 原式 $=\lim\limits_{x\to+\infty}2\cos\dfrac{\ln(x+1)+\ln x}{2}\sin\dfrac{\ln(x+1)-\ln x}{2}$

$$=2\lim_{x\to+\infty}\cos\frac{\ln x(x+1)}{2}\sin\frac{\ln\left(1+\dfrac{1}{x}\right)}{2},$$

因为 $\left|\cos\dfrac{\ln x(x+1)}{2}\right|\leqslant 1$，$\lim\limits_{x\to+\infty}\sin\dfrac{\ln\left(1+\dfrac{1}{x}\right)}{2}=\sin 0=0$，所以根据无穷小量与有界变量的乘积仍是无穷小量，得

$$\lim_{x\to+\infty}[\sin\ln(x+1)-\sin\ln x]=0.$$

思考　(i) 当 $x\to 0^+$ 时，函数的极限如何？(ii) 求极限 $\lim\limits_{x\to+\infty}[\sin\sqrt{x+1}-\sin\sqrt{x}]$.

例 2.2.6　设数列 $\{x_n\}$ 有界，$\lim\limits_{n\to\infty}y_n=0$，证明：$\lim\limits_{n\to\infty}x_ny_n=0$.

证明　因为 $\{x_n\}$ 有界，故对 $\forall n$，$\exists M>0$，使 $|x_n|\leqslant M$. 又由 $\lim\limits_{n\to\infty}y_n=0$，故对 $\forall\varepsilon>0$，$\exists N$，当 $n>N$ 时，恒有 $|y_n-0|=|y_n|<\varepsilon/M$ 成立. 于是对 $\forall\varepsilon>0$，$\exists N$，当 $n>N$ 时，恒有

$$|x_ny_n-0|=|x_n||y_n|<M\cdot\frac{\varepsilon}{M}=\varepsilon,$$

所以 $\lim\limits_{n\to\infty}x_ny_n=0$.

第三节　极限运算法则

一、教学目标

掌握函数极限的四则运算法则和复合函数的极限法则，能熟练运用这些法则解题.

二、常见考点

函数极限的求解——极限运算法则的运用*.

三、例题分析

例 2.3.1　求极限 $\lim\limits_{n\to\infty}\left(\dfrac{n^2-1}{n-1}-n+\dfrac{2}{n}\right)$.

分析　当 $n\to\infty$ 时，$\dfrac{n^2-1}{n-1}$ 和 n 的极限都不存在，故不能直接利用极限的线性性质，可先把括号里的式子进行恒等变形，再求极限.

解　因为 $\dfrac{n^2-1}{n-1}-n+\dfrac{2}{n}=\dfrac{(n-1)(n+1)}{n-1}-n+\dfrac{2}{n}=(n+1)-n+\dfrac{2}{n}=1+\dfrac{2}{n}$，

所以 $$\lim_{n\to\infty}\left(\frac{n^2-1}{n-1}-n+\frac{2}{n}\right)=\lim_{n\to\infty}\left(1+\frac{2}{n}\right)=\lim_{n\to\infty}1+2\lim_{n\to\infty}\frac{1}{n}=1+2\cdot 0=1.$$

思考　若极限为 $\lim\limits_{n\to\infty}\left(\dfrac{n^2-1}{n+1}-n+\dfrac{2}{n}\right)$，结果如何？为 $\lim\limits_{n\to\infty}\left(\dfrac{n^2-4}{n-2}-n+\dfrac{2}{n}\right)$ 或 $\lim\limits_{n\to\infty}\left(\dfrac{n^2-4}{n+2}-n+\dfrac{2}{n}\right)$ 呢？

例 2.3.2　求极限 $\lim\limits_{x\to 2}(x^3-3x^2+2x-1)^4$.

分析　这是底数为多项式的幂函数的极限问题，它可以看成是四个相同的多项式之积的极限，因此等于这个多项式极限的四次方.

解　原式 $=[\lim\limits_{x\to 2}(x^3-3x^2+2x-1)]^4=(-1)^4=1$.

思考 若极限为 $\lim\limits_{x\to 2}(x^3-3x^2+2x-1)^9$，结果如何？为 $\lim\limits_{x\to 2}(x^3-3x^2+2x-1)^{-4}$ 或 $\lim\limits_{x\to 2}(x^3-3x^2+2x-1)^{-9}$ 呢？

例 2.3.3 求极限 $\lim\limits_{x\to -1}\dfrac{x^2-1}{x^2-x-2}$.

分析 这是两个多项式之比的 $\dfrac{0}{0}$ 型的极限. 由于分母的极限为零，不能直接应用商的极限法则，而应通过分解因式，消除分子分母中的零因子 $x+1$，再用极限运算法则计算.

解 原式 $=\lim\limits_{x\to -1}\dfrac{(x-1)(x+1)}{(x+1)(x-2)}=\lim\limits_{x\to -1}\dfrac{x-1}{x-2}=\dfrac{2}{3}$.

思考 (i) 若 $\lim\limits_{x\to -1}\dfrac{x^n-1}{x^2-x-2}=2$，则 n 为多少？(ii) 若 $\lim\limits_{x\to 1}\dfrac{x^2-1}{x^2-x+c}=2$，则 c 为多少？

例 2.3.4 求极限 $\lim\limits_{x\to -3}\dfrac{x+2}{x^2+2x-3}$.

分析 当分子的极限不为零而分母的极限为零时，不能用商的极限法则，而应用无穷小与无穷大的关系求解.

解 因为 $\lim\limits_{x\to -3}(x^2+2x-3)=(-3)^2+2\cdot(-3)-3=0$，$\lim\limits_{x\to -3}(x+2)=-3+2=-1\neq 0$，所以 $\lim\limits_{x\to -3}\dfrac{x^2+2x-3}{x+2}=0$，故由无穷大与无穷小之间的关系，可得

$$\lim_{x\to -3}\frac{x+2}{x^2+2x-3}=\infty.$$

思考 若极限为 $\lim\limits_{x\to 1}\dfrac{x+2}{x^2+2x-3}$，结果如何？为 $\lim\limits_{x\to -3}\dfrac{x+3}{x^2+2x-3}$ 或 $\lim\limits_{x\to 1}\dfrac{x-1}{x^2+2x-3}$ 呢？

例 2.3.5 求极限 $\lim\limits_{x\to \infty}\dfrac{(2x-3)^{20}(3x+2)^{30}}{(6x+1)^{50}}$.

分析 这是 $x\to\infty$ 时，分式函数的极限问题，因此要消除分子分母的无穷因子，往往用分式中的最高次项去除分式的每一项.

解 原式 $=\lim\limits_{x\to\infty}\dfrac{\left(2-\dfrac{3}{x}\right)^{20}\left(3+\dfrac{2}{x}\right)^{30}}{\left(6+\dfrac{1}{x}\right)^{50}}=\dfrac{2^{20}\cdot 3^{30}}{6^{50}}=\left(\dfrac{1}{3}\right)^{20}\left(\dfrac{1}{2}\right)^{30}$.

思考 若求 $\lim\limits_{x\to\infty}\dfrac{(2x-3)^{\alpha}(3x+2)^{\beta}}{(6x+1)^{50}}$，其中 $\alpha+\beta=50$；$\alpha,\beta\in\mathbf{R}$，结果如何？

例 2.3.6 求极限 $\lim\limits_{x\to -\infty}x(\sqrt{x^2+100}+x)$.

分析 这是 $\infty\cdot 0$ 型的极限，不能直接应用积的极限法则，乘以 $\sqrt{x^2+100}+x$ 的有理化因式，可将其转化成 ∞/∞ 型的极限.

解 原式 $=\lim\limits_{x\to -\infty}\dfrac{x(x^2+100-x^2)}{\sqrt{x^2+100}-x}=\lim\limits_{x\to -\infty}\dfrac{100x}{\sqrt{x^2+100}-x}$

$$=\lim_{x\to -\infty}\frac{100}{-\sqrt{1+100/x^2}-1}=-50.$$

思考 将极限改为 $\lim\limits_{x\to -\infty}x(\sqrt{x^2+a}+x)$，结果如何？改为 $\lim\limits_{x\to -\infty}(\sqrt{x^2+x+100}+x)$ 呢？

第四节　两个重要极限与等价无穷小替换

一、教学目标

了解夹逼准则及其证明，单调有界准则及其几何意义. 了解两个重要极限的结论与证明，掌握两个重要极限在求解极限中的运用. 理解高阶无穷小，同阶无穷小，等价无穷小等概念以及两个无穷小等价的充要条件. 掌握无穷小等价代换定理在求函数极限中的应用.

二、考点题型

极限的求解——两个重要极限与等价无穷小的运用*；极限的求解——夹逼准则的应用；极限存在性的证明——单调有界准则的应用.

三、例题分析

例 2. 4. 1　求 $\lim\limits_{n\to\infty}\left(\dfrac{n^2+n+1}{2n^3-1}+\dfrac{n^2+n+2}{2n^3-4}+\dfrac{n^2+n+3}{2n^3-9}+\cdots+\dfrac{n^2+n+n}{2n^3-n^2}\right)$.

分析　这是无穷多项和的极限，不能用和的极限法则. 由于 $f(n,k)=\dfrac{n^2+n+k}{2n^3-k^2}$ 是 k 的单调增加的函数，且当 $n\to\infty$ 时恒有 $f(n,k)=\dfrac{n^2+n+k}{2n^3-k^2}\sim\dfrac{1}{2n}\to 0$（$k=1,2,\cdots,n$），因此尝试对该和式进行适当的放大缩小，用夹逼准则来求解.

解　因为对任意的 $1\leqslant k\leqslant n$，有 $\dfrac{n^2+n+1}{2n^3-1}\leqslant\dfrac{n^2+n+k}{2n^3-k^2}\leqslant\dfrac{n^2+2n}{2n^3-n^2}$，所以

$$n\left(\frac{n^2+n+1}{2n^3-1}\right)\leqslant\sum_{k=1}^{n}\frac{n^2+n+k}{2n^3-k^2}\leqslant n\left(\frac{n^2+2n}{2n^3-n^2}\right),$$

由于

$$\lim_{n\to\infty}n\left(\frac{n^2+n+1}{2n^3-1}\right)=\lim_{n\to\infty}\frac{1+\frac{1}{n^2}+\frac{1}{n^3}}{2-\frac{1}{n^3}}=\frac{1}{2},\qquad \lim_{n\to\infty}n\left(\frac{n^2+2n}{2n^3-n^2}\right)=\lim_{n\to\infty}\frac{1+\frac{2}{n}}{2-\frac{1}{n}}=\frac{1}{2},$$

故由夹逼准则得

$$\lim_{n\to\infty}\left(\frac{n^2+n+1}{2n^3-1}+\frac{n^2+n+2}{2n^3-4}+\frac{n^2+n+3}{2n^3-9}+\cdots+\frac{n^2+n+n}{2n^3-n^2}\right)=\frac{1}{2}.$$

思考　若极限各项分母中的减号改为加号，即 $f(n,k)=\dfrac{n^2+n+k}{2n^3+k^2}(k=1,2,\cdots,n)$，应如何构造夹逼列？结果如何？

例 2. 4. 2　求极限 $\lim\limits_{x\to 0}\dfrac{1-\sqrt{\cos 2x}\cdot\cos x}{x^2}$.

分析　这是含根式的 $\dfrac{0}{0}$ 型的极限. 由于分母的极限为零，不能直接应用商的极限法则，而应通过有理化和恒等变形，分离出分子分母中的零因子，再用极限运算法则，重要极限等计算.

解 原式 $=\lim\limits_{x\to 0}\dfrac{1-\cos^2 x\cdot\cos 2x}{x^2(1+\cos x\sqrt{\cos 2x})}=\dfrac{1}{2}\lim\limits_{x\to 0}\dfrac{1-\cos^2 x\cdot(1-2\sin^2 x)}{x^2}$

$=\dfrac{1}{2}\lim\limits_{x\to 0}\dfrac{\sin^2 x}{x^2}\cdot(1+2\cos^2 x)=\dfrac{1}{2}\cdot 1\cdot 3=\dfrac{3}{2}$.

思考 若将根号中的 $\cos 2x$ 改为 $\cos 3x$，结果如何?

例 2.4.3 求极限 $\lim\limits_{x\to-\infty}\dfrac{x^2\sin(1/x)}{\sqrt{2x^2-1}}$.

分析 这是 $\dfrac{\infty}{\infty}$ 型的极限，应消除无穷因子 x. 极限中含有正弦函数且 $\lim\limits_{x\to-\infty}\sin\dfrac{1}{x}=0$，可考虑用重要极限 $\lim\limits_{x\to 0}\dfrac{\sin x}{x}=1$.

解 原式 $=\lim\limits_{x\to-\infty}\dfrac{\sin(1/x)}{1/x}\cdot\dfrac{x}{\sqrt{2x^2-1}}=\lim\limits_{x\to-\infty}\dfrac{\sin(1/x)}{1/x}\cdot\lim\limits_{x\to-\infty}\dfrac{-1}{\sqrt{2-(1/x)^2}}$

$=1\cdot(-\dfrac{1}{\sqrt{2}})=-\dfrac{\sqrt{2}}{2}$.

思考 (i) $x\to+\infty$ 时，结果如何? (ii) 求极限 $\lim\limits_{x\to-\infty}\dfrac{x^2\sin(1/x)}{\sqrt{2x^2+bx-1}}$.

例 2.4.4 求极限 $\lim\limits_{x\to\infty}(\cos\dfrac{1}{x}+\sin\dfrac{1}{x})^x$.

分析 这是 1^∞ 型极限，自然想到重要极限 $\lim\limits_{x\to 0}(1+x)^{\frac{1}{x}}=\mathrm{e}$，但先要设法变形，化成标准形式.

解 原式 $=\lim\limits_{x\to\infty}[(\cos\dfrac{1}{x}+\sin\dfrac{1}{x})^2]^{\frac{x}{2}}=\lim\limits_{x\to\infty}(1+\sin\dfrac{2}{x})^{\frac{x}{2}}=\lim\limits_{x\to\infty}[(1+\sin\dfrac{2}{x})^{\frac{1}{\sin\frac{2}{x}}}]^{\frac{\sin\frac{2}{x}}{\frac{2}{x}}}$

$=[\lim\limits_{x\to\infty}(1+\sin\dfrac{2}{x})^{\frac{1}{\sin\frac{2}{x}}}]^{\lim\limits_{x\to\infty}\frac{\sin\frac{2}{x}}{\frac{2}{x}}}=\mathrm{e}^1=\mathrm{e}$.

思考 (i) 为什么原题中幂指数函数的极限不可以对底数和指数分别取极限，而第三个等号中的幂指数函数可以? (ii) 尝试用取对数的方法求解该题.

例 2.4.5 求极限 $\lim\limits_{x\to 0}[1+\ln(1+x)]^{\frac{2}{x}}$.

分析 这是 1^∞ 型极限，可以用取对数和等价无穷小求解.

解 因为 $x\to 0$ 时，$\ln(1+x)\sim x$，$\ln[1+\ln(1+x)]\sim\ln(1+x)$，故

原式 $=\lim\limits_{x\to 0}\mathrm{e}^{\ln[1+\ln(1+x)]^{\frac{2}{x}}}=\mathrm{e}^{2\lim\limits_{x\to 0}\frac{\ln[1+\ln(1+x)]}{x}}=\mathrm{e}^{2\lim\limits_{x\to 0}\frac{\ln(1+x)}{x}}=\mathrm{e}^{2\lim\limits_{x\to 0}\frac{x}{x}}=\mathrm{e}^2$.

思考 (i) 尝试先恒等变形，化成重要极限 $\lim\limits_{x\to 0}(1+x)^{\frac{1}{x}}=\mathrm{e}$ 的标准形式求解; (ii) 若将底数中的 $\ln(1+x)$ 换成 $\ln(1+kx)(k\neq 0)$，结果如何?

例 2.4.6 求极限 $\lim\limits_{x\to 0}\dfrac{\tan x-\dfrac{1}{2}\sin 2x}{\sqrt{2+x^2}(\mathrm{e}^{x^3}-1)}$.

分析 这是 $\dfrac{0}{0}$ 型的极限. 注意分母中有可以用无穷小替换因式以及可以分离出来的极限存在且不为零的因式.

解　原式 $=\lim\limits_{x\to 0}\dfrac{1}{\sqrt{2+x^2}}\lim\limits_{x\to 0}\dfrac{\tan x-\dfrac{1}{2}\sin 2x}{\mathrm{e}^{x^3}-1}=\dfrac{1}{\sqrt{2}}\lim\limits_{x\to 0}\dfrac{\tan x-\sin x\cos x}{x^3}$

$$=\frac{1}{\sqrt{2}}\lim_{x\to 0}\frac{\sin x(1-\cos^2 x)}{x^3}\cdot\frac{1}{\cos x}=\frac{1}{\sqrt{2}}\lim_{x\to 0}\frac{\sin^3 x}{x^3}=\frac{1}{\sqrt{2}}.$$

思考　当 $x\to 0$ 时，$\tan x-\dfrac{1}{2}\sin 2x$ 是 x 几阶无穷小？

第五节　函数的连续性

一、教学目标

理解函数在一点连续的基本概念，函数连续的几何意义．了解函数左、右连续的概念，函数在一点连续的充分必要条件；会用函数在一点连续的充分必要条件讨论分段函数在分段点处的连续性．知道函数在区间上连续的概念，函数在区间上连续与一点处连续之间的关系．了解函数间断点，可去间断点，跳跃间断点和无穷间断点等概念，会求函数的间断点并会判断其类型．

二、考点题型

函数在一点处的连续性的判断，分段函数在分段点的连续性的讨论与判断*；函数间断点的求解与类型的判断*．

三、例题分析

例 2.5.1　讨论函数 $f(x)=\begin{cases}\dfrac{1}{1+\mathrm{e}^{1/x}}, & x\neq 0\\ 0, & x=0\end{cases}$ 在 $x=0$ 处的连续性．若间断，判断间断点的类型．

分析　尽管分段点左、右两边的式子相同，但由于 $x\to 0$，函数 $\mathrm{e}^{1/x}$ 的左、右极限不同，所以必须用左右连续来判断．

解　因为 $x\to 0^-$ 时 $\dfrac{1}{x}\to-\infty$，$x\to 0^+$ 时 $\dfrac{1}{x}\to+\infty$，所以 $\lim\limits_{x\to 0^-}\mathrm{e}^{\frac{1}{x}}=0$，$\lim\limits_{x\to 0^+}\mathrm{e}^{\frac{1}{x}}=\infty$．于是

$$\lim_{x\to 0^-}f(x)=\lim_{x\to 0^-}\frac{1}{1+\mathrm{e}^{1/x}}=\frac{1}{1+\lim\limits_{x\to 0^-}\mathrm{e}^{1/x}}=1,\qquad \lim_{x\to 0^+}f(x)=\lim_{x\to 0^+}\frac{1}{1+\mathrm{e}^{1/x}}=0.$$

因为 $\lim\limits_{x\to 0^-}f(x)\neq\lim\limits_{x\to 0^+}f(x)$，所以函数 $f(x)$ 在 $x=0$ 处不连续．由于此点的左、右极限存在但不相等，所以 $x=0$ 为第一类跳跃间断点．

思考　若函数为 $f(x)=\begin{cases}\dfrac{1}{1-\mathrm{e}^{1/x}}, & x\neq 0\\ 0, & x=0\end{cases}$，结果如何？

例 2.5.2　设 $f(x)=\begin{cases}\dfrac{\cos x}{x+2}, & x\geqslant 0\\ \dfrac{\sqrt{a}-\sqrt{a-x}}{x}, & x<0\end{cases}$ $(a>0)$．问：当 a 为何值时，$f(x)$ 在 $x=$

0 处连续？当 a 为何值时，$f(x)$ 在 $x=0$ 处间断？并判断间断点的类型.

分析 此题是典型的左、右分段的分段函数在分段点处的极限，因此要用函数在 $x=0$ 的左、右极限来讨论.

解 因为 $f(0)=\dfrac{\cos 0}{0+2}=\dfrac{1}{2}$，

$$f(0^-)=\lim_{x\to 0^-}f(x)=\lim_{x\to 0^-}\frac{\sqrt{a}-\sqrt{a-x}}{x}=\lim_{x\to 0^-}\frac{x}{x(\sqrt{a}+\sqrt{a-x})}$$

$$=\lim_{x\to 0^-}\frac{1}{\sqrt{a}+\sqrt{a-x}}=\frac{1}{2\sqrt{a}},$$

$$f(0^+)=\lim_{x\to 0^+}f(x)=\lim_{x\to 0^+}\frac{\cos x}{x+2}=\frac{1}{2}.$$

令 $\lim\limits_{x\to 0^-}f(x)=\lim\limits_{x\to 0^+}f(x)=f(0)$，得 $a=1$. 所以当 $a=1$ 时，$f(x)$ 在 $x=0$ 处连续点；当 $a\neq 1$ 时，$f(x)$ 在 $x=0$ 的间断点. 由于左、右极限均存在但不等于函数值，所以 $x=0$ 是 $f(x)$ 的第一类跳跃间断点.

思考 若 a 可以取使得 $f(x)$ 有意义的任何值，且 $x=0$ 是 $f(x)$ 的第二类无穷间断点，则 a 为多少？

例 2.5.3 设 $f(x)=\begin{cases}\dfrac{\ln(1+ax)}{x}, & x>0\\ \dfrac{\sqrt{1+x}-\sqrt{1-x}}{x}, & -1\leqslant x<0\end{cases}$，求 a 的值，使 $\lim\limits_{x\to 0}f(x)$ 存在，并补充定义 $f(0)$，使 $f(x)$ 在 $x=0$ 处连续.

分析 根据函数左、右极限相等，就可以求出 a 的值；此外，函数在 $x=0$ 处无定义，定义函数这点的函数值等于该点的极限值即可.

解 $f(0^-)=\lim\limits_{x\to 0^-}f(x)=\lim\limits_{x\to 0^-}\dfrac{\sqrt{1+x}-\sqrt{1-x}}{x}=\lim\limits_{x\to 0^-}\dfrac{(1+x)-(1-x)}{x(\sqrt{1+x}+\sqrt{1-x})}$

$$=\lim_{x\to 0^-}\frac{2x}{x(\sqrt{1+x}+\sqrt{1-x})}=1,$$

$$f(0^+)=\lim_{x\to 0^+}f(x)=\lim_{x\to 0^+}\frac{\ln(1+ax)}{x}=\lim_{x\to 0^+}\frac{ax}{x}=a,$$

因为 $f(0^-)=f(0^+)$，所以 $a=1$，且 $\lim\limits_{x\to 0}f(x)=1$.

故要使 $f(x)$ 在 $x=0$ 处连续，补充定义 $f(0)=1$ 即可.

思考 $f(x)=\begin{cases}\dfrac{\ln(1+ax)}{x}, & x\geqslant 0\\ \dfrac{\sqrt{1+x}-\sqrt{1-x}}{x}, & -1\leqslant x<0\end{cases}$ 或

$f(x)=\begin{cases}\dfrac{\ln(1+ax)}{x}, & x>0\\ \dfrac{\sqrt{1+x}-\sqrt{1-x}}{x}, & -1\leqslant x\leqslant 0\end{cases}$，结果如何？

例 2.5.4 指出函数 $y=\dfrac{x}{\tan x}$ 的所有间断点及其类型，对可去间断点，补充定义使函数连续.

分析 要注意分母的零点和分母的无穷间断点，若函数在这两种点的某去心邻域有定义，则这样的点就是函数的间断点.

解 函数的定义域为 $D=\{x \mid x\in\mathbf{R},\ x\neq k\pi+\frac{\pi}{2},\ x\neq k\pi,\ k\in\mathbf{Z}\}$，故 $x=k\pi$，$k\in\mathbf{Z}$ 与 $x=k\pi+\frac{\pi}{2}$，$k\in\mathbf{Z}$ 均为函数的间断点.

当 $x=0$ 时，因为 $\lim\limits_{x\to0}\frac{x}{\tan x}=1$，所以 $x=0$ 是第一类可去间断点；

当 $x=k\pi(k\in\mathbf{Z}\setminus\{0\})$ 时，由于 $\lim\limits_{x\to k\pi}\frac{x}{\tan x}=\infty$，因此 $x=k\pi(k\in\mathbf{Z}\setminus\{0\})$ 是函数的第二类无穷间断点；

当 $x=k\pi+\frac{\pi}{2}$，$k\in\mathbf{Z}$ 时，因为 $\lim\limits_{x\to k\pi+\pi/2}\frac{x}{\tan x}=0$，所以 $x=k\pi+\frac{\pi}{2}$，$k\in\mathbf{Z}$ 是第一类可去间断点.

故当 $x=0$ 时令 $y=1$，当 $x=k\pi+\frac{\pi}{2}$，$k\in\mathbf{Z}$ 时令 $y=0$，则函数在这些点处连续，即分段函数

$$y=\begin{cases}\dfrac{x}{\tan x}, & x\neq k\pi+\dfrac{\pi}{2}\\ 0, & x=k\pi+\dfrac{\pi}{2}\\ 1, & x=0\end{cases}\quad(k\in\mathbf{Z})$$

在点 $x=0$ 及 $x=k\pi+\frac{\pi}{2}$，$k\in\mathbf{Z}$ 处连续.

思考 若函数为 $y=\frac{|x|}{\tan x}$，结果如何？为 $y=\frac{\tan x}{x}$ 或 $y=\frac{\tan x}{|x|}$ 呢？

例 2.5.5 求函数 $f(x)=\frac{x}{\ln(1+x)}$ 和 $g(x)=\frac{x}{\ln|1+x|}$ 的间断点，并判断间断点的类型.

分析 函数分母的零点和无穷间断点都可能是函数的间断点，但应注意函数在间断点左、右两边都要有定义. 因此，仅单边有定义的函数的如上两种点都不是函数的间断点.

解 两函数的无穷间断点都是 $x=-1$；$f(x)$ 分母的零点是 $x=0$，$g(x)$ 分母的零点是 $x=0$，-2. 两函数的定义域分别为 $D_f=\{x \mid x>-1\land x\neq0\}$ 和 $D_g=\{x \mid x\neq-2,-1,0\}$. 显然，$f(x)$，$g(x)$ 在 $x=0$ 的某邻域内有定义，且

$$\lim_{x\to0}f(x)=\lim_{x\to0}\frac{x}{\ln(1+x)}=\lim_{x\to0}\frac{x}{x}=1,\qquad \lim_{x\to0}g(x)=\lim_{x\to0}\frac{x}{\ln|1+x|}=\lim_{x\to0}\frac{x}{\ln(1+x)}=1.$$

因此 $x=0$ 是两函数的第一类可去间断点.

又 $g(x)$ 在 $x=-1$ 任何去心邻域 $U^0(-1,1)$ 内有定义，且 $\lim\limits_{x\to-1}g(x)=\lim\limits_{x\to-1}\frac{x}{\ln|1+x|}=0$ 但 $f(x)$ 在 $x=-1$ 任何去心邻域的左侧均无定义，因此 $x=-1$ 是 $g(x)$ 的可去间断点，但不是 $f(x)$ 的间断点.

而 $g(x)$ 在 $x=-2$ 任何去心邻域 $U^0(-2,1)$ 内有定义，且 $\lim\limits_{x\to-2}g(x)=\lim\limits_{x\to-2}\frac{x}{\ln|1+x|}=\infty$，所以 $x=-2$ 是 $g(x)$ 的无穷间断点.

思考 若 $f(x)=\dfrac{\ln(1+x)}{x}$，$g(x)=\dfrac{\ln|1+x|}{x}$，结果如何?

例 2.5.6 讨论 $f(x)=\begin{cases}\dfrac{x(x+3)}{\sin\pi x}, & x<0 \\ \dfrac{\sin x}{x^2-1}, & x\geqslant 0\end{cases}$ 的连续性，并指出间断点的类型.

分析 讨论分段函数连续性，即要找出它的所有间断点，一方面要用左，右极限讨论分段点的连续性；另一方面还要考虑函数在各段内非分段点的连续性，通常根据初等函数的连续性可得，但要注意各段的定义域.

解 函数可能的间断点包括：分段点 $x=0$ 及非分段点 $x=-n$，$n\in\mathbf{Z}^+$，$x=1$.

因为 $\lim\limits_{x\to-3}f(x)=\lim\limits_{x\to-3}\dfrac{x(x+3)}{\sin\pi x}=\lim\limits_{t\to0}\dfrac{(t-3)t}{\sin\pi(t-3)}=\lim\limits_{t\to0}\dfrac{(t-3)t}{-\sin\pi t}=\lim\limits_{t\to0}\dfrac{(t-3)t}{-\pi t}=\dfrac{3}{\pi}$，所以 $x=3$ 是可去间断点；

因为 $\lim\limits_{x\to-n}\dfrac{1}{f(x)}=\lim\limits_{x\to-n}\dfrac{\sin\pi x}{x(x+3)}=0$ $(n\neq3)$ 所以 $\lim\limits_{x\to-n}f(x)=\infty$ $(n\neq3)$. 因此，当 $n\neq3$ 时，$x=-n$ 是无穷间断点；又因为

$$f(0^+)=\lim_{x\to0^+}f(x)=\lim_{x\to0^+}\frac{\sin x}{x^2-1}=0,$$

$$f(0^-)=\lim_{x\to0^-}f(x)=\lim_{x\to0^-}\frac{x(x+3)}{\sin\pi x}=\lim_{x\to0^-}\frac{x(x+3)}{\pi x}=\frac{3}{\pi},$$

所以 $f(0^+)\neq f(0^-)$，从而 $x=0$ 是跳跃间断点；

因为 $\lim\limits_{x\to1}\dfrac{1}{f(x)}=\lim\limits_{x\to1}\dfrac{x^2-1}{\sin x}=\dfrac{1-1}{\sin1}=0$，所以 $\lim\limits_{x\to1}f(x)=\infty$，因此 $x=1$ 是无穷间断点.

思考 讨论函数在分段点 $x=0$ 处的左，右连续性. 若函数 $x=0$ 处是左（右）连续的，改变函数在该点的定义，使其在该点处是右（左）连续的.

第六节 连续函数的运算、闭区间上连续函数的性质

一、教学目标

了解连续函数的和，差，积，商的连续性，反函数和复合函数的连续性，会用函数的连续性求函数的极限. 知道基本初等函数在定义域内的连续性，初等函数在定义区间内的连续性. 知道函数最大值，最小值的概念. 了解闭区间上连续函数的有界性，最大值最小值定理. 知道函数零点的定义，了解闭区间上连续函数的零点定理和介值定理及其几何意义，会用零点定理讨论方程根的有关问题.

二、考点题型

函数连续区间的讨论；函数极限的求解——函数连续性的运用；介值的证明；方程根的个数与范围的讨论.

三、例题分析

例 2.6.1 利用函数的连续性，求下列极限：(1) $\lim\limits_{x\to1}\ln\sin\dfrac{x^2-1}{x-1}$；(2) $\lim\limits_{x\to\infty}\left(\dfrac{x^2-1}{x^2+1}\right)^{x^2}$.

分析　在内函数极限 $\lim\limits_{x\to x_0(\infty)} g(x)$ 存在，而外函数 $f(u)$ 在对应点 $u_0=\lim\limits_{x\to x_0(\infty)} g(x)$ 连续的条件下，函数的复合与极限可交换，即 $\lim\limits_{x\to x_0(\infty)} f[g(x)]=f[\lim\limits_{x\to x_0(\infty)} g(x)]$. 凡复合函数的极限都可以尝试用这种方法一步一步地往下做，直至得出结果，除非内函数的极限不存在.

解　(1) 原式 $=\ln(\lim\limits_{x\to 1}\sin\dfrac{x^2-1}{x-1})=\ln\sin(\lim\limits_{x\to 1}\dfrac{x^2-1}{x-1})=\ln\sin[\lim\limits_{x\to 1}(x+1)]=\ln\sin 2$;

(2) 原式 $=\lim\limits_{x\to\infty}\left(1-\dfrac{2}{x^2+1}\right)^{x^2}=\lim\limits_{x\to\infty}\left[\left(1+\dfrac{-2}{x^2+1}\right)^{\frac{x2+1}{-2}}\right]^{\frac{-2x2}{x2+1}}$

$$=\left\{\lim_{x\to\infty}\left[\left(1+\frac{-2}{x^2+1}\right)^{\frac{x2+1}{-2}}\right]\right\}^{\lim\limits_{x\to\infty}\frac{-2x2}{x2+1}}=\mathrm{e}^{-2}.$$

思考　证明极限 $\lim\limits_{x\to -1^+}\ln\sin\dfrac{x^2-1}{x-1}$ 不存在，并说明不能用上述方法求该极限.

例 2.6.2　求极限 $\lim\limits_{x\to 0}\dfrac{\sqrt{1+\tan x}-\sqrt{1+\sin x}}{x\sqrt{1+\sin^2 x}-x}$.

分析　此题看起来很复杂，实际上只要一步步通过有理化等恒等变形消除零因子，然后将连续且函数值非零的部分分离并求出其极限值，从而将式子逐步化简并求出极限.

解　原式 $=\lim\limits_{x\to 0}\dfrac{\tan x-\sin x}{x(\sqrt{1+\sin^2 x}-1)}\cdot\dfrac{1}{\sqrt{1+\tan x}+\sqrt{1+\sin x}}=\dfrac{1}{2}\lim\limits_{x\to 0}\dfrac{\tan x-\sin x}{x(\sqrt{1+\sin^2 x}-1)}$

$$=\frac{1}{2}\lim_{x\to 0}\frac{(\tan x-\sin x)}{x(1+\sin^2 x-1)}\cdot(\sqrt{1+\sin^2 x}+1)=\frac{2}{2}\lim_{x\to 0}\frac{1-\cos x}{x\sin x}\cdot\frac{1}{\cos x}$$

$$=\lim_{x\to 0}\frac{1-\cos x}{x\sin x}=\frac{1}{2}\lim_{x\to 0}\frac{x^2}{x\sin x}=\frac{1}{2}.$$

思考　能否将连续但函数值为零的部分，例如上述过程中的 $\tan x-\sin x$，分离出来并计算其函数值?

例 2.6.3　讨论函数 $f(x)=\begin{cases}\dfrac{\ln(1+x)+\ln(1+2x)}{x}, & x\neq 0\\ 3, & x=0\end{cases}$ 在定义域内的连续性，若有间断点，说明间断点的类型.

分析　该函数是定义域内的分段函数，分段点处的连续性要用定义讨论，其余点处的可用初等函数的连续性得出.

解　函数的定义域 $D=(-1/2,+\infty)$. 根据初等函数的连续性，$f(x)$ 在开区间 $(-1/2,0)$ 和 $(0,+\infty)$ 内都是连续的. 又因为

$$\lim_{x\to 0}f(x)=\lim_{x\to 0}\frac{\ln(1+x)+\ln(1+2x)}{x}=\lim_{x\to 0}\frac{\ln(1+3x+2x^2)}{x}=\lim_{x\to 0}\frac{3x+2x^2}{x}=3=f(0),$$

所以 $f(x)$ 在 $x=0$ 处亦连续. 故 $f(x)$ 在定义域 $D=(-1/2,+\infty)$ 内处处连续.

思考　若函数为 $f(x)=\begin{cases}\dfrac{\ln(1-x)+\ln(1-2x)}{x}, & x\neq 0\\ 3, & x=0\end{cases}$，结果如何? 若 $f(x)=\begin{cases}\dfrac{\mathrm{e}^x+\mathrm{e}^{2x}-2}{x}, & x\neq 0\\ 3, & x=0\end{cases}$ 或 $f(x)=\begin{cases}\dfrac{\mathrm{e}^{-x}+\mathrm{e}^{-2x}-2}{x}, & x\neq 0\\ 3, & x=0\end{cases}$ 呢?

例 2.6.4 设函数 $f(x)=\begin{cases}x^2, & x\leqslant 1\\ 2-x, & x>1\end{cases}$，$g(x)=\begin{cases}x-1, & x\leqslant 2\\ 3-x, & x>2\end{cases}$，讨论复合函数 $f[g(x)]$ 的连续性.

分析 根据复合函数极限运算法则和连续的定义讨论，或先求出复合函数，再根据初等函数的连续性和分段函数在分段点处连续的判断方法讨论.

解 在 $f(x)$ 的分段点 $x=1$ 处，因为

$$f(1^+)=\lim_{x\to 1^+}f(x)=\lim_{x\to 1^+}(2-x)=1,\quad f(1^-)=\lim_{x\to 1^-}f(x)=\lim_{x\to 1^-}x^2=1,\quad f(1)=1,$$

所以 $f(x)$ 在 $x=1$ 处连续，再由初等函数的连续性知 $f(x)$ 在其定义域 $\boldsymbol{R}$ 内连续.

同理，可得 $g(x)$ 在其定义域 $\boldsymbol{R}$ 内也连续.

故根据复合函数极限运算法则，对 $\forall x_0\in\boldsymbol{R}$，有

$$\lim_{x\to x_0}f[g(x)]=f[\lim_{x\to x_0}g(x)]=f[g(\lim_{x\to x_0}x)]=f[g(x_0)],$$

即 $f[g(x)]$ 在 x_0 处连续. 由 x_0 的任意性，知 $f[g(x)]$ 在其定义域 $(-\infty,+\infty)$ 内连续.

思考 (i) 先求出复合函数 $f[g(x)]$，再讨论其连续性；(ii) 用上述两种方法讨论复合函数 $f[f(x)]$，$g[f(x)]$，$g[g(x)]$ 的连续性.

例 2.6.5 证明：方程 $\dfrac{1}{x-1}+\dfrac{2}{x-2}+\dfrac{3}{x-3}=0$ 有两个根.

分析 不能直接令 $f(x)=\dfrac{1}{x-1}+\dfrac{2}{x-2}+\dfrac{3}{x-3}$，若这样的话，函数有间断点，不能用零点定理. 因此，要消除分母，将分式方程化为多项式方程，再证明这个整式方程有两个根即可.

证明 方程的两边同乘 $(x-1)(x-2)(x-3)$，得

$$(x-2)(x-3)+2(x-1)(x-3)+3(x-1)(x-2)=0.$$

令 $f(x)=(x-2)(x-3)+2(x-1)(x-3)+3(x-1)(x-2)$. 显然，$f(x)$ 在闭区间 $[1,2]$ 和 $[2,3]$ 上均连续，且 $f(1)=(1-2)(1-3)=2>0$，$f(2)=2\times(2-1)(2-3)=-2<0$，$f(3)=3\times(3-1)\times(3-2)=6>0$. 故由零点定理知，存在 $\xi_1\in(1,2)$，$\xi_2\in(2,3)$，使得 $f(\xi_1)=f(\xi_2)=0$.

显然，$\xi_1\in(1,2)$，$\xi_2\in(2,3)$ 也是方程 $\dfrac{f(x)}{(x-1)(x-2)(x-3)}=\dfrac{1}{x-1}+\dfrac{2}{x-2}+\dfrac{3}{x-3}=0$ 的根，因此方程 $\dfrac{1}{x-1}+\dfrac{2}{x-2}+\dfrac{3}{x-3}=0$ 有两个根.

思考 方程 $\dfrac{1}{x-1}+\dfrac{2}{x-2}+\dfrac{3}{x-3}=0$ 是否正好有两个根？若是，证明该结论；若不是，求出其余所有的根？

例 2.6.6 设函数 $f(x)$ 在 $[0,2a]$ 上连续，且 $f(0)=f(2a)$，证明：在 $[0,a]$ 上至少存在一点 ξ，使得 $f(\xi)=f(\xi+a)$.

分析 将 $f(\xi)=f(\xi+a)$ 变形为 $f(\xi)-f(\xi+a)=0$，因此只需证明 ξ 是方程 $f(x)-f(x+a)=0$ 在 $[0,a]$ 上的根，但应注意方程的根也可能在区间的端点上，因此需要对 $f(a)$ 的值进行讨论.

证明 构造函数 $F(x)=f(x)-f(x+a)$. 依题设，显然 $F(x)=f(x)-f(x+a)$ 在 $[0,a]$ 上连续. 若 $f(a)=f(0)=f(2a)$，取 $\xi=a$，即有 $f(\xi)=f(\xi+a)$，结论成立.

若 $f(a)\neq f(0)=f(2a)$，不妨设 $f(a)<f(0)=f(2a)$，则

$$F(0)=f(0)-f(a)>0,\quad F(a)=f(a)-f(2a)<0,$$

故由介值定理，在 $(0, a)$ 内至少存在一点 ξ，使得 $F(\xi)=f(\xi)-f(\xi+a)=0$，即 $f(\xi)=f(\xi+a)$.

综上所述，在 $[0, a]$ 上至少存在一点 ξ，使得 $f(\xi)=f(\xi+a)$.

思考　能否证明在 $[a, 2a]$ 上至少存在一点 ξ，使得 $f(\xi)=f(\xi-a)$？若能，写出证明；若否，说明理由.

第七节　习题课

例 2.7.1　极限 $\lim\limits_{x\to-1^+}\dfrac{\sin^2(\pi-\arccos x)}{1+x}$.

分析　这是 $\dfrac{0}{0}$ 型的极限，不可直接用商的极限运算法则. 作替换将反三角函数的极限转化成三角函数的极限，可简化极限的计算.

解　令 $\pi-\arccos x=t$，则 $\arccos x=\pi-t$，$x=\cos(\pi-t)=-\cos t$，且当 $x\to-1^+$ 时，$t\to0^+$. 于是

$$\text{原式}=\lim_{t\to0^+}\frac{\sin^2 t}{1-\cos t}=\lim_{t\to0^+}\frac{1-\cos^2 t}{1-\cos t}=\lim_{t\to0^+}(1+\cos t)=2.$$

思考　利用替换 $\arccos x=t$ 求解，并将这种解法与上述解法比较.

例 2.7.2　求极限 $\lim\limits_{x\to0}\dfrac{1-\sqrt{1+x}}{x^3+\sin 2x}$.

分析　这是含有根式的 $\dfrac{0}{0}$ 型的极限，分子分母同乘以它的有理化因式，消除零因子，再用极限的运算法则求解.

解　$$\text{原式}=\lim_{x\to0}\frac{-x}{x^3+\sin 2x}\cdot\frac{1}{1+\sqrt{1+x}}=-\frac{1}{2}\lim_{x\to0}\frac{1}{x^2+\sin 2x/x}=-\frac{1}{4}.$$

思考　若极限为 $\lim\limits_{x\to0}\dfrac{1-\sqrt{1-x}}{x^3+\sin 2x}$，结果如何？为 $\lim\limits_{x\to0}\dfrac{1-\sqrt{1-x}}{x^3-\sin 2x}$ 呢？

例 2.7.3　求 $\lim\limits_{n\to\infty}(1+x)(1+x^2)(1+x^4)\cdots(1+x^{2^n})(|x|<1)$.

分析　因为 $n\to\infty$，所以该问题实际上是无穷多个因式之积的极限，只有设法转化成有限多个因式的乘积之后，才能应用积的极限法则求解.

解　
$$\begin{aligned}\text{原式}&=\frac{1}{1-x}\lim_{n\to\infty}(1-x)(1+x)(1+x^2)\cdots(1+x^{2^n})\\&=\frac{1}{1-x}\lim_{n\to\infty}(1-x^2)(1+x^2)\cdots(1+x^{2^n})\\&=\cdots=\frac{1}{1-x}\lim_{n\to\infty}(1-x^{2^{n+1}})\quad(|x|<1)\\&=\frac{1}{1-x}.\end{aligned}$$

思考　若极限为 $\lim\limits_{n\to\infty}(1-x)(1-x^2)(1-x^4)\cdots(1-x^{2^n})(|x|<1)$ 是否还可以用以上方法求解？是，写出过程；否，说明理由.

例 2.7.4　设 $f(x)$ 为多项式，$\lim\limits_{x\to\infty}\dfrac{f(x)-x^3}{x^2}=2$，$\lim\limits_{x\to0}\dfrac{f(x)}{x}=1$，求 $f(x)$.

分析　多项式是由其次数和系数确定的. 因此，利用其中一个能够尽可能多地确定多项

式信息的已知极限，得出参数尽可能少的多项式的表达式，再利用另一个极限确定这些参数，问题就比较容易解决.

解 由 $\lim\limits_{x\to\infty}\dfrac{f(x)-x^3}{x^2}=2$ 可设 $f(x)=x^3+2x^2+ax+b$，又因为 $\lim\limits_{x\to 0}\dfrac{f(x)}{x}=1$，即

$$\lim_{x\to 0}\frac{x^3+2x^2+ax+b}{x}=1,$$

则 $a=1$，$b=0$. 于是 $f(x)=x^3+2x^2+x$.

思考 若 $\lim\limits_{x\to\infty}\dfrac{f(x)-x^3}{x^2}=3$，$\lim\limits_{x\to 0}\dfrac{f(x)}{x}=-1$，结果如何？若 $\lim\limits_{x\to\infty}\dfrac{f(x)-x^4}{x^2}=2$，$\lim\limits_{x\to 0}\dfrac{f(x)}{x}=1$ 呢？

例 2.7.5 已知 $\lim\limits_{x\to 1}\dfrac{x^3+ax^2+bx+c}{1-x^2}=-5$，求常数 a，b，c.

分析 这是已知 $x\to 1$（为有限值）时的函数极限，反过来要确定函数的问题. 也要用“分析法”求出 a，b，c，但与 $x\to\infty$（无限值）时的情形不同，这里还要用到多项式的因式分解.

解 因为 $\lim\limits_{x\to 1}\dfrac{x^3+ax^2+bx+c}{1-x^2}=-5$，$\lim\limits_{x\to 1}(1-x^2)=0$，所以 $\lim\limits_{x\to 1}(x^3+ax^2+bx+c)=0$，于是

$$a+b+c+1=0, \tag{2.7.1}$$

又由多项式的因式分解，可知

$$x^3+ax^2+bx+c=(x-1)(x^2+dx+e)=x^3+(d-1)x^2+(e-d)x+e,$$

比较两边的系数，得

$$\begin{cases}a=d-1\\ b=e-d\\ c=-e\end{cases}\Rightarrow\begin{cases}d=a+1\\ e=a+b+1,\\ e=-c\end{cases}$$

于是得

$$a+b-c+1=0, \tag{2.7.2}$$

$$\begin{aligned}\lim_{x\to 1}\frac{x^3+ax^2+bx+c}{1-x^2}&=\lim_{x\to 1}\frac{(x-1)[x^2+(a+1)x+(a+b+1)]}{(1-x)(1+x)}\\&=-\lim_{x\to 1}\frac{x^2+(a+1)x+(a+b+1)}{1+x}\\&=-\frac{1+(a+1)+(a+b+1)}{2}=-5,\end{aligned}$$

即

$$2a+b=7, \tag{2.7.3}$$

故由式(2.7.1)～式(2.7.3) 联立，解得 $a=8$，$b=-9$，$c=0$.

思考 若已知 $\lim\limits_{x\to -1}\dfrac{x^3+ax^2+bx+c}{1-x^2}=-5$，结果如何？

例 2.7.6 讨论函数 $f(x)=\dfrac{\sin\frac{1}{x}}{x\left|x-\frac{2}{\pi}\right|}$ 在 $x=0$ 与 $x=\dfrac{2}{\pi}$ 处是否连续，若间断，指出间断点的类型.

分析 尽管该函数含有绝对值，一般情况下应当作分段函数处理，但有时若不需要区分

分段点处的左右极限，也可以直接讨论.

解　在 $x=0$ 处，取三个趋于 0 的数列 $\left\{\frac{1}{k\pi}\right\}$，$\left\{\pm\frac{1}{2k\pi+\pi/2}\right\}$，因为

$$\lim_{k\to\infty}f\left(\frac{1}{k\pi}\right)=0\ \text{且}\ \lim_{k\to\infty}f\left(\pm\frac{1}{2k\pi+\pi/2}\right)=\pm\infty,$$

所以 $\lim\limits_{x\to0}f(x)=\lim\limits_{x\to0}\dfrac{\sin\frac{1}{x}}{x(2/\pi-x)}$ 不存在. 事实上，$x\to0$ 时，函数值无限次地取到 0 和 $\pm\infty$，因此函数在 $x=0$ 处不连续，且 $x=0$ 为函数的第二类振荡间断点.

在 $x=\frac{2}{\pi}$ 处，由于 $\lim\limits_{x\to\frac{2}{\pi}}\dfrac{1}{f(x)}=\lim\limits_{x\to\frac{2}{\pi}}\left|x\left(x-\frac{2}{\pi}\right)\right|=0$，所以 $\lim\limits_{x\to\frac{2}{\pi}}f(x)=\infty$，因此函数在 $x=\frac{2}{\pi}$ 处不连续，且为函数的第二类无穷间断点.

思考　(i) 为什么函数列的极限 $\lim\limits_{k\to\infty}f\left(\pm\frac{1}{2k\pi+\pi/2}\right)=\pm\infty$，但 $x=0$ 不是函数 $f(x)$ 的无穷间断点？(ii) 取趋于 0 的数列 $\left\{\frac{1}{k\pi+\alpha}\right\}$ $\left(0<\alpha<\frac{\pi}{2}\right)$，则相应的函数列的极限为多少？(iii) 求函数 $f(x)$ 在 $x=\frac{2}{\pi}$ 处的左右极限，仅单边极限能判断 $x=\frac{2}{\pi}$ 是函数 $f(x)$ 的无穷间断点吗？

例 2.7.7　讨论函数 $f(x)=\lim\limits_{n\to\infty}\dfrac{x+x^2e^{nx}}{1+e^{nx}}$ 的连续性.

分析　这是极限函数的连续性问题. 式中含有两个变量，一个是极限变量 n，另一个是函数变量 x. 数学中处理多个变量问题，通常要"逐个"处理，即处理一个变量时先将其他变量暂时作常量. 这里，应先求极限，再讨论函数的连续性. 求极限时，n 是变量，x 暂时看作常量，但求极限要根据 x 不同的取值范围分别讨论.

解　当 $x=0$ 时，$f(0)=\lim\limits_{n\to\infty}\dfrac{0+0^2e^0}{1+e^0}=0$；

当 $x>0$ 时，$f(x)=\lim\limits_{n\to\infty}\dfrac{x+x^2e^{nx}}{1+e^{nx}}=\lim\limits_{n\to\infty}\dfrac{xe^{-nx}+x^2}{e^{-nx}+1}=\dfrac{x\lim\limits_{n\to\infty}e^{-nx}+x^2}{\lim\limits_{n\to\infty}e^{-nx}+1}=\dfrac{x\cdot0+x^2}{0+1}$

$=x^2$；

当 $x<0$ 时，$f(x)=\lim\limits_{n\to\infty}\dfrac{x+x^2e^{nx}}{1+e^{nx}}=\dfrac{x+x^2\lim\limits_{n\to\infty}e^{nx}}{1+\lim\limits_{n\to\infty}e^{nx}}=\dfrac{x+x^2\cdot0}{1+0}=x$.

综合得 $f(x)=\begin{cases}x, & x\leqslant0\\ x^2, & x>0\end{cases}$.

在 $x=0$ 处，因为 $\lim\limits_{x\to0^-}f(x)=\lim\limits_{x\to0^-}x=0$，$\lim\limits_{x\to0^+}f(x)=\lim\limits_{x\to0^+}x^2=0$，$f(0)=0$，所以

$$\lim_{x\to0^-}f(x)=\lim_{x\to0^+}f(x)=f(0),$$

函数在 $x=0$ 处连续. 又显然在各段内函数连续，故函数在 $(-\infty,+\infty)$ 上连续.

思考　若 $f(x)=\lim\limits_{n\to\infty}\dfrac{nx+x^2e^{nx}}{n+e^{nx}}$，结果如何？

例 2.7.8　设 $f(x)$ 在 $[a,b]$ 上连续，$a<x_1<x_2<\cdots<x_n<b$，$C_i>0(i=1,2,\cdots,n)$. 证明：存在 $\zeta\in[a,b]$，使

$$f(\zeta)=\frac{C_1f(x_1)+C_2f(x_2)+\cdots+C_nf(x_n)}{C_1+C_2+\cdots+C_n}.$$

分析 由题设 $f(x)$ 在 $[a,b]$ 上取得最小值和最大值，对上式右端进行适当的放缩，证明它介于函数的最小值和最大值之间，则由介值定理即得.

证明 记 $y_n=C_1f(x_1)+C_2f(x_2)+\cdots+C_nf(x_n)$，因为 $f(x)$ 在 $[a,b]$ 上连续，所以 $f(x)$ 在 $[a,b]$ 上能取得最大值 M 和最小值 m，则

$$m(C_1+C_2+\cdots+C_n)\leqslant y_n\leqslant M(C_1+C_2+\cdots+C_n),$$

即

$$m\leqslant\frac{y_n}{C_1+C_2+\cdots+C_n}\leqslant M,$$

故由介值定理，存在 $\zeta\in[a,b]$，使

$$f(\zeta)=\frac{C_1f(x_1)+C_2f(x_2)+\cdots+C_nf(x_n)}{C_1+C_2+\cdots+C_n}.$$

思考 记 $m=\min\limits_{1\leqslant i\leqslant n}\{f(x_i)\}$，$M=\max\limits_{1\leqslant i\leqslant n}\{f(x_i)\}$，是否可以证明以上结果？能，写出证明过程；否，说明理由.

1. 对通项 $x_n=\dfrac{n-(-1)^n}{2n}$ 的数列，要使 $\left|x_n-\dfrac{1}{2}\right|<\varepsilon(\forall\varepsilon>0)$ 当 $n>N$ 时恒成立，则 $N=$＿＿＿＿＿＿（给出最小可能的 N 值）.

2. 设 $f(x)=\dfrac{x}{x}$，$g(x)=\dfrac{|x|}{x}$，则 $\lim\limits_{x\to0}f(x)=$＿＿＿＿＿＿，$\lim\limits_{x\to0}g(x)=$＿＿＿＿＿＿.

3. 设 $x_n=\dfrac{1}{1\cdot2}+\dfrac{1}{2\cdot3}+\cdots+\dfrac{1}{n\cdot(n+1)}$，则数列 $\{x_n\}$（　　）.

A. 发散；　B. 收敛于 1；　C. 收敛于 2；　D. 收敛于 3.

4. 设 $f(x)=\begin{cases}\ln(1-2x), & x<0\\ 1, & x=0\\ 2x-1, & x>0\end{cases}$，则 $f(x)$ 在 $x=0$ 点处（　　）.

A. 极限存在；　B. 左、右极限均存在但不相等；

C. 左、右极限中仅有一个存在；　D. 左、右极限均不存在.

5. 用数列极限的定义证明：$\lim\limits_{n\to\infty}\frac{n}{2n+1}=\frac{1}{2}$.

6. 用函数极限定义证明：$\lim\limits_{x\to 2}\frac{2x^2-8}{x-2}=8$.

7. 讨论函数 $f(x)=\begin{cases}x+1, & |x|<1\\ x^2+1, & |x|\geqslant 1\end{cases}$ 在分段点处的极限是否存在，并作出函数的图形.

1. 设 $y=\dfrac{x+2}{x-1}$，当__________时，函数为无穷大，当__________时，函数为无穷小.

2. 当 $x\to 1$ 时，$\sqrt[3]{(x-1)^2}$ 是 $x-1$ 的__________阶无穷小；$\ln[1+\sqrt[3]{(x-1)^2}]$ 是 $\ln x$ 的__________阶无穷小.

3. 当 $x\to 0$ 时，下列函数为无穷小的是（　　）.

A. $(0.5)^{\frac{1}{x}}$；　　B. $2^{\frac{1}{x}}$；　　C. $e^{-\frac{1}{x^2}}$；　　D. $\ln|\sin x|$.

4. 若 $\lim\limits_{x\to a}f(x)=\infty$，$\lim\limits_{x\to a}g(x)=0$ 且 $g(x)\neq 0$，则下列结论不正确的是（　　）.

A. $\lim\limits_{x\to a}[f(x)+g(x)]=\infty$；　　B. $\lim\limits_{x\to a}[f(x)-g(x)]=\infty$；

C. $\lim\limits_{x\to a}f(x)/g(x)=\infty$；　　D. $\lim\limits_{x\to a}f(x)g(x)=0$.

5. 求极限 $\lim\limits_{x\to\infty}\dfrac{\arctan x}{x}$.

6. 用定义证明：当 $x\to 0$ 时，$y=\dfrac{1-2x}{x}$ 为无穷大.

7. 用定义证明 $\lim\limits_{x\to+\infty}3^{-x}=0$.

1. 函数 $y=\frac{x^2+2x}{x^3+2}$，则当 $x\to 0$ 时，$y\to$ ＿＿＿＿＿＿＿＿＿＿；当 $x\to\infty$ 时 $y\to$ ＿＿＿＿＿＿.

2. 极限 $\lim\limits_{x\to 2}\frac{x+1}{x^2-x-2}=$ ＿＿＿＿＿＿.

3. 下列运算过程正确的是（　）.

A. $\lim\limits_{x\to 1}\frac{x}{x^2-1}=\frac{\lim\limits_{x\to 1}x}{\lim\limits_{x\to 1}(x^2-1)}=\frac{1}{0}=\infty$；

B. $\lim\limits_{x\to 0}x\sin\frac{1}{x}=(\lim\limits_{x\to 0}x)(\lim\limits_{x\to 0}\sin\frac{1}{x})=0\cdot\lim\limits_{x\to 0}\sin\frac{1}{x}=0$；

C. $\lim\limits_{x\to+\infty}(\sqrt{x+1}-\sqrt{x})=\lim\limits_{x\to+\infty}\sqrt{x+1}-\lim\limits_{x\to+\infty}\sqrt{x}=0$；

D. $\lim\limits_{x\to\frac{\pi}{4}}\cos^3 x=(\lim\limits_{x\to\frac{\pi}{4}}\cos x)^3=(\cos\frac{\pi}{4})^3=\frac{\sqrt{2}}{4}$.

4. 若 $\lim\limits_{x\to\infty}\frac{(x-1)(x-2)(x-3)(x-4)(x-5)}{(4x-1)^{\alpha}}=\beta>0$，则（　　）.

A. $\alpha=1$，$\beta=\frac{1}{5}$；　　B. $\alpha=1$，$\beta=\frac{1}{4}$；　　C. $\alpha=5$，$\beta=4^5$；　　D. $\alpha=5$，$\beta=4^{-5}$.

5. 求极限 $\lim\limits_{x\to 1}\left(\dfrac{3}{1-x^3}-\dfrac{1}{1-x}\right)$.

6. 求极限 $\lim\limits_{x\to 3}\dfrac{x-3}{\sqrt{x^2+7}-4}$.

7. 设 $\lim\limits_{x\to x_0} f(x)$ 存在，$\lim\limits_{x\to x_0} g(x)$ 不存在，证明：$\lim\limits_{x\to x_0}[f(x)\pm g(x)]$ 和 $\lim\limits_{x\to x_0} f(x)g(x)$ 均不存在.

1. 设 $f(x)=\lim\limits_{n\to\infty}\left(\dfrac{n+x}{n-2}\right)^n$，则 $f(x)=$＿＿＿＿＿＿.

2. $\lim\limits_{n\to\infty}n\cdot\left(\dfrac{1}{n^2+\pi}+\dfrac{1}{n^2+2\pi}+\cdots+\dfrac{1}{n^2+n\pi}\right)=$＿＿＿＿＿＿.

3. 极限 $\lim\limits_{n\to\infty}\dfrac{3n^2+5}{5n+3}\sin\dfrac{5}{n}=$（　　）.

A. 0；　B. 3；　C. 5；　D. ∞.

4. 极限 $\lim\limits_{x\to+\infty}\left(1-\dfrac{4}{x}\right)^{\sqrt{x}}=$（　　）.

A. e^{-4}；　B. e^{-1}；　C. e；　D. e^4.

5. 求极限 $\lim\limits_{x\to 0}(1-3x)^{\frac{2}{\sin x}}$.

6. 求极限 $\lim\limits_{x\to 0}\dfrac{\sqrt{1+x\sin x}-1}{x^2}$.

7. 证明数列 $\sqrt{3}$，$\sqrt{3+\sqrt{3}}$，$\sqrt{3+\sqrt{3+\sqrt{3}}}$，… 的极限存在，并求其极限.

1. 设 $f(x)=\dfrac{\sqrt{x}-2}{(x-1)(x^2-16)}$，则 $f(x)$ 的第一类＿＿＿＿＿＿间断点是＿＿＿＿＿＿；第二类＿＿＿＿＿＿间断点是＿＿＿＿＿＿.

2. 函数 $f(x)=\dfrac{1}{x}\ln|1+x|$ 的间断点为＿＿＿＿＿＿；通过补充定义＿＿＿＿＿＿，可使 $f(x)$ 函数在 $x=$＿＿＿＿＿＿处连续.

3. 下列函数在分段点处连续的是（　　）.

A. $f(x)=\begin{cases}\dfrac{1-x^2}{1+x}, & x\neq -1\\ 0, & x=-1\end{cases}$；　　B. $f(x)=\begin{cases}\ln x, & x>0\\ x^2, & x\leqslant 0\end{cases}$；

C. $f(x)=\begin{cases}(1-x^2)^{\frac{3}{x^2}}, & x\neq 0\\ e^{-3}, & x=0\end{cases}$；　　D. $f(x)=\begin{cases}\dfrac{\sin x}{|x|}, & x\neq 0\\ 1, & x=0\end{cases}$.

4. 下列函数 $f(x)$ 在 $x=0$ 处均无定义，能补充定义使得 $f(x)$ 在 $x=0$ 处连续的函数是（　　）.

A. $f(x)=e^{\frac{1}{x}}$；　B. $f(x)=\dfrac{1}{x}\sin\dfrac{1}{x}$；　C. $f(x)=\sin\dfrac{1}{x}$；　D. $f(x)=\dfrac{\sqrt{1+x}-1}{\sqrt[3]{1+x}-1}$.

5. 设函数 $f(x)=\begin{cases}\dfrac{\sin(x-1)}{e^{x-1}-a}, & x\neq 1\\ b, & x=1\end{cases}$ 在 $x=1$ 处连续，且 $b\neq 0$，求 a，b 的值.

6. 求函数 $f(x)=\dfrac{x^2\tan 2x}{(e^x-1)\sin x}$ 在 $(-\pi,\ \pi)$ 内的间断点，并判断其类型.

7. 讨论函数 $f(x)=\begin{cases}x^2, & 0\leqslant x\leqslant 1\\ 2-x, & 1<x\leqslant 2\end{cases}$ 的连续性，如有间断点，试说明它的类型.

1. 函数 $f(x)=\dfrac{1}{\sqrt{2-x}}+\sqrt{x^4-x^2}$ 的连续区间为＿＿＿＿＿＿.

2. 设函数 $f(x)=\begin{cases} x\cot 2x, & x\neq 0 \\ a, & x=0 \end{cases}$ 在 $(-\infty, +\infty)$ 上连续，则 $a=$＿＿＿＿＿＿.

3. 函数 $f(x)=\dfrac{\arcsin x}{x(x+1)}$ 的连续区间是（　　）.

A. $(-\infty, +\infty)$；　　B. $(-\infty, 0)$ 和 $(0, +\infty)$；

C. $(-\infty, -1)$ 和 $(0, +\infty)$；　　D. $(-1, 0)$ 和 $(0, 1]$.

4. 下列函数在其定义域内连续的是（　　）.

A. $f(x)=\begin{cases} \sqrt{|x|}\sin\dfrac{1}{x}, & x\neq 0 \\ 0, & x=0 \end{cases}$；　　B. $f(x)=\begin{cases} \sin x, & x\leqslant 0 \\ \cos x, & x>0 \end{cases}$；

C. $f(x)=\begin{cases} \dfrac{\sqrt{|x|}}{x}, & x\neq 0 \\ 0, & x=0 \end{cases}$；　　D. $f(x)=\begin{cases} x+1, & x<0 \\ 0, & x=0 \\ x-1, & x>0 \end{cases}$.

5. 求极限 $\lim\limits_{x \to 0} \sqrt{1 + \ln^2 \dfrac{\sin 2x}{x}}$.

6. 讨论函数 $f(x) = \begin{cases} \dfrac{e^{1/x}}{1 - e^{1/x}}, & x \neq 0 \\ 0, & x = 0 \end{cases}$ 在定义域内的连续性，如有间断点，试说明间断点的类型.

7. 证明方程 $x = a\sin x + b(a, b > 0)$ 至少有一个正根，并且它不超过 $a + b$.

1. 设函数 $f(x)=\begin{cases}\dfrac{x\ln(1-x)}{1-\cos x}, & x\neq 0\\ a, & x=0\end{cases}$ 在 $x=0$ 处连续，则 $a=$＿＿＿＿＿＿.

2. 极限 $\lim\limits_{n\to\infty} n\ln\left[\dfrac{n-2na+1}{n(1-2a)}\right]=$＿＿＿＿＿＿.

3. 对任意的 x，总有 $g(x)\leqslant f(x)\leqslant h(x)$，且 $\lim\limits_{x\to\infty}[h(x)-g(x)]=0$，则 $\lim\limits_{x\to\infty} f(x)$（　　）.

A. 存在且等于零；　　B. 存在但不一定等于零；

C. 不一定存在；　　D. 一定不存在.

4. 设 $x\to 0$ 时，x^{α} 与 $\sin^3(\sqrt{x})$ 是等价无穷小，则 $\alpha=$（　　）.

A. $\dfrac{1}{2}$；　　B. $\dfrac{2}{3}$；　　C. $\dfrac{3}{2}$；　　D. $\dfrac{4}{3}$.

5. 求函数 $f(x)=\dfrac{e^{x^2}-\cos x}{1-\sqrt{1-x^2}}$ 的连续区间与间断点，并判断间断点的类型；若为可去间断点，补充定义使函数在该点处连续.

6. 讨论函数 $f(x)=\lim\limits_{n\to\infty}\dfrac{x^{2n+1}}{1+x^{2n}}$ 的连续性，如有间断点，试说明间断点的类型.

7. 设 $x_1=5$，$x_{n+1}=\sqrt{4+x_n}$ （$n=2$，3，$\cdots$）. 证明数列 $\{x_n\}$ 的极限存在，并求此极限.

第三章　导数与微分同步指导与训练

第一节　导数的概念

一、教学目标

理解函数在一点的导数和导函数的概念，导数的几何意义和物理意义. 会用可导的定义证明或讨论函数的可导性. 了解左，右导数的概念，函数在一点可导的充分必要条件；会用可导的充分必要条件讨论分段函数在分段点处的可导性. 会用可导的定义求一些函数，特别是基本初等函数的导数. 掌握基本初等函数求导公式. 了解函数的可导性与连续性之间的关系.

二、考点题型

导数与左，右导数的定义——函数在一点处可导的充分必要条件，分段函数在分段点处的导数等*；基本初等函数的求导公式；可导与连续的关系；切线和法线的求解；瞬时速度与加速度的求解.

三、例题分析

例 3.1.1　设 $f(0)=0$，则 $f(x)$ 在 $x=0$ 处可导的充要条件是（　　）.

A. $\lim\limits_{h\to+\infty} hf\left(\dfrac{1}{h}\right)$ 存在；　　B. $\lim\limits_{h\to0}\dfrac{1}{h^2}f(1-\cos h)$ 存在；

C. $\lim\limits_{h\to0}\dfrac{1}{h}f(1-\mathrm{e}^h)$ 存在；　　D. $\lim\limits_{h\to0}\dfrac{1}{h}[f(2h)-f(h)]$ 存在.

分析　显然，该问题实际上是要考察各选项中所给条件与函数在 $x=0$ 处可导的定义，即条件 $f'(0)=\lim\limits_{\Delta x\to0}\dfrac{f(0+\Delta x)-f(0)}{\Delta x}$ 存在的等价性，因此要甄别各选项与该条件之间的差别是形式上的，还是在本质上的.

解　选 C. 因为

$$\lim_{h\to0}\frac{1}{h}f(1-\mathrm{e}^h)=\lim_{h\to0}\frac{f(1-\mathrm{e}^h)-f(0)}{h}=\lim_{h\to0}\frac{f(1-\mathrm{e}^h)-f(0)}{1-\mathrm{e}^h}\cdot\frac{1-\mathrm{e}^h}{h}$$

$$\overset{t=1-\mathrm{e}^h}{=}-\lim_{t\to0}\frac{f(t)-f(0)}{t}=f'(0),$$

所以选项 C 是充要条件，与定义条件等价.

思考　若将选项 C 改为 $\lim\limits_{h\to0}\dfrac{1}{h}f(\mathrm{e}^h-1)$ 存在，或 $\lim\limits_{h\to0}\dfrac{1}{h}f(1-\mathrm{e}^{2h})$ 存在，或 $\lim\limits_{h\to0}\dfrac{1}{h^2}f(1-\mathrm{e}^{h^2})$ 存在，那么其中哪几个还是本题的充要条件？

例 3.1.2　函数 $f(x)=(x^2-x-2)|x^3-x|$ 不可导点的个数是（　）.

A. 3；　　B. 2；　　C. 1；　　D. 0.

分析　这是分段函数在分段点处的可导性问题，因此要用左右导数或导数的定义来讨论.

解　选择 B. 因为 $f(x)=(x+1)(x-2)|x(x+1)(x-1)|$，因此 $f(x)$ 只可能在

$x=0$，1，-1 处不可导. 因为

$$f(0)=\lim_{x\to 0}\frac{f(x)-f(0)}{x-0}=\lim_{x\to 0}\frac{(x+1)(x-2)|x(x+1)(x-1)|}{x}=-2\lim_{x\to 0}\frac{|x|}{x},$$

所以 $f_-(0)=-2\lim\limits_{x\to 0^-}\frac{|x|}{x}=\lim\limits_{x\to 0^-}\frac{x}{x}=2$，$f_+(0)=-2\lim\limits_{x\to 0^+}\frac{|x|}{x}=-2\lim\limits_{x\to 0^+}\frac{x}{x}=-2$，

于是 $f(x)$ 在 $x=0$ 处不可导.

类似地，$f(x)$ 在 $x=1$ 处不可导.

$$f(-1)=\lim_{x\to -1}\frac{f(x)-f(-1)}{x+1}=\lim_{x\to -1}\frac{(x+1)(x-2)|x(x+1)(x-1)|}{x+1}$$
$$=\lim_{x\to -1}(x-2)|x(x+1)(x-1)|=0,$$

因此 $f(x)$ 在 $x=-1$ 处可导.

思考 设 $f(x)=|x-a|^{\alpha}v(x)$，其中 $v(x)$ 在 a 的某邻域内有界，则当 α 取哪些值时，$f(x)$ 在 a 处可导？当 α 取哪些值时，$f(x)$ 在 a 处不可导？

例 3.1.3 证明：若函数 $u(x)$ 在 $x=x_0$ 处连续但不可导，而 $v(x)$ 在 $x=x_0$ 处可导且 $v(x_0)\neq 0$，则 $u(x)v(x)$ 在 $x=x_0$ 处也不可导.

分析 因为 $u(x)$ 在 $x=x_0$ 处不可导，所以不能直接用积的求导法则，而应用导数的定义来证明.

证明 用反证法 假设 $f(x)=u(x)v(x)$ 在 $x=x_0$ 处可导，则

$$\frac{u(x)-u(x_0)}{x-x_0}=\frac{1}{v(x_0)}\left[\frac{u(x)v(x)-u(x_0)v(x_0)}{x-x_0}-u(x)\frac{v(x)-v(x_0)}{x-x_0}\right],$$

两边取极限，得

$$\lim_{x\to x_0}\frac{u(x)-u(x_0)}{x-x_0}=\frac{1}{v(x_0)}\left[\lim_{x\to x_0}\frac{u(x)v(x)-u(x_0)v(x_0)}{x-x_0}-\lim_{x\to x_0}u(x)\lim_{x\to x_0}\frac{v(x)-v(x_0)}{x-x_0}\right],$$

即
$$u'(x_0)=\frac{1}{v(x_0)}[f'(x_0)-u(x_0)v'(x_0)],$$

这与 $u(x)$ 在 $x=x_0$ 处不可导相矛盾. 因此 $f(x)=u(x)v(x)$ 在 $x=x_0$ 处不可导.

思考 (i) 若 $u(x)$ 在 $x=x_0$ 处不连续，结论如何？(ii) 适当地选择 $u(x)$，$v(x)$，用本题结论解答例 3.1.4.

例 3.1.4 设 $f(x)$ 在 $x=a$ 的某领域内可导，且 $f(a)=0$，证明：$|f(x)|$ 在 $x=a$ 处可导的充要条件是 $f'(a)=0$.

分析 用函数在某一点可导的定义来证明即可.

解 记 $F(x)=|f(x)|$，则 $F(a)=|f(a)|=0$. 于是

$$F'_-(a)=\lim_{x\to a^-}\frac{F(x)-F(a)}{x-a}=\lim_{x\to a^-}\frac{|f(x)|-0}{x-a}=-\lim_{x\to a^-}\left|\frac{f(x)-f(a)}{x-a}\right|$$
$$=-\left|\lim_{x\to a^-}\frac{f(x)-f(a)}{x-a}\right|=-|f'(a)|,$$

同理可得 $F'_+(a)=\lim\limits_{x\to a^+}\frac{F(x)-F(a)}{x-a}=|f'(a)|$.

$F(x)=|f(x)|$ 在 $x=a$ 处可导的充要条件是 $F'_+(a)=F'_-(a)$，即 $|f'(a)|=-|f'(a)|$，也即 $f'(a)=0$.

思考 若把 $f(x)$ 在 $x=a$ 的某领域内可导，改为 $f(x)$ 在 $x=a$ 处可导，所证结论是否仍然成立？是，给出证明；否，举出反例.

例 3.1.5 已知 $f(x)=\frac{(x-1)(x-2)(x-3)}{(x+1)(x+2)(x+3)}$，求 $f'(1)$.

分析　若先求出 $f'(x)$，再将 $x=1$ 代入，计算比较繁琐，用导数的定义求则简便得多.

解　$f'(1)=\lim\limits_{x\to1}\dfrac{f(x)-f(1)}{x-1}=\lim\limits_{x\to1}\dfrac{(x-2)(x-3)}{(x+1)(x+2)(x+3)}=\dfrac{1}{12}$.

思考　若 $f(x)=\dfrac{(x-1)(x-2)(x-3)\cdots(x-n)}{(x+1)(x+2)(x+3)\cdots(x+n)}$，求 $f'(k)$ $(1\leqslant k\leqslant n)$.

例 3.1.6　证明：双曲线 $xy=a^2$ 上任一点处的切线与两坐标轴构成三角形的面积都等于 $2a^2$.

分析　根据导数的几何意义，曲线在某点切线的斜率等于函数在该点处的导数值. 先求出任一点处的切线的方程，再求出切线在坐标轴上的截距即可算出.

解　双曲线 $y=\dfrac{a^2}{x}$ 在 (x_0, y_0) 处切线的斜率为

$$k=y'(x_0)=-\frac{a^2}{x_0^2}$$

故切线方程为 $y-y_0=-\dfrac{a^2}{x_0^2}(x-x_0)$，将 $y_0=\dfrac{a^2}{x_0}$ 代入得

$$y=-\frac{a^2}{x_0^2}x+\frac{2a^2}{x_0},$$

因此，切线在 x，y 轴上的截距分别为 $2x_0$，$\dfrac{2a^2}{x_0}$，故所围成三角形面积为

$$S=\frac{1}{2}\cdot|2x_0|\cdot\left|\frac{2a^2}{x_0}\right|=2a^2.$$

思考　若双曲线 $y=\dfrac{a^2}{x}$ 在 (x_0, y_0) 处法线将双曲线 $y=\dfrac{a^2}{x}$ 在该点的切线与两坐标轴所构成三角形的分成两部分，求这两部分的面积.

第二节　函数和、差、积、商的求导法则和复合函数的求导法则

一、教学目标

掌握导数的四则运算法则，能熟练运用这些法则解题；知道复合函数的求导法则的证明，熟练运用该法则求复合函数的导数.

二、考点题型

导数的求解——导数四则运算法则与复合函数求导法则的运用或综合运用*.

三、例题分析

例 3.2.1　求函数 $y=\dfrac{\sqrt{1+x}-\sqrt{1-x}}{\sqrt{1+x}+\sqrt{1-x}}$ 的导数.

分析　这是商的求导问题，可直接应用商的求导法则，注意商的求导法则中分子的表达式 $u'v-uv'$，与积的求导法则 $(uv)'=u'v+uv'$ 仅相差一个符号，这是因为商的求导可以转化成积的求导 $(uv^{-1})'=u'v^{-1}-uv^{-2}$.

解 根据商的求导法则，可得

$$y'=\frac{(\sqrt{1+x}-\sqrt{1-x})'(\sqrt{1+x}+\sqrt{1-x})-(\sqrt{1+x}-\sqrt{1-x})(\sqrt{1+x}+\sqrt{1-x})'}{(\sqrt{1+x}+\sqrt{1-x})^2}$$

$$=\frac{(1/\sqrt{1+x}+1/\sqrt{1-x})(\sqrt{1+x}+\sqrt{1-x})-(\sqrt{1+x}-\sqrt{1-x})(1/\sqrt{1+x}-1/\sqrt{1-x})}{2(\sqrt{1+x}+\sqrt{1-x})^2}$$

$$=\frac{(\sqrt{1+x}+\sqrt{1-x})^2+(\sqrt{1+x}-\sqrt{1-x})^2}{2\sqrt{1-x^2}(2+2\sqrt{1-x^2})}=\frac{1}{\sqrt{1-x^2}(1+\sqrt{1-x^2})}.$$

思考 (i) 若函数为 $y=\dfrac{\sqrt{1+x}+\sqrt{1-x}}{\sqrt{1+x}-\sqrt{1-x}}$，结果如何？(ii) 对上述两问题，分子分母同乘以分母的有理化因式，化简后用商或积的求导法则求解.

例 3.2.2 求函数 $y=\ln(\sec x+\tan x)$ 的导数.

分析 这是复合函数 $y=\ln u$，$u=\sec x+\tan x$ 的求导问题. 注意，$y=f(u)$，$u=g(x)$ 的复合函数 $y=f[g(x)]$ 的导数，等于外函数 $y=f(u)$（对中间变量）的导数 $f'(u)$，与内函数 $u=g(x)$（对直接变量）的导数 $g'(x)$ 之积，即 $\dfrac{d}{dx}f[g(x)]=f'[g(x)]\dfrac{d}{dx}g(x)$.

解 $y'=\dfrac{1}{\sec x+\tan x}\cdot\dfrac{d}{dx}(\sec x+\tan x)=\dfrac{\sec x\tan x+\sec^2 x}{\sec x+\tan x}=\sec x$.

思考 (i) 若函数为 $y=\ln(\sec x-\tan x)$，结果如何？(ii) 对比以上两题的结果，并解释为什么会产生这种情况？

例 3.2.3 求函数 $y=e^{\sin^2(2x-1)}$ 的导数.

分析 这是四层复合函数 $y=e^u$，$u=v^2$，$v=\sin w$，$w=2x-1$ 的求导问题. 求导时，要注意"从外往内，一层一层"地求，越层漏层都会产生错误；而对每层函数求导时，都是用（两层）复合函数的导数法则，即（两层）复合函数的导数，等于外函数的导数与内函数的导数之积，只不过各层的中间变量与直接变量不同罢了.

解 $y=e^{\sin^2(2x-1)}\dfrac{d}{dx}[\sin^2(2x-1)]=2\sin(2x-1)e^{\sin^2(2x-1)}\dfrac{d}{dx}[\sin(2x-1)]$

$=2\sin(2x-1)\cos(2x-1)e^{\sin^2(2x-1)}\dfrac{d}{dx}(2x-1)$

$=2\sin(4x-2)e^{\sin^2(2x-1)}$.

思考 若函数为 $y=e^{-\sin(2x-1)}$，结果如何？为 $y=e^{\cos^2(2x-1)}$ 或 $y=e^{-\cos(2x-1)}$ 呢？

例 3.2.4 设 $y=f[\sin(\ln x)]+\sin[f(\ln x)]$，求 y'.

分析 抽象复合函数的求导，要注意记号 $\{f[\varphi(x)]\}'$ 和 $f'[\varphi(x)]$ 的区分，前者是整个复合函数的导数，后者是复合函数对中间变量求导的结果.

解 $y'=\{f[\sin(\ln x)]\}'+\{\sin[f(\ln x)]\}'$

$=f'[\sin(\ln x)]\cdot[\sin(\ln x)]'+\cos[f(\ln x)]\cdot[f(\ln x)]'$

$=f'[\sin(\ln x)]\cdot\cos(\ln x)\cdot(\ln x)'+\cos[f(\ln x)]\cdot f'(\ln x)\cdot(\ln x)'$

$=f'[\sin(\ln x)]\cdot\cos(\ln x)\cdot\dfrac{1}{x}+\cos[f(\ln x)]\cdot f'(\ln x)\cdot\dfrac{1}{x}$

$=\dfrac{1}{x}\{f'[\sin(\ln x)]\cdot\cos(\ln x)+\cos[f(\ln x)]\cdot f'(\ln x)\}$.

思考 若函数为 $y=f[\cos(\ln x)]+\cos[f(\ln x)]$，结果如何？若为 $y=f[\ln(\sin x)]+\ln[f(\sin x)]$ 和 $y=f[\ln(\cos x)]+\ln[f(\cos x)]$ 呢？

例 3.2.5　设 $f(x)$ 在 $x=1$ 的某领域内可导，且 $\frac{\mathrm{d}}{\mathrm{d}x}f(x^2)=\frac{\mathrm{d}}{\mathrm{d}x}f^2(x)$，证明：$f'(1)=0$ 或 $f(1)=1$.

分析　从已知条件出发，利用复合函数的求导法则，逐步推出结论.

解　等式两边同时对 x 求导数

$$2x\cdot f'(x^2)=2f(x)\cdot f'(x),$$

将 $x=1$ 代入，得

$$f'(1)=f(1)\cdot f'(1),\quad 即\ f'(1)\cdot[f(1)-1]=0.$$

因此 $f'(1)=0$ 或 $f(1)=1$.

例 3.2.6　设 $f(\frac{1}{2}x)=\sin x$，求 $f'(x)$，$f'(f(x))$，$[f(f(x))]'$.

分析　先求出 $f(x)$ 的表达式，再用复合函数的求导法则来求，注意区分 $f'(f(x))$ 和 $[f(f(x))]'$.

解　由 $f(\frac{1}{2}x)=\sin 2(\frac{1}{2}x)$，得 $f(x)=\sin 2x$．于是

$$f'(x)=2\cos 2x,\quad f'(f(x))=2\cos(2\sin 2x),$$

$$[f(f(x))]'=f'(f(x))\cdot f'(x)=4\cos 2x\cdot\cos(2\sin 2x).$$

思考　若 $f(\sin x)=\frac{1}{2}x$，结果如何？

第三节　反函数，隐函数与参数方程所确定的函数的导数

一、教学目标

了解反函数求导法则的证明，会用该法则求反三角函数，对数函数等的导数；知道隐函数的概念，掌握隐函数的求导方法；会求由参数方程所确定的函数的导数，会用对数求导法求一些函数的导数.

二、考点题型

导数的求解——反函数求导法则的运用；隐函数与参数方程所确定的函数的导数的求解*.

三、例题分析

例 3.3.1　求 $y=\arcsin\sqrt{\frac{1-x}{1+x}}$ 的导数.

分析　将复合函数进行分解，令 $y=\arcsin u$，$u=\sqrt{v}$，$v=\frac{1-x}{1+x}$.

解　$$y'=\frac{1}{\sqrt{1-\left(\sqrt{\frac{1-x}{1+x}}\right)^2}}\cdot\left(\sqrt{\frac{1-x}{1+x}}\right)'=\frac{1}{\sqrt{1-\frac{1-x}{1+x}}}\cdot\frac{1}{2\sqrt{\frac{1-x}{1+x}}}\cdot\left(\frac{1-x}{1+x}\right)'$$

$$=\frac{1}{\sqrt{1-\frac{1-x}{1+x}}}\cdot\frac{1}{2\sqrt{\frac{1-x}{1+x}}}\cdot\frac{-(1+x)-(1-x)}{(1+x)^2}=-\frac{1}{(1+x)\cdot\sqrt{2x(1-x)}}.$$

例 3.3.2 已知 $y=f\left(\frac{3x-2}{3x+2}\right)$，$f'(x)=\arctan x^2$，求 $\left.\frac{\mathrm{d}y}{\mathrm{d}x}\right|_{x=0}$.

分析 该题关键是要区分 $f'(x)$ 和 $\frac{\mathrm{d}y}{\mathrm{d}x}$ 的不同，要用复合函数的求导法则来求 $\frac{\mathrm{d}y}{\mathrm{d}x}$.

解 令 $u=\frac{3x-2}{3x+2}$，则

$$\frac{\mathrm{d}y}{\mathrm{d}x}=\frac{\mathrm{d}f}{\mathrm{d}u}\cdot\frac{\mathrm{d}u}{\mathrm{d}x}=(\arctan u^2)\cdot\frac{3(3x+2)-3(3x-2)}{(3x+2)^2}=\left[\arctan\left(\frac{3x-2}{3x+2}\right)^2\right]\cdot\frac{12}{(3x+2)^2}.$$

因此
$$\left.\frac{\mathrm{d}y}{\mathrm{d}x}\right|_{x=0}=3\cdot\arctan 1=\frac{3\pi}{4}.$$

思考 若 $f'(x)=\operatorname{arccot}x^2$，结果如何？$f'(x)=\arcsin x^2$ 或 $f'(x)=\arccos x^2$ 呢？

例 3.3.3 设函数 $y=f(x)$ 由方程 $y-xe^y=1$ 确定，求 $y'(0)$，并求曲线在 $x=0$ 处的切线方程和法线方程.

分析 隐函数的求导，只需将 y 当作 x 的函数，利用复合函数的求导法则即可.

解 方程两边同时对 x 求导数，

$$y'-e^y-xe^y\cdot y'=0,$$

当 $x=0$ 时，$y=1$，代入上式得 $y'(0)=e$.

故所求切线方程为

$$y-1=ex，即 y=ex+1;$$

法线方程为
$$y-1=-\frac{1}{e}x，即 y=-\frac{1}{e}x+1.$$

思考 若已知曲线在点 (x_0, y_0) 处的切线垂直于 x 轴，求该点的坐标.

例 3.3.4 求参数曲线 $\begin{cases}x=(1-\cos\theta)\cos\theta\\ y=(1-\cos\theta)\sin\theta\end{cases}$ 上对应于 $\theta=\frac{\pi}{6}$ 处的切线方程.

分析 求极坐标方程的切线的斜率，可先将极坐标方程化成参数方程，再用参数方程的求导法则来求.

解 由 $\theta=\frac{\pi}{6}$ 得切点的坐标为 $\left(\frac{\sqrt{3}}{2}-\frac{3}{4}, \frac{1}{2}-\frac{\sqrt{3}}{4}\right)$，该点处的斜率

$$\left.\frac{\mathrm{d}y}{\mathrm{d}x}\right|_{\theta=\pi/6}=\left.\frac{\mathrm{d}y/\mathrm{d}\theta}{\mathrm{d}x/\mathrm{d}\theta}\right|_{\theta=\pi/6}=\left.\frac{\cos\theta-\cos^2\theta+\sin^2\theta}{-\sin\theta+2\sin\theta\cos\theta}\right|_{\theta=\pi/6}=1,$$

故切线方程为 $y-\left(\frac{1}{2}-\frac{\sqrt{3}}{4}\right)=x-\left(\frac{\sqrt{3}}{2}-\frac{3}{4}\right)$，即 $y-x+\frac{3}{4}\sqrt{3}-\frac{5}{4}=0$.

思考 (i) 若要得到整条曲线，求 θ 的一个最小的取值范围；(ii) θ 为何值时，曲线上对应点处的切线分别垂直、平行于 x 轴？

例 3.3.5 设 $y=(1+x^2)^{\sin x}$，求 y'.

分析 该题是幂指函数的求导，用对数求导法则来计算. 注意 $\ln y$ 是 x 的复合函数.

解 方程两边同时取对数，得

$$\ln y=(\sin x)\cdot\ln(1+x^2),$$

方程两边同时对 x 求导数，将 y 当作 x 的函数，

$$\frac{1}{y}y'=(\cos x)\cdot\ln(1+x^2)+\sin x\cdot\frac{1}{1+x^2}\cdot 2x,$$

因此
$$y'=(1+x^2)^{\sin x}\left[(\cos x)\cdot\ln(1+x^2)+\frac{2x\cdot\sin x}{1+x^2}\right].$$

思考　先将幂指函数化成指数函数，即 $y=e^{\sin x\cdot\ln(1+x^2)}$，再用复合函数求导法则求解.

注　根据幂指函数 $u(x)^{v(x)}$ 的定义，$u(x)>0$ 且 $u(x)\neq 1$. 因此，幂指函数的求导也是在此前提下进行的，故取对数时 $u(x)$ 不要加绝对值.

例 3.3.6　求 $y=\dfrac{\sqrt{x+2}(3-x)^4}{(x+1)^5}$ 的导数.

分析　由多个函数的乘除，乘方，开方运算所得函数的导数，先取对数，可化为对数函数的代数和，再用导数的性质与复合函数的求导法则来计算，能简化求导的运算.

解　方程两边同时取对数，得

$$\ln y=\ln\sqrt{x+2}+\ln(3-x)^4-\ln(x+1)^5=\frac{1}{2}\ln(x+2)+4\ln(3-x)-5\ln(x+1)$$

方程两边对 x 求导数，得

$$\frac{y'}{y}=\frac{1}{2}\cdot\frac{1}{x+2}+4\cdot\frac{1}{3-x}\cdot(-1)-5\cdot\frac{1}{x+1},$$

因此

$$y'=\frac{\sqrt{x+2}(3-x)^4}{(x+1)^5}\left[\frac{1}{2(x+2)}+\frac{4}{x-3}-\frac{5}{x+1}\right].$$

思考　(i) 根据上述求导过程及导数的表达式，可以直接判断函数在其右连续点 $x=-2$ 处是否右可导和在其连续点 $x=3$ 处是否可导吗？(ii) 用定义讨论函数 $y=\dfrac{\sqrt{x+2}(3-x)^4}{(x+1)^5}$ 在 $x=-2$ 处是否右导数？在 $x=3$ 处是否可导？(iii) 应对导数的表达式作何改进，就可以包括这些点函数是否可导的信息？

第四节　高阶导数与函数的微分

一、教学目标

了解高阶导数的概念，高阶导数的运算性质. 会用高阶导数的定义，性质和求函数的前几阶导数以及一些简单函数的 n 阶导数，理解函数微分的概念. 了解可微与可导，可微与连续之间的关系以及函数微分的几何意义；掌握函数和，差，积，商的微分与复合函数微分的运算法则，掌握基本初等函数微分的公式；了解微分在近似计算中的应用.

二、考点题型

二阶导数的求解*，一些简单函数 n 阶导数的求解；函数微分的概念，可导与可微之间的关系，函数微分的求解*.

三、例题分析

例 3.4.1　设函数 $y=\sin\ln x+\cos\ln x$，求 y''.

分析　这是复合函数二阶导数的求解问题. 先用复合函数求导法求出一阶导数，再求一阶导数的导数，即二阶导数.

解　$y'=\cos\ln x\cdot(\ln x)'-\sin\ln x\cdot(\ln x)'=\dfrac{\cos\ln x-\sin\ln x}{x}$，

$$y''=\left(\frac{\cos\ln x-\sin\ln x}{x}\right)'=\frac{x(\cos\ln x-\sin\ln x)'-(\cos\ln x-\sin\ln x)}{x^2}$$

$$=\frac{x(-\sin\ln x-\cos\ln x)\cdot\frac{1}{x}-(\cos\ln x-\sin\ln x)}{x^2}=\frac{-2\cos\ln x}{x^2}.$$

思考 若函数为 $y=\ln\sin x+\ln\cos x$，结果如何？

例 3.4.2 设 $y=\sin x\cdot\sin 2x\cdot\sin 3x$，求 $y^{(10)}$.

分析 该题若用直接法或高阶导数的求导法则来计算都比较麻烦，可以先进行恒等变形，化为简单函数的代数和，再用复合函数求导法则计算.

解 由积化和差公式

$$y=\frac{1}{2}(\cos x-\cos 3x)\cdot\sin 3x=\frac{1}{2}(\cos x\cdot\sin 3x-\cos 3x\cdot\sin 3x)$$

$$=\frac{1}{4}(\sin 2x+\sin 4x)-\frac{1}{4}\sin 6x=\frac{1}{4}(\sin 2x+\sin 4x-\sin 6x),$$

于是

$$y^{(10)}=\frac{1}{4}\left[2^{10}\cdot\sin(2x+\frac{10}{2}\pi)+4^{10}\cdot\sin(4x+\frac{10}{2}\pi)-6^{10}\cdot\sin(6x+\frac{10}{2}\pi)\right]$$

$$=2^8\cdot 3^{10}\cdot\sin 6x-2^8\cdot\sin 2x-2^{18}\cdot\sin 4x.$$

例 3.4.3 已知 $y=\ln(1+3^{-x})$，求 $\mathrm{d}y$.

分析 求函数 $y=f(x)$ 的微分，只需先求出 $f'(x)$，再写成 $\mathrm{d}y=f'(x)\mathrm{d}x$ 的形式即可；也可用一阶微分的形式不变性来求.

解 $\mathrm{d}y=\frac{1}{1+3^{-x}}\mathrm{d}(1+3^{-x})=\frac{3^{-x}\cdot\ln 3}{1+3^{-x}}\mathrm{d}(-x)=-\frac{3^{-x}\cdot\ln 3}{1+3^{-x}}\mathrm{d}x=-\frac{\ln 3}{3^x+1}\mathrm{d}x$.

思考 (i) 求 $\mathrm{d}y\,|_{x=0}$；(ii) 若 $\mathrm{d}y\,|_{x=x_0}=-\mathrm{d}x$，求 x_0；(iii) 问是否存在 x_0，使 $x\to x_0$ 时，$\mathrm{d}y\,|_{x=x_0}$ 与 $\mathrm{d}x$ 是等价的无穷小？

例 3.4.4 已知 $y=(\ln x)^x$，求 $\mathrm{d}y$.

分析 求幂指函数的微分，可利用对数求导法则先求出其导数，再乘以 $\mathrm{d}x$，得出 $\mathrm{d}y$. 也可先将幂指函数变形成指数函数，再用复合函数的求导法则来求.

解 在方程两边取自然对数，化简得

$$\ln y=x\ln\ln x,$$

两边对 x 求导，得

$$\frac{1}{y}\cdot y'=\ln\ln x+x\cdot\frac{1}{\ln x}\cdot\frac{1}{x}=\ln\ln x+\frac{1}{\ln x},$$

所以

$$y'=y(\ln\ln x+\frac{1}{\ln x})=(\ln x)^x(\ln\ln x+\frac{1}{\ln x}),$$

$$\mathrm{d}y=y'\mathrm{d}x=(\ln x)^x(\ln\ln x+\frac{1}{\ln x})\mathrm{d}x.$$

思考 (i) 若函数为 $y=(\sin x)^x$，结果如何？(ii) 利用复合函数求导法或微分形式的不变性求解以上各题.

例 3.4.5 设方程 $\tan y=x+y$ 确定 y 是 x 的函数，求 $\mathrm{d}y$.

分析 求隐函数的微分，可以先用隐函数的求导法则，先求出 y'，再写出 $\mathrm{d}y$. 也可直接对方程两边同时取微分，再解出 $\mathrm{d}y$.

解 方程两边同时取微分，得

$$\mathrm{d}(\tan y)=\mathrm{d}(x+y),$$

$$\sec^2 y\cdot\mathrm{d}y=\mathrm{d}x+\mathrm{d}y,$$

所以

$$\mathrm{d}y=\frac{1}{(x+y)^2}\mathrm{d}x.$$

思考　(i) 当 $x=x_0$ 取哪些值时，函数 $y=y(x)$ 的微分不存在；(ii) 当 $x\to x_0$ 取哪些值时，函数 $y=y(x)$ 的微分 $\mathrm{d}y$ 与自变量的微分 $\mathrm{d}x$ 是等价的无穷小量？

例 3.4.6　求根式 $\sqrt[3]{996}$ 的近似值.

分析　利用微分的近似计算公式即可求出，关键是函数 $f(x)$，点 x_0 及 Δx 的选取.

解　令 $f(x)=\sqrt[3]{x}$，取 $x_0=1000$，$\Delta x=-4$，则

$$f'(x)=\frac{1}{3}x^{-\frac{2}{3}}, \qquad f'(x_0)=\frac{1}{3}\times 1000^{-\frac{2}{3}}=\frac{1}{300}$$

由 $f(x_0+\Delta x)\approx f(x_0)+f'(x_0)\Delta x$ 得

$$\sqrt[3]{996}=\sqrt[3]{1000-4}\approx\sqrt[3]{1000}+\frac{1}{300}\times(-4)\approx 9.9887.$$

思考　(i) 用 $996=9^3+267$ 计算该近似值，并比较以上两种方法的精确程度；(ii) 分别用上述两种方法计算 $\sqrt[3]{824}$ 和 $\sqrt[3]{825}$ 的近似值，并比较以上两种方法的精确程度；(iii) 求 $\sqrt[3]{x_0^3-kx_0}$ 的近似公式，其中 $0<k\leqslant x_0$.

注　在利用微分进行近似计算时，不一定要求 Δx 本身很小，而只需要 Δx 相对 x_0 很小即可，即要求 x 与 x_0 比较接近就行. 虽然本题中选取的 Δx 比较大，但相对 $x_0=1000$ 而言仍然很小，因此误差也很小.

第五节　习题课

例 3.5.1　利用导数求极限 $\lim\limits_{x\to\pi}\dfrac{\mathrm{e}^{\tan x}-1}{x-\pi}$.

分析　导数是一类特殊形式的极限，即函数的增量与自变量增量之比的极限，因此可以用极限求导数；反之，如果一个极限可以转化成函数的增量与自变量增量之比的极限的形式，那么就可以用导数求极限.

解

$$\begin{aligned}\lim_{x\to\pi}\frac{\mathrm{e}^{\tan x}-1}{x-\pi}&=\lim_{x\to\pi}\frac{\mathrm{e}^{\tan x}-\mathrm{e}^{\tan\pi}}{x-\pi}=(\mathrm{e}^{\tan x})'\big|_{x=\pi}=\mathrm{e}^{\tan x}\sec^2 x\big|_{x=\pi}\\&=\mathrm{e}^{\tan\pi}\sec^2\pi=\mathrm{e}^0(-1)^2=1.\end{aligned}$$

思考　若极限为 $\lim\limits_{x\to\pi}\dfrac{\mathrm{e}^{\sin x}-1}{x-\pi}$，结果如何？为 $\lim\limits_{x\to\pi}\dfrac{\mathrm{e}^{2\tan x}-1}{x-\pi}$ 或 $\lim\limits_{x\to\pi}\dfrac{\mathrm{e}^{\tan^2 x}-1}{x-\pi}$、$\lim\limits_{x\to\pi}\dfrac{\mathrm{e}^{2\sin x}-1}{x-\pi}$ 或 $\lim\limits_{x\to\pi}\dfrac{\mathrm{e}^{\sin^2 x}-1}{x-\pi}$ 呢？

例 3.5.2　证明：可导奇函数的导数为偶函数；可导偶函数的导数为奇函数. 并作出几何解释.

分析　用本题的证明比较简单，既可从导数的定义出发来证明，也可直接求导得到，但本题的结论很有用.

证明　设函数 $y=f(x)$ 为奇函数，且可导，则

$$\begin{aligned}f'(-x)&=\lim_{h\to0}\frac{f(-x+h)-f(-x)}{h}=\lim_{h\to0}\frac{-f(x-h)+f(x)}{h}\\&=\lim_{h\to0}\frac{f(x-h)-f(x)}{-h}=f'(x).\end{aligned}$$

即 $f'(x)$ 为偶函数. 同理可证 $y=f(x)$ 为偶函数的情形.

思考　(i) 根据奇偶函数的性质和复合函数的求导法则证明该结论；(ii) 用以上两种方

法证明：可导的周期函数的导函数仍为周期函数，且周期不变.

例 3.5.3 求由 $\arctan\dfrac{y}{x}=\ln\sqrt{x^2+y^2}$（对数螺线）确定的隐函数的导数 $y'(x)$.

分析 本题可以用隐函数的求导法则来求，也可先将直角坐标系下的方程化成极坐标方程，再化成参数方程，最后用参数方程的求导法则来求.

解 原方程化为

$$\arctan\frac{y}{x}=\frac{1}{2}\ln(x^2+y^2),$$

将 y 看成 x 的函数，方程两边同时对 x 求导数，

$$\frac{1}{1+(y/x)^2}\cdot\frac{xy'-y}{x^2}=\frac{1}{2}\cdot\frac{2x+2yy'}{x^2+y^2},$$

化简得

$$y'(x)=\frac{x+y}{x-y}.$$

思考 (i) 曲线上分别平行于 x 轴和 y 轴的切线有多少条？(ii) 曲线上斜率为 1 的切线有多少条？切点的坐标满足什么条件？(iii) 将原方程转化为参数方程求解.

例 3.5.4 设 $y=\dfrac{x^2+1}{x^2-1}$，求 $y^{(n)}$.

分析 若直接逐次求出函数的前几阶导数，不仅麻烦，而且看不出规律. 因此，对函数作适当恒等变形，化为求熟知函数的高阶导数来计算.

解 由于 $y=1+\dfrac{2}{x^2-1}=1+\dfrac{1}{x-1}-\dfrac{1}{x+1}$，故

$$\begin{aligned}y^{(n)}&=(1)^{(n)}+\left(\frac{1}{x-1}\right)^{(n)}-\left(\frac{1}{x+1}\right)^{(n)}=0+\frac{(-1)^n\cdot n!}{(x-1)^{n+1}}-\frac{(-1)^n\cdot n!}{(x+1)^{n+1}}\\&=(-1)^n n!\left[\frac{1}{(x-1)^{n+1}}-\frac{1}{(x+1)^{n+1}}\right].\end{aligned}$$

思考 求 $y^{(2n)}$，$y^{(2n+1)}$ 及 $y^{(2n)}(0)$，$y^{(2n+1)}(0)$，并判断 $y^{(2n)}$，$y^{(2n+1)}$ 的奇偶性.

例 3.5.5 求函数 $f(x)=|x^2-1|$ 的导数.

分析 绝对值函数是分段函数，因此该题是分段函数的求导问题. 注意，分段函数在分段点处的导数，要用左，右导数讨论，而其他地方的导数，用初等函数求导法则求解即可.

解 因为 $f(x)=\begin{cases}x^2-1, & |x|\geqslant 1\\ 1-x^2, & |x|<1\end{cases}$，所以当 $x\neq\pm1$ 时，$f'(x)=\begin{cases}2x, & |x|>1\\ -2x, & |x|<1\end{cases}$.

当 $x=1$ 时，$f'_+(1)=\lim\limits_{x\to1^+}\dfrac{f(x)-f(1)}{x-1}=\lim\limits_{x\to1^+}\dfrac{x^2-1}{x-1}=\lim\limits_{x\to1^+}(x+1)=2$,

$$f'_-(1)=\lim_{x\to1^-}\frac{f(x)-f(0)}{x-0}=\lim_{x\to1^-}\frac{1-x^2}{x-1}=-\lim_{x\to1^-}(x+1)=-2,$$

因为 $f'_+(1)\neq f'_-(1)$，所以 $f(x)$ 在 $x=1$ 处不可导.

类似地，可知证明 $f(x)$ 在 $x=-1$ 处不可导.

所以
$$f'(x)=\begin{cases}2x, & |x|>1\\ -2x, & |x|<1\end{cases}.$$

思考 若函数为 $f(x)=|x^3-1|$，结果如何？为 $f(x)=|x^3-2x^2+x|$ 呢？

例 3.5.6 已知 $f(x)=\begin{cases}x^2, & x\leqslant 1\\ ax+b, & x>1\end{cases}$，试确定 a，b 的值，使 $f(x)$ 在 $x=1$ 处可导，并求 $f'(x)$.

分析 本题要确定两个未知量 a，b，必须由两个等式来确定．一个条件是 $f(x)$ 在 $x=1$ 处可导，则 $f'_{+}(1)=f'_{-}(1)$；另一个条件隐含在题设中，即 $f(x)$ 在 $x=1$ 处可导，则 $f(x)$ 在 $x=1$ 处必连续．

解 因为 $f(x)$ 在 $x=1$ 处可导，所以 $f(x)$ 在 $x=1$ 处必连续．于是

$$f(1^{+})=f(1^{-})=f(1),\quad f'_{+}(1)=f'_{-}(1).$$

由于 $\lim\limits_{x\to1^{+}}f(x)=\lim\limits_{x\to1^{+}}(ax+b)=a+b$，

$\lim\limits_{x\to1^{-}}f(x)=\lim\limits_{x\to1^{-}}x^2=1,\quad f(1)=1,$

所以 $a+b=1$； (3.5.1)

又由于 $f'_{+}(1)=\lim\limits_{x\to1^{+}}\dfrac{f(x)-f(1)}{x-1}=\lim\limits_{x\to1^{+}}\dfrac{(ax+b)-1}{x-1}=\lim\limits_{x\to1^{+}}\dfrac{(ax+b)-(a+b)}{x-1}=a$，

$$f'_{-}(1)=\lim_{x\to1^{-}}\frac{f(x)-f(1)}{x-1}=\lim_{x\to1^{-}}\frac{x^2-1}{x-1}=\lim_{x\to1^{-}}(x+1)=2,$$

所以

$$a=2, \tag{3.5.2}$$

式(3.5.1)和式(3.5.2)联立，解得 $a=2$，$b=-1$，所以

$$f'(x)=\begin{cases}2x, & x\leqslant 1\\ 2, & x>1\end{cases}.$$

思考 (i) 在本题中，可否对 $f(x)$ 的各段分别求导，得出 $f'(x)=\begin{cases}2x, & x\leqslant 1\\ a, & x>1\end{cases}$？在一般情况下，若未知 $f(x)$ 在 $x=1$ 处可导，上述方法是否可行？(ii) 先证明导数的极限定理“设函数 $f(x)$ 在点 x_0 的某领域 $U(x_0)$ 内连续，在 $U^{\circ}(x_0)$ 内可导，且极限 $\lim\limits_{x\to x_0}f'(x)$ 存在，则 $f(x)$ 在点 x_0 可导，且 $\lim\limits_{x\to x_0}f'(x)=f'(x_0)$”，再用该定理求解该题．

例 3.5.7 设函数 $y=f(x)$ 在 $x=a$ 处连续，且 $\lim\limits_{x\to a}\dfrac{f(x)}{x-a}=A$，问 $y=f(x)$ 在 $x=a$ 处是否可微？若可微，求出 $\mathrm{d}y$．

分析 先由极限存在和无穷小量之间的关系得出 $f(x)$ 的关系式，再根据函数在某一点可微的定义来判断．

解 因为 $\lim\limits_{x\to a}\dfrac{f(x)}{x-a}=A$，故根据极限与无穷小之间的关系，得

$$\frac{f(x)}{x-a}=A+\alpha\quad(x\to a\text{ 时}，\alpha\to 0),$$

即

$$f(x)=A(x-a)+\alpha(x-a).$$

因此 $\lim\limits_{x\to a}f(x)=0$，又由 $y=f(x)$ 在 $x=a$ 处连续，故

$$f(a)=0.$$

从而

$$\begin{aligned}f(a+\Delta x)-f(a)&=A[(a+\Delta x)-a]+\alpha[(a+\Delta x)-a]-0=A\Delta x+\alpha\Delta x\\&=A\Delta x+o(\Delta x),\end{aligned}$$

由微分的定义，$y=f(x)$ 在 $x=a$ 处可微，且 $\mathrm{d}y=A\Delta x=A\mathrm{d}x$．

思考 直接根据 $\lim\limits_{x\to a}\dfrac{f(x)}{x-a}=A$ 和 $f(a)=0$ 求出 $f'(a)$，从而说明 $y=f(x)$ 在 $x=a$ 处可微．

例 3.5.8 一长方形两边分别是 x 和 y，若 x 以 0.01m/s 的速度减少，y 以 0.02m/s 的

速度增加，求在 $x=20\mathrm{m}$，$y=15\mathrm{m}$ 时长方形面积及对角线长度的变化速度.

分析 该题是求相关变化率问题，关键是建立所求变量和已知变量之间的函数关系. 要注意导数的正负号和变量的增加或减小有关.

解 设长方形的面积为 S，对角线为 L，则有

$$S=xy,\qquad \frac{\mathrm{d}S}{\mathrm{d}t}=x\frac{\mathrm{d}y}{\mathrm{d}t}+y\frac{\mathrm{d}x}{\mathrm{d}t};$$

$$L=\sqrt{x^2+y^2},\qquad \frac{\mathrm{d}L}{\mathrm{d}t}=\frac{1}{\sqrt{x^2+y^2}}\left(x\frac{\mathrm{d}x}{\mathrm{d}t}+y\frac{\mathrm{d}y}{\mathrm{d}t}\right).$$

由已知，$\frac{\mathrm{d}x}{\mathrm{d}t}=-0.01\mathrm{m/s}$，$\frac{\mathrm{d}y}{\mathrm{d}t}=0.02\mathrm{m/s}$，因此

$$\frac{\mathrm{d}S}{\mathrm{d}t}=20\times0.02+15\times(-0.01)=0.25\mathrm{m}^2/\mathrm{s},$$

$$\frac{\mathrm{d}L}{\mathrm{d}t}=\frac{1}{\sqrt{20^2+15^2}}[20\times(-0.01)+15\times0.02)]=0.004\mathrm{m/s}.$$

思考 假设以本题长方形为底面的长方体的高度与其长度（宽度）有同样的变化率，求其长，宽，高分别为 20m，15m，10m 时长方体体积及对角线长度的变化速度.

1. 设 $f(x)=2^x$，$g(x)=\log_2 x$，则 $f'(2)=$__________；$[g(200)]'=$__________.

2. 曲线 $y=\sqrt{x}$ 在点（4，2）处的切线方程为__________，法线方程为__________.

3. 设 $f(x_0)=0$，$f'(x_0)=1$，则极限 $\lim\limits_{n\to\infty} nf(x_0-\frac{2}{n})=$（　　）.

A. 1； B. -1； C. 2 D. -2.

4. 设 $f(x)=\begin{cases}2x-1, & x>2\\ x^2, & x\leqslant 2\end{cases}$，则（　　）.

A. $f'(2)=2$；

B. $f'_+(2)$ 不存在，$f'_-(2)=2$；

C. $f'_+(2)=2$，$f'_-(2)$ 不存在；

D. $f'_+(2)$，$f'_-(2)$ 均不存在.

5. 已知物体运动规律为 $s=t^3-3t+2\text{m}$，求物体在当 $t=2$ 秒时的速度和加速度.

6. 用定义求函数 $y=\dfrac{x}{x+1}$ 的导数.

7. 设 $f(x)=(x^3-1)g(x)$，$g(x)$ 在 $x=1$ 处连续，且 $g(1)=2$，求 $f'(1)$.

1. 设 $f(x)=(x^2+1)(x+5+\frac{1}{x})$，则 $f'(x)=$____________.

2. 设 $y=(2x^2+1)^2$，则 $y'(1)=$____________.

3. 已知 $f(t)=\frac{1-t}{1+t}$，则 $f'(1)=$（　　）.

A. $-\frac{1}{2}$；　B. $\frac{1}{2}$；　C. $-\frac{1}{4}$；　D. $\frac{1}{4}$.

4. 设 $f(x)$ 在 x_0 可导，$g(x)$ 在 x_0 不可导，则（　　）.

A. $f(x)\pm g(x)$ 在 x_0 处可导；　B. $f(x)\pm g(x)$ 在 x_0 处不可导；

C. $f(x)g(x)$ 在 x_0 处不可导；　D. $f(x)/g(x)$ 在 x_0 处不可导.

5. 设 $f(\theta)=\left(\frac{\sin\theta}{1+\cos\theta}\right)^2$，求 $\frac{\mathrm{d}f}{\mathrm{d}\theta}$.

6. 设 $y=(x+\mathrm{e}^{-x/2})^{4/3}$ 求 y'.

7. 设 $f(x)=\sec(\tan 2x)$，则 $f'\left(\frac{\pi}{8}\right)=$ ________.

1. $\begin{cases}x=t\cos t\\ y=t\sin t\end{cases}$，则 $\dfrac{\mathrm{d}y}{\mathrm{d}x}=$________.

2. 曲线 $y^2-2xy+3=0$ 在点（2，3）处的切线方程为________，法线方程为________.

3. 已知 $y=2x\arctan x-\ln(1+x^2)$，则 $y'(1)=$（　　）.

A. $\pi/8$；　B. $\pi/4$　C. $\pi/2$　D. π.

4. 若 $x^3+y^3-3xy=0$，则 $\dfrac{\mathrm{d}y}{\mathrm{d}x}=$（　　）.

A. $\dfrac{y-x^2}{x-y^2}$；　B. $\dfrac{y-x^2}{y^2-x}$；　C. $\dfrac{y^2-x}{x^2-y}$；　D. $\dfrac{y^2-x}{y-x^2}$.

5. 若 $y=\arcsin\sqrt{1-\sqrt{x}}$ ，求 y' .

6. 已知 $\begin{cases}x=e^{t}\\y=(t+1)^{2}\end{cases}$，求 $t=2$ 时曲线切线的斜率及切线的方程.

7. 求 $y=\dfrac{\sqrt{x+2}\cdot(3-x)^{2}}{(2x+1)^{3}}$ 的导数.

1. 微分 $d(xe^{-x}+a)=$____________.

2. 设函数 $y=f(x)$，已知 $\lim\limits_{x\to 0}\frac{f(x_0)-f(x_0+2x)}{6x}=3$，则 $dy|_{x=x_0}=$(　　).

3. 在下列函数中选取一个填入括号，使 d(　　) $=x^{-\frac{3}{2}}dx$ 成立.

A. $x^{-\frac{1}{2}}+c$；　B. $2x^{-\frac{1}{2}}+c$；　C. $-2x^{-\frac{1}{2}}+c$；　D. $-\frac{1}{2}x^{-\frac{1}{2}}+c$.

4. 若 $f(x)=(-x+10)^6$，则 $f''(0)=$(　　).

A. 3×10^6；　B. 6×10^6；　C. 3×10^5；　D. 6×10^5.

5. 已知 $y=\ln^{2}(1-x)$，求 dy.

6. 若 $y=x+\ln y$，求 dy.

7. 若 $y=\frac{\ln x}{x}$，求 y''.

1. 若 $f(x)=\begin{cases} ax+1-a, & x>1 \\ x^2, & x\leqslant 1 \end{cases}$，则当 $a=$＿＿＿＿＿，$f(x)$ 在 $x=1$ 处可导.

2. 若 $f(x)$ 在 $x=0$ 处可导，且 $f(0)=0$，则 $\lim\limits_{x\to 0}\dfrac{f(x)}{x}=$＿＿＿＿＿.

3. 已知 $y^2\mathrm{e}^x+x\sin y-1=0$，则 $\left.\dfrac{\mathrm{d}y}{\mathrm{d}x}\right|_{\substack{x=0\\y=1}}=$（　　）.

A. $\dfrac{1+\sin 1}{2}$；　B. $-\dfrac{1+\sin 1}{2}$；　C. $1+\sin 1$；　D. $-(1+\sin 1)$.

4. 若 $f(x)$ 在 x_0 处可导，则 $\lim\limits_{h\to 0}\dfrac{f(x_0+3h)-f(x_0-h)}{h}=$（　　）.

A. $-4f'(x_0)$；　B. $-2f'(x_0)$；　C. $2f'(x_0)$；　D. $4f'(x_0)$.

5. 设 $y=\mathrm{e}^{\sin(1-\ln x)}$ ，求 $\mathrm{d}y$，$\mathrm{d}y\mid_{x=\mathrm{e}}$.

6. 设函数 $y=\ln\sin x+\ln\cos x$ ，求 y''' .

7. 讨论 $f(x)=\begin{cases}x^2\cdot\sin\dfrac{1}{x}, & x>0\\ x^3, & x\leqslant 0\end{cases}$ 的连续性与可导性，并求 $f'(x)$.

第四章　中值定理与导数的应用同步指导与训练

第一节　微分中值定理

一、教学目标

理解罗尔中值定理，能综合运用罗尔中值定理和介值定理，通过构造函数讨论方程根的存在性问题. 理解拉格朗日定理，能综合运用拉格朗日定理和有关知识，通过构造函数证明一些中值问题及一些恒等式和不等式. 知道柯西中值定理的条件和结论. 了解各个中值定理之间的关系，能综合多个中值定理，通过构造函数证明一些中值问题.

二、考点题型

中值问题的证明与方程根的讨论——罗尔中值定理的运用*；中值问题与不等式的证明——拉格朗日中值定理的运用*；中值问题的求解——柯西中值定理的简单运用.

三、例题分析

例 4.1.1　设 $f(x)$ 在 $[a,b]$ 上连续，在 (a,b) 内可导，且 $f(a)=f(b)=0$，证明：存在 $\xi\in(a,b)$，使得 $f'(\xi)=f(\xi)$.

分析　即证 $f'(\xi)-f(\xi)=0$，但其左边并不是一个函数的导数值，而是一个函数导数值的一个因式，即 $F'(\xi)=\varphi(\xi)[f'(\xi)-f(\xi)]$. 因此，反过来利用积的求导法则，找出在任何点取值都不等于零的函数 $\varphi(x)$，使 $F(x)=\varphi(x)f(x)$ 成为证明的关键.

证明　作辅助函数 $F(x)=\mathrm{e}^{-x}f(x)$，则 $F(x)$ 在 $[a,b]$ 上连续，在 (a,b) 内可导，且 $F(a)=0=F(b)$. 故由罗尔中值定理，知至少存在一点 $\xi\in(a,b)$，使得 $F'(\xi)=0$，即

$$\mathrm{e}^{-\xi}[f'(\xi)-f(\xi)]=0\text{，所以 } f'(\xi)=f(\xi).$$

思考　若证明：对任意的实数 k，存在 $\xi\in(a,b)$，使得 $f'(\xi)=kf(\xi)$，应怎样构造辅助函数? 写出证明过程.

例 4.1.2　设 $f(x)$，$g(x)$ 在 $[a,b]$ 上连续，在 (a,b) 内可导，且 $g'(x)\neq 0$. 证明：存在 $c\in(a,b)$，使得

$$\frac{f(c)-f(a)}{g(b)-g(c)}=\frac{f'(c)}{g'(c)}.$$

分析　将所证改写成 $F'(c)=f(c)g'(c)+f'(c)g(c)-f(a)g'(c)-f'(c)g(b)=0$，反过来用代数和与积的求导法则，容易求出辅助函数 $F(x)$.

证明　作辅助函数 $F(x)=f(x)g(x)-f(a)g(x)-f(x)g(b)$，则由题设易知 $F(x)$ 在 $[a,b]$ 上连续，在 (a,b) 内可导，且 $F(a)=-f(a)g(b)=F(b)$. 由罗尔中值定理可知，存在 $c\in(a,b)$，使得

$$\begin{aligned}F'(c)&=f(x)g'(x)+f'(x)g(x)-f(a)g'(x)-f'(x)g(b)\big|_{x=c}\\&=f(c)g'(c)+f'(c)g(c)-f(a)g'(c)-f'(c)g(b)=0.\end{aligned}$$

又由 $g'(x)\neq 0$，显然有 $g'(c)\neq 0$. 现证 $g(b)\neq g(c)$. 否则，若 $g(b)=g(c)$，则由题设，易知 $g(x)$ 在 $[c,b]$ 上满足罗尔中值定理，故存在 $\xi\in(c,b)\subset(a,b)$，使得 $g'(\xi)=0$，这与 $g'(x)\neq 0$ 相矛盾. 故由上式，得

$$\frac{f(c)-f(a)}{g(b)-g(c)}=\frac{f'(c)}{g'(c)}.$$

思考 若证明：存在 $c\in(a,b)$，使得 $\dfrac{f(c)-f(b)}{g(a)-g(c)}=\dfrac{f'(c)}{g'(c)}$，应怎样构造辅助函数？写出证明过程.

例 4.1.3 设 $f(x)$ 在 $[0,2]$ 上连续，在 $(0,2)$ 内可导，且 $f(0)=f(2)=0$，$f(1)=2$，试证：在 $(0,2)$ 内，方程 $f'(x)=1$ 至少有一个实根.

分析 方程 $f'(x)=1$ 至少有一个实根，即 $[f(x)-x]'=0$ 有一个实根，即存在 $\xi\in(0,2)$，使得 $[f(x)-x]'|_{x=\xi}=0$.

证明 设 $F(x)=f(x)-x$，则 $F(x)$ 在 $[0,2]$ 上连续，在 $(0,2)$ 内可导. 因为

$$F(1)=1,\quad F(2)=-2,$$

故由零点定理，知存在 $x_0\in(1,2)$，使得 $F(x_0)=0$.

又因为 $F(0)=0$，故在区间 $[0,x_0]$ 上对 $F(x)$ 应用罗尔中值定理，知存在 $\xi\in(0,x_0)\subset(0,2)$，使得 $F'(\xi)=0$，即 $f'(\xi)=1$. 所以，在 $(0,2)$ 内，方程 $f'(x)=1$ 至少有一个实根.

思考 (i) 若证明：在 $(0,2)$ 内，方程 $f'(x)=1.5$ 至少有一个实根，应怎样构造辅助函数？(ii) 对任意的实数 k，能否证明方程 $f'(x)=k$ 在 $(0,2)$ 内至少有一个实根？若不能，求出 k 的范围，使方程 $f'(x)=k$ 在 $(0,2)$ 内至少有一个实根.

例 4.1.4 设函数 $f(x)$ 在 $[0,1]$ 上可导，且 $0<f(x)<1$，且 $f'(x)\neq-1$，试证：方程 $f(x)=1-x$ 在 $(0,1)$ 内有唯一的实根.

分析 即要证明函数 $F(x)=f(x)+x-1$ 在区间 $(0,1)$ 内有唯一的零点. 存在性可由零点定理证明之；唯一性可利用反证法及罗尔中值定理证之.

证明 存在性 设 $F(x)=f(x)+x-1$，因为 $F(0)=f(0)-1<0$，$F(1)=f(1)>0$，所以存在 $x_0\in(0,1)$，使得 $F(x_0)=0$，即方程 $f(x)=1-x$ 在 $(0,1)$ 内有一个实根.

唯一性 若方程 $f(x)=1-x$ 在 $(0,1)$ 内还有一个实根 x_1，$x_1\neq x_0$，$F(x_1)=0$. 则由罗尔中值定理，存在 ξ 介于 x_0，x_1 之间，从而 $\xi\in(0,1)$，使得 $F'(\xi)=f'(\xi)+1=0$，即 $f'(\xi)=-1$，这与 $f'(x)\neq-1$ 相矛盾. 所以，方程 $f(x)=1-x$ 在 $(0,1)$ 内有唯一的实根.

思考 (i) 若 $f'(x)\neq k$，本题类似的结论是什么？(ii) 若 $f'(x)\neq kx$，本题类似的结论又是什么？

例 4.1.5 证明：$\arcsin\sqrt{x}+\arctan\sqrt{\dfrac{1-x}{x}}=\dfrac{\pi}{2}$.

分析 只需证明等号左边的式子的导数为零，从而得出该式恒为常数，再确定该常数即可.

证明 显然，x 的取值范围是 $0<x\leqslant1$. 令 $f(x)=\arcsin\sqrt{x}+\arctan\sqrt{\dfrac{1-x}{x}}$，则

$$f'(x)=\frac{1}{2\sqrt{1-x}\sqrt{x}}+\frac{1}{1+(1-x)/x}\cdot\frac{1}{2}\sqrt{\frac{x}{1-x}}\left(-\frac{1}{x^2}\right)$$

$$=\frac{1}{2\sqrt{x-x^2}}-\frac{1}{2x}\sqrt{\frac{x}{1-x}}=\frac{1}{2\sqrt{x-x^2}}-\frac{1}{2\sqrt{x-x^2}}=0,$$

故根据拉格朗日中值定理的推论，得

$$\arcsin\sqrt{x}+\arctan\sqrt{\frac{1-x}{x}}=C.$$

令 $x=1$，得 $C=\arcsin 1+\arctan 0=\frac{\pi}{2}+0=\frac{\pi}{2}$，于是

$$\arcsin\sqrt{x}+\arctan\sqrt{\frac{1-x}{x}}=\frac{\pi}{2}.$$

思考　用上述方法证明：$\arcsin\sqrt{x}-\arctan\sqrt{\frac{x}{1-x}}=\arccos\sqrt{x}+\arctan\sqrt{\frac{1-x}{x}}=0$.

例 4.1.6　设函数 $f(x)$ 在 $[1,\mathrm{e}]$ 上连续，在 $(1,\mathrm{e})$ 内可导，试证：存在 $\xi\in(1,\mathrm{e})$，使得 $f(\mathrm{e})-f(1)=\xi f'(\xi)$.

分析　将结论变为 $\frac{f(\mathrm{e})-f(1)}{\ln\mathrm{e}-\ln 1}=\frac{f'(\xi)}{1/\xi}$，易看出，这是柯西中值定理的形式.

证明　$F(x)=\ln x$，则 $F'(x)=1/x$ 在 $(1,\mathrm{e})$ 内不为零，所以，$f(x)$，$F(x)$ 在区间 $[1,\mathrm{e}]$ 上满足柯西中值定理的条件. 故存在 $\xi\in(1,\mathrm{e})$，使得

$$\frac{f(\mathrm{e})-f(1)}{\ln\mathrm{e}-\ln 1}=\frac{f'(x)}{(\ln x)'}\Big|_{x=\xi}=\frac{f'(\xi)}{1/\xi},$$

即 $f(\mathrm{e})-f(1)=\xi f'(\xi)$.

思考　(i) 令 $F(x)=\ln x+b$ 或 $F(x)=a\ln x$ $(a\neq 0)$ 能否证明该结论？$F(x)=a\ln x+b$ $(a\neq 0)$ 呢？(ii) 若函数 $f(x)$ 在 $[1,\mathrm{e}^2]$ 上连续，在 $(1,\mathrm{e}^2)$ 内可导，写出本题类似的结论，并给出证明.

第二节　洛必达法则

一、教学目标

掌握洛必达法则，能熟练运用该法则求 $\frac{0}{0}$，$\frac{\infty}{\infty}$ 型未定式的极限，能通过转化并运用该法则求 $0\cdot\infty$，$\infty-\infty$，0^0，1^∞，∞^0 型未定式的极限.

二、考点题型

$\frac{0}{0}$，$\frac{\infty}{\infty}$ 型的未定式极限的求解*——洛必达法则的运用；$0\cdot\infty$，$\infty-\infty$，0^0，1^∞，∞^0 型的未定式极限的求解——洛必达法则的运用.

三、例题分析

例 4.2.1　求极限 $\lim\limits_{x\to 0^+}\frac{\ln\sin 3x}{\ln\tan 7x}$.

分析　这是 $\frac{\infty}{\infty}$ 型未定式极限，可考虑应用洛必达法则求解. 但使用洛必达法则时，要注意化简，并结合使用其他方法.

解　原式 $=\lim\limits_{x\to 0^+}\dfrac{\frac{\cos 3x}{\sin 3x}\cdot 3}{\frac{\sec^2 7x}{\tan 7x}\cdot 7}=\lim\limits_{x\to 0^+}\frac{3}{7}\cdot\frac{\tan 7x}{\sin 3x}\cdot\frac{\cos 3x}{\sec^2 7x}=\lim\limits_{x\to 0^+}\frac{3}{7}\cdot\frac{7x}{3x}\cdot\frac{\cos 3x}{\sec^2 7x}=1$.

思考　求极限 $\lim\limits_{x\to 0}\frac{\ln|\sin 3x|}{\ln|\tan 7x|}$ 和 $\lim\limits_{x\to 0}\frac{\ln|\sin ax|}{\ln|\tan bx|}$.

例 4.2.2 求极限 $\lim\limits_{x\to\infty}\dfrac{x-2\cos x}{2x+\sin x}$

分析 此为 $\dfrac{\infty}{\infty}$ 型未定式，但由于分子分母分别求导后比值的极限 $\lim\limits_{x\to\infty}\dfrac{1+2\sin x}{2+\cos x}$ 不存在，所以不能用洛必达法则来求极限.

解 原式 $=\lim\limits_{x\to\infty}\dfrac{1-\dfrac{2\cos x}{x}}{2+\dfrac{\sin x}{x}}=\dfrac{1-0}{2+0}=\dfrac{1}{2}$.

思考 能否用洛必达法则求极限 $\lim\limits_{x\to\infty}\dfrac{x-2\cos\dfrac{1}{x}}{2x+\sin\dfrac{1}{x}}$？为什么？

注 洛必达法则的条件（3）只是充分条件，非必要条件，因此 $\lim\limits_{x\to\infty}\dfrac{1+2\sin x}{2+\cos x}$ 不存在，并不能推出 $\lim\limits_{x\to\infty}\dfrac{x-2\cos x}{2x+\sin x}$ 不存在.

例 4.2.3 求极限 $\lim\limits_{x\to+\infty}(x+\sqrt{1+x})^{\frac{1}{\ln x}}$.

分析 此为 ∞^0 型未定式，须取对数化为 $\dfrac{0}{0}$ 或 $\dfrac{\infty}{\infty}$ 型的极限，再应用洛必达法则来计算.

解 设 $y=(x+\sqrt{1+x})^{\frac{1}{\ln x}}$，$\ln y=\ln(x+\sqrt{1+x})^{\frac{1}{\ln x}}=\dfrac{\ln(x+\sqrt{1+x})}{\ln x}$，所以

$$\lim_{x\to+\infty}\ln y=\lim_{x\to+\infty}\frac{\ln(x+\sqrt{1+x})}{\ln x}\overset{\frac{\infty}{\infty}}{=}\lim_{x\to+\infty}\frac{\dfrac{1}{x+\sqrt{1+x}}\cdot\left(1+\dfrac{1}{2\sqrt{1+x}}\right)}{\dfrac{1}{x}}$$

$$=\lim_{x\to+\infty}\frac{1}{1+\sqrt{\dfrac{1}{x^2}+\dfrac{1}{x}}}\cdot\left(1+\frac{1}{2\sqrt{1+x}}\right)=1,$$

所以 $\lim\limits_{x\to+\infty}y=\lim\limits_{x\to+\infty}e^{\ln y}=e^1=e$.

思考 若化为 $\dfrac{0}{0}$ 型的极限，应用洛必达法则来计算是否同样可行？

例 4.2.4 求极限 $\lim\limits_{x\to0}\left(\dfrac{1}{x^2}-\cot^2 x\right)$.

分析 此为 $\infty-\infty$ 型未定式，先要化为 $\dfrac{0}{0}$ 或 $\dfrac{\infty}{\infty}$ 型，再应用洛必达法则来计算. 注意结合使用等价无穷小替换和化简等技巧.

解 原式 $=\lim\limits_{x\to0}\dfrac{\sin^2 x-x^2\cos^2 x}{x^2\sin^2 x}=\lim\limits_{x\to0}\dfrac{(\sin x+x\cos x)(\sin x-x\cos x)}{x^2\cdot x^2}$

$$=\lim_{x\to0}\left(\frac{\sin x}{x}+\cos x\right)\lim_{x\to0}\frac{\sin x-x\cos x}{x^3}=(1+1)\cdot\lim_{x\to0}\frac{\sin x-x\cos x}{x^3}$$

$$\overset{\frac{0}{0}}{=}2\lim_{x\to0}\frac{\cos x-\cos x+x\sin x}{3x^2}=\frac{2}{3}.$$

思考　求极限 $\lim\limits_{x\to 0}(\frac{1}{x^\alpha}-\cot^\alpha x)$ $(\alpha>0)$.

例 4.2.5　求极限 $\lim\limits_{x\to 0}(\frac{\sin x}{x})^{\cot^2 x}$.

分析　此为 1^∞ 型未定式，可先取对数化为 $\frac{0}{0}$ 或 $\frac{\infty}{\infty}$ 型的极限，再应用洛必达法则. 注意结合使用等价无穷小替换和化简等技巧.

解　令 $y=(\frac{\sin x}{x})^{\cot^2 x}$，则　$\ln y=\ln(\frac{\sin x}{x})^{\cot^2 x}=\frac{\ln\sin x-\ln x}{\tan^2 x}$.

所以

$$\lim_{x\to 0}\ln y=\lim_{x\to 0}\frac{\ln\sin x-\ln x}{\tan^2 x}=\lim_{x\to 0}\frac{\ln\sin x-\ln x}{x^2}$$

$$=\lim_{x\to 0}\frac{\frac{\cos x}{\sin x}-\frac{1}{x}}{2x}=\lim_{x\to 0}\frac{x\cos x-\sin x}{2x^2\sin x}=\frac{1}{2}\lim_{x\to 0}\frac{x\cos x-\sin x}{x^3}$$

$$\overset{\frac{0}{0}}{=}\frac{1}{2}\lim_{x\to 0}\frac{\cos x-x\sin x-\cos x}{3x^2}=-\frac{1}{6}\lim_{x\to 0}\frac{\sin x}{x}=-\frac{1}{6},$$

所以 $\lim\limits_{x\to 0}(\frac{\sin x}{x})^{\cot^2 x}=\lim\limits_{x\to 0}y=\lim\limits_{x\to 0}e^{\ln y}=e^{-\frac{1}{6}}$.

思考　若化为 $\frac{\infty}{\infty}$ 型的极限，应用洛必达法则来计算是否同样可行?

例 4.2.6　求 $\lim\limits_{n\to\infty}n^k e^{-n}$，这里 $k>0$.

分析　此为数列极限问题，不能直接应用洛必达法则. 我们可以利用归结原则，将它化为函数，再应用洛必达法则.

解　因为 $k>0$ 是常数，因此存在正整数 m，使 $-1<k-m\leqslant 0$. 于是

$$原式=\lim_{x\to+\infty}x^k e^{-x}=\lim_{x\to+\infty}\frac{x^k}{e^x}\overset{\frac{\infty}{\infty}}{=}\lim_{x\to+\infty}\frac{kx^{k-1}}{e^x}\overset{\frac{\infty}{\infty}}{=}\lim_{x\to+\infty}\frac{k(k-1)x^{k-2}}{e^x}=\cdots$$

$$\overset{\frac{\infty}{\infty}}{=}\lim_{x\to+\infty}\frac{k(k-1)\cdots(k-m+1)x^{k-m}}{e^x}=0.$$

思考　能否转化成 $\frac{0}{0}$ 型的极限，用洛必达法则求解?

第三节　函数的单调性与极值

一、教学目标

掌握函数单调性的判断方法，会求函数的单调区间，会用函数的单调性证明不等式；了解驻点和极值点的概念以及它们之间的区别与关系，会求函数的极值.

二、考点题型

函数单调性的判断与单调区间的求解*；函数极值的判断与求解*；不等式的证明*.

三、例题分析

例 4.3.1　求函数 $y=x^4-4x^3+3$ 的单调区间.

分析 多项式函数单调区间的分界点一定是函数的驻点，但驻点是否为单调区间的分界点要看导数在这点左右两边是否改变符号. 故先求驻点，把函数的定义域分成若干小区间，再根据导数的符号判断各区间的增减性.

解 由 $y'=4x^3-12x^2=4x^2(x-3)=0$，求得驻点 $x=0$，3. 列表如下（表 4.1）.

表 4.1 例 4.3.1 方程的单调区间

x	$(-\infty,0)$	$(0,3)$	$(3,+\infty)$
y'	$-$	$-$	$+$
y	单调减少	单调减少	单调增加

故函数的单减区间为 $(-\infty,\ 3]$，单增区间为 $[3,\ +\infty)$.

思考 若函数为 $y=x^4-8x^3+3$，结果如何？为 $y=x^4-4x^3+4x^2+3$ 或 $y=x^4-8x^3+4x^2+3$ 呢？

例 4.3.2 求函数 $y=x^3-6x^2+9x+3$ 的单调区间与极值.

分析 多项式函数单调区间的分界点（极值点）一定是驻点，但驻点是否为单调区间的分界点（极值点）要看导数在这点左右两边是否改变符号. 故先求驻点，把函数的定义域分成若干小区间，再根据导数的符号判断各区间的增减性以及极值和极值点.

解 由 $y'=3x^2-12x+9=3(x-1)(x-3)=0$，求得驻点 $x=1$，3. 列表如下（表 4.2）.

表 4.2 例 4.3.2 方程的单调区间

x	$(-\infty,1)$	1	$(1,3)$	3	$(3,+\infty)$
y'	$+$	0	$-$	0	$+$
y	单调增加	极大值	单调减少	极小值	单调增加

故函数的单增区间为 $(-\infty,\ 1]$ 和 $[3,\ +\infty)$，单减区间为 $[1,\ 3]$；极大值为 $y(1)=7$，极小值 $y(3)=3$.

思考 就单调区间的个数而言，三次多项式单调区间和极值有几种情形？对每种情形，举例说明.

例 4.3.3 求曲线 $y=x\ln|x|$ 的单调区间与极值.

分析 函数的间断点也可能是函数单调区间的分界点，因此用导数符号判断函数单调性时，也要求出函数的间断点. 但由于函数在这样的点处无定义，故这样的点不是函数的极值点.

解 函数的定义域为 $D=(-\infty,\ 0)\cup(0,\ +\infty)$，$x=0$ 是函数的间断点. 由

$$y'=\ln|x|+1=0,$$

求得驻点 $x=\pm e^{-1}$. 列表如下（表 4.3）.

表 4.3 例 4.3.3 方程的单调区间

x	$(-\infty,-e^{-1})$	$(-e^{-1},0)$	$(0,e^{-1})$	$(e^{-1},+\infty)$
y'	$+$	$-$	$-$	$+$
y	单调增加	单调减少	单调减少	单调增加

故函数的单增区间为 $(-\infty,\ -e^{-1}]$ 和 $[e^{-1},\ +\infty)$，单减区间为 $[-e^{-1},\ 0)$ 和

$(0,\ e^{-1}]$；极大值 $y(-e^{-1})=e^{-1}$，极小值 $y(e^{-1})=-e^{-1}$.

思考　若函数为 $y=(x-1)\ln|x-1|$，结果如何？为 $y=|x|e^x$ 或 $y=xe^{|x|}$ 呢？

例 4.3.4　求函数 $y=x^{1/3}(x-4)$ 的单调区间与极值.

分析　函数定义域内，函数一阶导数不存在点也可能是函数单调区间的分界点，因此用导数符号判断函数单调性时，也要求出这样种的点. 且这样的点为函数单调区间的分界点时，它也是函数的极值点.

解　函数的定义域为 $D=(-\infty,\ +\infty)$. 由

$$y'=\frac{1}{3}x^{-2/3}(x-4)+x^{1/3}=\frac{4}{3}x^{-2/3}(x-1)=0\ ,$$

求得 $x=1$，且 $x=0$ 是 y' 的不存在点. 列表如下（表 4.4）.

表 4.4　例 4.3.4 方程的单调区间

x	$(-\infty,0)$	0	$(0,1)$	1	$(1,+\infty)$
y'	$-$		$-$		$+$
y	单调减少	无极值	单调减少	极小值	单调增加

故函数的单减区间为 $(-\infty,\ 1]$，单增区间为 $[1,\ +\infty)$；极小值 $y(1)=-3$.

思考　若函数为 $y=x^{2/3}(x-4)$ 结果如何？为 $y=x^{4/3}(x-4)$ 或 $y=x^{5/3}(x-4)$ 呢？

例 4.3.5　设 $f(x)$，$g(x)$ 是恒大于零的可导函数，且 $f'(x)g(x)-f(x)g'(x)<0$，则当 $a<x<b$ 时，有（　　）.

A. $f(x)g(b)>f(b)g(x)$；　　B. $f(x)g(a)>f(a)g(x)$；

C. $f(x)g(x)>f(b)g(b)$；　　D. $f(x)g(x)>f(a)g(a)$.

分析　题中所给不等式与函数商的求导公式有类似的地方，可从此入手.

解　选 A. 因为 $\left[\dfrac{f(x)}{g(x)}\right]'=\dfrac{f'(x)g(x)-f(x)g'(x)}{g^2(x)}<0$，所以 $\dfrac{f(x)}{g(x)}$ 在定义域内单调减少.

即当 $a<x<b$ 时，有 $\dfrac{f(b)}{g(b)}<\dfrac{f(x)}{g(x)}<\dfrac{f(a)}{g(a)}$，从而有 $f(x)g(b)>f(b)g(x)$，故选 A.

思考　若 $f(x)$，$g(x)$ 是恒小于零的可导函数，结果如何？

例 4.3.6　当 $x>0$ 时，证明：$(1+x)\ln^2(1+x)<x^2$.

分析　若不等式是由某函数的单调性得到的，那么就可以通过构造所谓的辅助函数，再利用辅助函数的单调性，得出不等式的证明. 问题是在没有尝试之前，通常不知道不等式是否具有该性质，因此不妨一试. 将不等式中所有的非零项移到不等号的一边，那么这边整个式子就是所要的辅助函数.

解　令 $f(x)=x^2-(1+x)\ln^2(1+x)$. 则

$$f(0)=0;\ f'(x)=2x-\ln^2(1+x)-2\ln(1+x),\ f'(0)=0;$$

$$f''(x)=\frac{2}{1+x}[x-\ln(1+x)].$$

因为当 $x>0$ 时，$x>\ln(1+x)$，所以 $f''(x)>0(x>0)$. 又因为 $f'(x)$ 在 $x=0$ 处连续，所以 $f'(x)$ 在 $[0,\ +\infty)$ 上单调增加，故当 $x>0$ 时，$f'(x)>f'(0)=0$. 从而 $f(x)$ 在 $[0,\ +\infty)$ 上也是单调增加的，故当 $x>0$ 时，$f(x)>f(0)=0$，即 $(1+x)\ln^2(1+x)<x^2$.

注　利用单调性证明不等式时，可多次进行求导以达到确定一阶导数符号的目的.

第四节　函数的最值与极值应用题

一、教学目标

了解函数最值的概念，函数极值与最值的区别与联系. 掌握函数最值的求法，会求解一些最值应用题.

二、考点题型

闭区间上连续函数最值的求解；极值应用题的求解.

三、例题分析

例 4.4.1　求函数 $f(x)=\sin^3 x+\cos^3 x$ 在 $[-\pi/4, 3\pi/4]$ 上的最大值和最小值.

分析　此为闭区间上连续函数的最值问题，按一般步骤求解即可.

解　$f'(x)=3\sin^2 x\cos x-3\cos^2 x\sin x=3\sin 2x(\sin x-\cos x)/2$，令 $f'(x)=0$，求得驻点 $x=\pi/2$，$x=0$ 和 $x=\pi/4$. 由于

$$f\left(\frac{\pi}{2}\right)=1,\ f(0)=1,\ f\left(\frac{\pi}{4}\right)=\frac{\sqrt{2}}{2},\ f\left(-\frac{\pi}{4}\right)=0,\ f\left(\frac{3\pi}{4}\right)=0.$$

所以 $f(x)$ 在 $[-\pi/4, 3\pi/4]$ 上的最大值为 1，最小值为 0.

思考　若函数为 $f(x)=\sin^3 x-\cos^3 x$，结果如何？为 $f(x)=\sin^4 x+\cos^4 x$ 或 $f(x)=\sin^4 x-\cos^4 x$ 呢？

例 4.4.2　求函数 $f(x)=(x^2-2x-3)^{\frac{2}{3}}$ 的最值.

分析　此为定义域上连续函数的最值问题，除不用区间端点值进行比较外，其余与闭区间上最值求解完全相同.

解　由已知，$f'(x)=\frac{2}{3}(x^2-2x-3)^{-\frac{1}{3}}\cdot(2x-2)=\frac{4(x-1)}{3\sqrt[3]{x^2-2x-3}}$. 令 $f'(x)=0$ 得驻点：$x=1$；又当 $x=-1$，3 时，$f(x)$ 不可导. 由于 $f(-1)=f(3)=0$，$f(1)=2\sqrt[3]{2}$，故函数 $f(x)$ 的最小值为 0，最大值为 $2\sqrt[3]{2}$.

思考　若函数为 $f(x)=\sqrt[3]{(x^2-2x)^2}$ 的最值，结果如何？

例 4.4.3　给定曲线 $y=1/x^2$，求：(1) 曲线在横坐标为 x_0 点处的切线方程；(2) 曲线的切线被两坐标轴所截线段的最短长度.

分析　问题 (1) 是问题 (2) 的铺垫. 先求切线的方程，再求切线在两坐标轴上的截距，从而得出线段长度（目标函数）；最后求目标函数的最值. 注意，由于长度是非负的，故目标函数的最值与目标函数平方的最值，这两个问题是同一的.

解　(1) 切点的坐标为 $(x_0, 1/x_0^2)$，切线的斜率 $y'(x_0)=-2/x_0^3$，故切线的方程为

$$y-\frac{1}{x_0^2}=-\frac{2}{x_0^3}(x-x_0).$$

(2) 在切线的方程中，令 $x=0$ ($y=0$)，得切线在 y 轴（x 轴）上的截距 $Y=3/x_0^2$ ($X=3x_0/2$)，于是切线被两坐标轴所截线段的长度为

$$L=\sqrt{X^2+Y^2}=\sqrt{9\left(\frac{x_0^2}{4}+\frac{1}{x_0^4}\right)}.$$

令 $z(x_0)=L^2=9\left(\frac{x_0^2}{4}+\frac{1}{x_0^4}\right)$，则由 $z'(x_0)=9\left(\frac{x_0}{2}-\frac{4}{x_0^5}\right)=0$，求得驻点 $x_0=\pm\sqrt{2}$. 又由 $z''(x_0)=9\left(\frac{1}{2}+\frac{20}{x_0^6}\right)>0$，知 $z(x_0)$ 在 $x_0=\pm\sqrt{2}$ 处取得极小值，亦即最小值 $z(\pm\sqrt{2})=\frac{27}{4}$.

故由 L 与 L^2 最值问题的同一性，可知 $x_0=\pm\sqrt{2}$ 时，线段的长度最小，且最小值为 $L(\pm\sqrt{2})=\frac{3\sqrt{3}}{2}$.

思考　若曲线为 $y=1/x$，结果如何？为 $y=1/x^3$ 或 $y=1/x^4$ 呢？

例 4.4.4　设产品的成本函数为 $C=aq^2+bq+c$，需求函数为 $q=\frac{1}{e}(d-p)$，其中 p 为单价，q 为需求量（即产量），a，b，c，d，e 均为正常数，且 $d>p$，求最大利润.

分析　先求利润函数，再求其最值即可. 注意，就实际问题而言，函数的极值就是相应的最值.

解　利润函数 $L(q)=pq-C=(d-b)q-(e+a)q^2-c$，于是由 $L'(q)=(d-b)-2(e+a)q=0$ 得唯一驻点 $q=\frac{d-b}{2(e+a)}$，故由问题的实际意义知，$q=\frac{d-b}{2(e+a)}$ 时利润最大，且最大值为 $L\left(\frac{d-b}{2(e+a)}\right)=\frac{(d-b)^2}{4(e+a)}-c$.

思考　(i) 若成本函数为 $C=aq+bq^{-1}$，结果如何？(ii) 将利润表示成单价 p 的函数，再求解以上问题.

例 4.4.5　求数列 $\left\{\frac{n^2-2n-12}{\sqrt{e^n}}\right\}$ 的最大项.

分析　此题是数列的最值问题，因为数列是处处不连续的，不能直接对数列求导. 为此，考虑相应的函数的最值.

解　设 $f(x)=\frac{x^2-2x-12}{\sqrt{e^x}}=e^{-\frac{x}{2}}(x^2-2x-12)$，$1\leqslant x<+\infty$，于是

$$f'(x)=-\frac{1}{2}e^{-\frac{x}{2}}(x^2-6x-8),$$

令 $f'(x)=0$，得函数定义域内唯一驻点 $x=3+\sqrt{17}$.

当 $x\in(1,\ 3+\sqrt{17})$ 时，$f'(x)>0$；当 $x\in(3+\sqrt{17},\ +\infty)$ 时，$f'(x)<0$. 所以当 $x=3+\sqrt{17}$ 时，函数 $f(x)$ 取得极大值，也是最大值.

因为 $7<3+\sqrt{17}<8$，所以数列的最值只能在 $a_7=f(7)=\frac{23}{\sqrt{e^7}}$，$a_8=f(8)=\frac{36}{e^4}$ 两项中取得. 容易证明 $f(7)>f(8)$，所以数列的最大项为 $a_7=\frac{23}{\sqrt{e^7}}$.

思考　(i) 若允许数列 $\left\{\frac{n^2-2n-12}{\sqrt{e^n}}\right\}$ 中的 n 取负整数和零，即 n 可以取一切整数，结果如何？(ii) 求数列 $\{e^n(n^2-9n+19)\}$ 的最大项和最小项.

例 4.4.6　设 $x>0$，$0<\alpha<1$，证明：$x^\alpha\leqslant\alpha x+(1-\alpha)$.

分析　此题的不等式中不是严格的不等号，可考虑采用最值进行证明.

解 设 $f(x)=x^{\alpha}-\alpha x-(1-\alpha)$，则 $f'(x)=\alpha x^{\alpha-1}-\alpha$．令 $f'(x)=0$，得 $x=1$．又 $f''(1)=\alpha(\alpha-1)<0$，所以 $f(1)$ 是函数 $f(x)$ 在 $(0,\ +\infty)$ 上的唯一极大值，即为最大值．因而当 $x>0$ 时，$f(x)\leqslant f(1)=0$，即

$$x^{\alpha}\leqslant \alpha x+(1-\alpha).$$

思考 (i) 若 $\alpha<0$ 或 $\alpha>1$，根据以上证明可以得到怎样的不等式？(ii) 利用函数 $g(x)=x^{\alpha}$ 在 $x=1$ 处的一阶泰勒公式讨论上述问题；(iii) 设 $x>0, 0<\alpha<1$，证明：$x^{\alpha}\leqslant \alpha x 2^{\alpha-1}+(1-\alpha)2^{\alpha}$．

第五节　曲线的凹凸性与拐点，函数图形的描绘

一、教学目标

了解函数凹凸与拐点的概念，会求曲线的拐点与凹凸区间．了解渐近线的概念，会求曲线的渐近线．了解描绘函数图形的一般方法与步骤，会描绘一些简单函数的图形．

二、考点题型

曲线凹凸性、凹凸区间与拐点的判断及求解*；渐近线的求解；简单函数图形的描绘．

三、例题分析

例 4.5.1 求函数 $y=\ln(x^2+1)$ 的凹凸区间与拐点．

分析 二阶可导函数凹凸区间的分界点一定是其二阶导数为零的点，但二阶导数的零点是否为凹凸区间的分界点要看二阶导数在这点左右两边是否改变符号．故先求出二阶导数的零点，并把函数二阶可导的区间分成若干小区间，再根据二阶导数的符号判断各区间的凹凸性．

解 显然，该函数在定义域 $(-\infty,\ +\infty)$ 内二阶可导，且

$$y'=\frac{2x}{x^2+1},\quad y''=2\cdot\frac{(x^2+1)-x\cdot 2x}{(x^2+1)^2}=2\cdot\frac{1-x^2}{(x^2+1)^2}.$$

令 $y''=0$，求得 $x=-1,\ 1$．列表如下（表 4.5）．

表 4.5　例 4.5.1 函数的凹凸性，拐点

x	$(-\infty,-1)$	-1	$(-1,1)$	1	$(1,+\infty)$
y''	$-$	0	$+$	0	$-$
y	凸的	拐点	凹的	拐点	凸的

故函数的凸区间为 $(-\infty,\ 1]$ 和 $[1,\ +\infty)$，凹的区间为 $[-1,\ 1]$，拐点为 $(-1,\ \ln 2)$ 和 $(1,\ \ln 2)$．

例 4.5.2 求曲线 $y=(x-1)\ln|x-1|$ 的凹凸区间与拐点．

分析 函数间断点的两侧函数图形的凹凸性也可能不同，因此用导数符号判断函数凹凸性时，也要求出函数的间断点．但由于函数在这样的点处无定义，故这样的点不能产生函数的拐点．

解 函数的定义域为 $D=(-\infty,\ 1)\cup(1,\ +\infty)$，$x=1$ 是函数的间断点．

$y'=\ln|x-1|+1=0$，$y''=\dfrac{1}{x-1}$，无零点.

当 $x<1$ 时，$y''<0$，故曲线的凸区间为 $(-\infty,\ 1)$；当 $x>1$ 时，$y''>0$，故凹的区间为 $(1,\ +\infty)$；曲线无拐点.

思考　若函数为 $y=x\ln|x|$，结果如何？若为 $y=|x|e^x$ 或 $y=xe^{|x|}$ 呢？

例 4.5.3　求曲线 $y=x^{1/3}(x-16)$ 的凹凸区间与拐点.

分析　函数定义域内，函数二阶导数的间断点也可能是凹凸区间的分界点，因此用导数符号判断曲线凹凸性时，也要求出这样种的点. 且这样的点为曲线凹凸区间的分界点时，它也是曲线的拐点.

解　函数的定义域为 $D=(-\infty,\ +\infty)$. 由 $y'=\dfrac{1}{3}x^{-2/3}(x-16)+x^{1/3}=\dfrac{4}{3}x^{-2/3}(x-4)=0$，$y''=-\dfrac{8}{9}x^{-5/3}(x-4)+\dfrac{4}{3}x^{-2/3}=\dfrac{4}{9}x^{-5/3}(x+8)=0$，求得 $x=-8$，且 $x=0$ 是 y'' 的不存在点. 列表如下（表 4.6）.

表 4.6　例 4.5.3 函数的凹凸性，拐点

x	$(-\infty,-8)$	-8	$(-8,0)$	0	$(0,+\infty)$
y''	$+$		$-$		$+$
y	凹的	拐点	凸的	拐点	凹的

故曲线的凸区间为 $[-8,\ 0]$，凹的区间为 $(-\infty,\ -8]$ 和 $[0,\ +\infty)$；拐点为 $(-8,\ 48)$ 和 $(0,\ 0)$.

思考　若函数为 $y=x^{2/3}(x-16)$ 结果如何？若为 $y=x^{4/3}(x-16)$ 或 $y=x^{5/3}(x-16)$ 呢？

例 4.5.4　求曲线 $y=x\ln(e+\dfrac{1}{x})$ 的渐近线.

分析　曲线的渐近线有水平渐近线、铅直渐近线和斜渐近线. 按以上三种渐近线的定义判断相应的渐近线是否存在，存在时写出渐近线的方程.

解　$x=0$ 是函数 $y=x\ln(e+\dfrac{1}{x})$ 的间断点，但由于 $\lim\limits_{x\to0}y=\lim\limits_{x\to0}x\ln(e+\dfrac{1}{x})=$

$$\lim_{x\to0}\frac{\ln(e+\frac{1}{x})}{\frac{1}{x}}=\lim_{x\to0}\frac{1}{e+\frac{1}{x}}=0$$，所以 $x=0$ 不是曲线的铅直渐近线. 又因为

$$a=\lim_{x\to\infty}\frac{y}{x}=\lim_{x\to\infty}\ln(e+\frac{1}{x})=\ln e=1,$$

$$b=\lim_{x\to\infty}[y-ax]=\lim_{x\to\infty}x\left[\ln(e+\frac{1}{x})-1\right]=\lim_{x\to\infty}x\ln(1+\frac{1}{ex})=\lim_{x\to\infty}\frac{x}{ex}=\frac{1}{e},$$

所以 $y=x+\dfrac{1}{e}$ 曲线 $y=x\ln\left(e+\dfrac{1}{x}\right)$ 的斜渐近线.

思考　若曲线为 $y=x\ln\left(e-\dfrac{1}{x}\right)$，结果如何？为 $y=2x\ln\left(e+\dfrac{1}{x}\right)$ 或 $y=2x\ln\left(e-\dfrac{1}{x}\right)$ 或 $y=x\ln\left(1+\dfrac{1}{x}\right)$ 或 $y=x\ln\left(1-\dfrac{1}{x}\right)$ 呢？

例 4.5.5　描绘曲线 $y=\dfrac{x}{1-x^2}$ 的图形.

分析 这是一道综合题，按函数图形描绘的步骤，用函数 $y=\dfrac{x}{1-x^2}$ 的一、二阶导数等来讨论.

解 函数 $y=\dfrac{x}{1-x^2}$ 的定义域为 $D=(-\infty,\ -1)\cup(-1,\ 1)\cup(1,\ +\infty)$，且

$$y'=\frac{(1-x^2)-x\cdot(-2x)}{(1-x^2)^2}=\frac{1+x^2}{(1-x^2)^2},\quad y''=\frac{2x}{(1-x^2)^2}+\frac{4x(1+x^2)}{(1-x^2)^3}=\frac{2x(3+x^2)}{(1-x^2)^3}.$$

(1) 因为 $y'>0$，所以函数 $y=\dfrac{x}{1-x^2}$ 在定义域 $D=(-\infty,\ -1)\cup(-1,\ 1)\cup(1,\ +\infty)$ 上单调增加，无极值；

(2) 当 $-1<x<0$ 和 $x>1$ 时，$y''<0$，曲线 $y=\dfrac{x}{1-x^2}$ 在 $(-1,\ 0]\cup(1,\ +\infty)$ 内是凸的；当 $-\infty<x<-1$ 和 $0<x<1$ 时，$y''>0$，曲线 $y=\dfrac{x}{1-x^2}$ 在 $(-\infty,\ -1)\cup[0,\ 1)$ 内是凹的，$(0,\ 0)$ 是曲线的拐点.

(3) 因为当 $x\to\pm1$ 时，$y\to\infty$，所以 $x=\pm1$ 是曲线的铅直渐近线；当 $x\to\infty$ 时，$y\to 0$，所以 $y=0$ 是曲线的水平渐近线；当 $x\to\infty$ 时，$y/x\to 0$，所以曲线无斜渐近线.

(4) 因为除 $(0,\ 0)$ 外，曲线上没有其它特殊点. 故取辅助点 $(-2,\ 2/3)$，$(-3/2,\ 6/5)$；$(2,\ -2/3)$，$(3/2,\ -6/5)$，再描绘特殊点和辅助点，并根据曲函数（曲线）的单调性、凹凸性和拐点画出函数的图形（图 4.1).

思考 描绘曲线 $y=\dfrac{x}{1-x-2x^2}$ 的图形.

例 4.5.6 描绘函数 $y=\dfrac{x^3+4}{x^2}$ 的图形.

分析 这是一道综合题，按函数图形描绘的步骤，用函数 $y=\dfrac{x^3+4}{x^2}$ 的一、二阶导数等来讨论.

解 由已知，函数的定义域为 $(-\infty,\ 0)\cup(0,\ +\infty)$，

$$y'=\frac{x^3-8}{x^3}，令\ y'=0，得\ x=2.\quad y''=\frac{24}{x^4}>0.$$

列表讨论如下（表 4.7).

表 4.7 例 4.5.6 函数的单调性、凹凸区间

x	$(-\infty,0)$	$(0,2)$	2	$(2,+\infty)$
y'	+	−	0	+
y''	+	+	+	+
y	单调增加凹区间	单调减少凹区间	极小值点	单调增加凹区间

由上可知：

(1) 单调增加区间为 $(-\infty,\ 0)$，$[2,\ +\infty)$，单调减少区间为 $(0,\ 2]$，极小值为 $y(2)=3$，无极大值；

(2) 凹区间为 $(-\infty,\ 0)\cup(0,\ +\infty)$，无凸区间和拐点；

(3) 因为 $\lim\limits_{x\to0}y=\lim\limits_{x\to0}\dfrac{x^3+4}{x^2}=\infty$，所以 $x=0$ 是曲线铅直渐近线；

又 $\lim\limits_{x\to\infty}\dfrac{y}{x}=\lim\limits_{x\to\infty}\dfrac{x^3+4}{x^3}=1$，$\lim\limits_{x\to\infty}(y-x)=\lim\limits_{x\to\infty}\left(\dfrac{x^3+4}{x^2}-x\right)=\lim\limits_{x\to\infty}\dfrac{4}{x^2}=0$，所以 $y=x$ 是曲线的斜渐近线.

(4) 曲线上的特殊点：极小值点 (2，3)，与 x 轴的交点 ($\sqrt[3]{4}$，0). 再描绘特殊点，并根据曲函数（曲线）的单调性、极值、凹凸性画出函数的图形（图 4.2）.

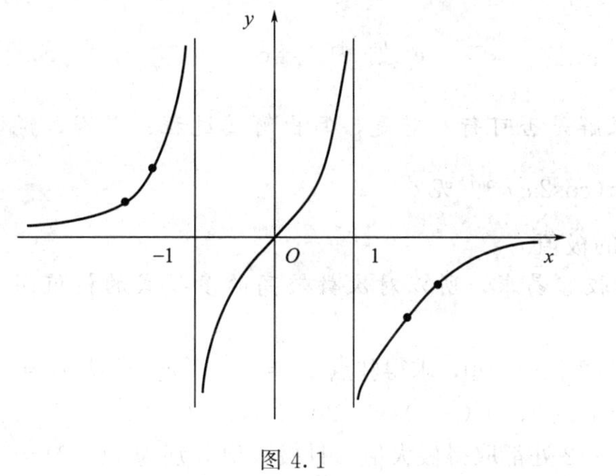

图 4.1

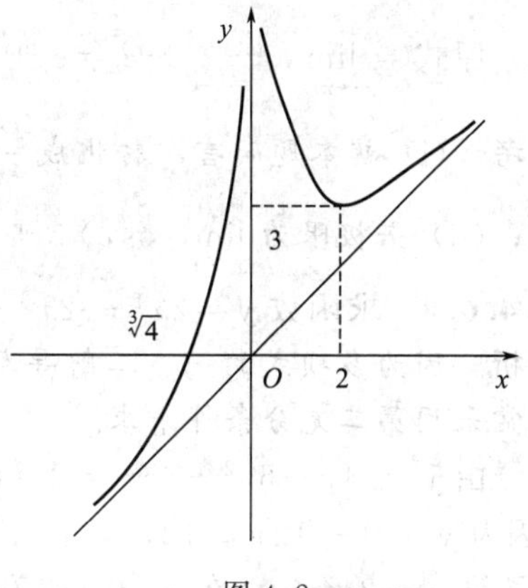

图 4.2

第六节　习题课

例 4.6.1　求极限 $\lim\limits_{x\to 0}\dfrac{\arcsin 2x-2\arcsin x}{x^3}$.

分析　这是 $\dfrac{0}{0}$ 型的极限，可直接应用罗必达法则求解.

解　原式 $=\lim\limits_{x\to 0}\dfrac{\dfrac{2}{\sqrt{1-4x^2}}-\dfrac{2}{\sqrt{1-x^2}}}{3x^2}$

$$=\frac{2}{3}\lim_{x\to 0}\frac{1}{\sqrt{1-x^2}\sqrt{1-4x^2}}\cdot\frac{\sqrt{1-x^2}-\sqrt{1-4x^2}}{x^2}$$

$$=\frac{2}{3}\lim_{x\to 0}\frac{3x^2}{x^2}\cdot\frac{1}{\sqrt{1-x^2}+\sqrt{1-4x^2}}=1.$$

思考　若极限为 $\lim\limits_{x\to 0}\dfrac{\arcsin 3x-3\arcsin x}{x^3}$，结果如何？为 $\lim\limits_{x\to 0}\dfrac{\arctan 2x-2\arctan x}{x^3}$ 或 $\lim\limits_{x\to 0}\dfrac{\arctan 3x-3\arctan x}{x^3}$ 呢？

例 4.6.2　求极限 $\lim\limits_{x\to 1}(1-x^2)\tan\dfrac{\pi}{2}x$.

分析　这是 $0\cdot\infty$ 型的极限，因为正、余切是相互倒数的关系，所以转化成 $\dfrac{0}{0}$ 型的极限用罗必达法则求解比较方便.

解　原式 $=\lim\limits_{x\to 1}\dfrac{1-x^2}{\cot\dfrac{\pi}{2}x}=\lim\limits_{x\to 1}\dfrac{-2x}{-\dfrac{\pi}{2}\csc^2\dfrac{\pi}{2}x}=\dfrac{4}{\pi}\lim\limits_{x\to 1}x\sin^2\dfrac{\pi}{2}x=\dfrac{4}{\pi}$.

思考 若转化成 $\frac{\infty}{\infty}$ 型的极限，用洛必达法则求解是否可行？是，写出解答过程；否，说明理由.

例 4.6.3 求极限 $\lim\limits_{x\to\pi/4}(\tan x)^{\tan 2x}$.

分析 这是 1^{∞} 型的极限，取对数转化成 $\frac{0}{0}$ 或 $\frac{\infty}{\infty}$ 型的极限，再用洛必达法则求解.

解 原式 $=\lim\limits_{x\to\pi/4}\mathrm{e}^{\tan 2x\ln(\tan x)}=\mathrm{e}^{\lim\limits_{x\to\pi/4}\frac{\ln(\tan x)}{\cot 2x}}=\mathrm{e}^{\lim\limits_{x\to\pi/4}\frac{\cot x\sec^2 x}{-2\csc^2 2x}}=\mathrm{e}^{-\lim\limits_{x\to\pi/4}\sin 2x}=\mathrm{e}^{-1}$.

思考 (i) 就本题而言，转化成 $\frac{\infty}{\infty}$ 型求解是否可行？若是，写出解答过程；若否，说明理由；(ii) 若极限为 $\lim\limits_{x\to 0}(\cos x)^{\cos 2x}$ 或 $\lim\limits_{x\to 0}(\cos 2x)^{\cos x}$ 呢？

例 4.6.4 求函数 $y=2x^2-2x^3-x^4$ 的极值.

分析 因为多项式的一、二解导数都比较容易求，所以对次数较高的多项式的极值问题，通常采用第二充分条件来求.

解 由 $y'=4x-6x^2-4x^3=2x(1-2x)(2+x)=0$，求得驻点 $x_1=-2$，$x_2=0$，$x_3=1/2$. 因为 $y''=4-12x-12x^2$，且 $y''(0)=4>0$，$y''(-2)=-20<0$，$y''(1/2)=-5<0$，故函数 $y=2x^2-x^4$ 在 $x_1=-2$ 和 $x_3=1/2$ 处都取得极大值，且极大值分别为 $y(-2)=8$，$y(1/2)=3/16$；在 $x=0$ 处取得极小值，且极小值为 $y(0)=0$.

思考 若函数为 $y=2x^2-x^4$，结果如何？若为 $y=4x^3-x^4$ 呢？

例 4.6.5 讨论方程 $\ln x=ax\,(a>0)$ 有几个实根.

分析 方程 $\ln x=ax$ 的实根在几何上表示曲线 $y=\ln x-ax$ 与 x 轴的交点的横坐标，所以可以通过对单调性和极值的讨论来确定图形与 x 轴的位置关系从而确定实根的个数（即图形与 x 轴的交点个数）.

解 令 $f(x)=\ln x-ax$，$f'(x)=1/x-a$，令 $f'(x)=0$ 得 $x=1/a$. 列表讨论如下（表 4.8）：

表 4.8 例 4.6.5 函数的单调性，极值

x	$(0,1/a)$	$1/a$	$(1/a,+\infty)$
y'	+	0	−
y	单调增加	极大值点	单调减少

由表 4.8 可知，$x=1/a$ 是 $f(x)$ 在 $(0,+\infty)$ 上的唯一极大值点，即为最大值点，所以 $f(x)$ 的最大值为 $f\left(\frac{1}{a}\right)=\ln\frac{1}{a}-1$.

当 $\ln\frac{1}{a}-1=0$，即 $a=\frac{1}{\mathrm{e}}$ 时，$f(x)$ 的图形与 x 轴恰有一个交点，即 $f(x)$ 只有一个零点.

当 $\ln\frac{1}{a}-1<0$，即 $a>\frac{1}{\mathrm{e}}$ 时，$f(x)$ 的图形与 x 轴不相交，即 $f(x)$ 没有零点.

当 $\ln\frac{1}{a}-1>0$，即 $a<\frac{1}{\mathrm{e}}$ 时，$\lim\limits_{x\to+\infty}f(x)=\lim\limits_{x\to+\infty}(\ln x-ax)=\lim\limits_{x\to+\infty}x\left(\frac{\ln x}{x}-a\right)=-\infty$. $\lim\limits_{x\to 0^+}f(x)=\lim\limits_{x\to 0^+}(\ln x-ax)=-\infty$，所以 $f(x)$ 的图形与 x 轴有两个交点，即 $f(x)$ 有两个零点.

综上所述，当 $a=\frac{1}{e}$ 时，方程有一个实根；当 $a>\frac{1}{e}$ 时，方程无实根；当 $a<\frac{1}{e}$ 时，方程有两个实根.

思考　讨论方程 $\ln|x|=ax$ 有几个实根.

例 4.6.6　将长为 a 的一段铁丝截成两段，用一段围成正方形，另一段围成圆，为使正方形与圆的面积之和最小，问两段铁丝的长各为多少？

分析　要求实际问题中的最值，首先应写出需求最值的函数表达式，再根据最值求解的步骤进行计算.

解　设围成正方形的一段长为 x，另一段长为 $a-x$，则正方形与圆的面积之和为

$$S(x)=\left(\frac{x}{4}\right)^2+\pi\left(\frac{a-x}{2\pi}\right)^2 \quad (0<x<a).$$

下面求 $S(x)$ 的最小值，由 $S'(x)=\frac{x}{8}-\frac{1}{2\pi}(a-x)=0$，得 $x_0=\frac{4a}{\pi+4}$.

又 $S''(x_0)=\frac{1}{8}+\frac{1}{2\pi}>0$，可见 $S(x_0)$ 是唯一的极小值，即为最小值.

所以围成正方形的一段长为 $\frac{4a}{\pi+4}$，围成圆的一段长为 $\frac{\pi a}{\pi+4}$ 时，正方形与圆的面积之和最小.

思考　若将长为 a 的一段铁丝做成一个长方形上嵌一个半圆形的窗户，半圆的直径为长方形一边的宽，要使窗户的面积最大，问长方形的长与宽各为多少？

例 4.6.7　过曲线 $y=\sqrt{x}$ 上的一点 $P(t,\sqrt{t})(0<t<4)$ 作曲线的一条切线 l，使切线 l 及直线 $y=0$，$x=t$，$y=2$ 所围成的两个三角形面积之积最大，求切点的坐标与切线的方程.

分析　将所围的两三角形的面积之积表示为 t 的函数 $S=S(t)$，再求 $S(t)$ 的最大值点.

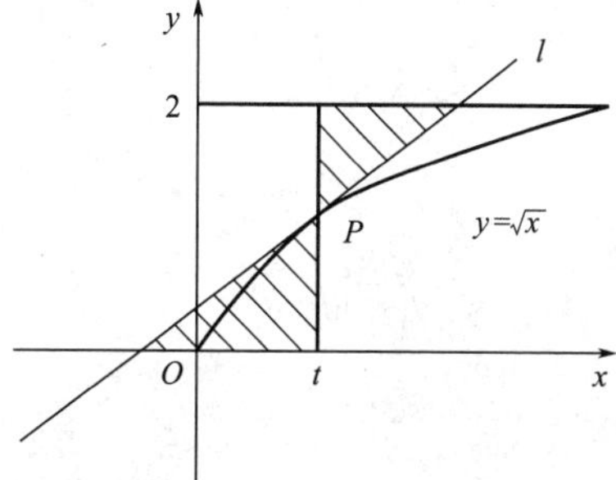

图 4.3

解　如图 4.3 所示. 因为 $y'=\frac{1}{2\sqrt{x}}$，所以 $y=\sqrt{x}$ 在点 $(t,\sqrt{t})$ 处的切线 l 的方程为 $y-\sqrt{t}=\frac{1}{2\sqrt{t}}(x-t)$，

即 $y=\frac{1}{2\sqrt{t}}x+\frac{\sqrt{t}}{2}$.

令 $y=0$ 得 $x=-t$，$y=2$，得 $x=4\sqrt{t}-t$. 于是切线 l 及直线 $y=0$，$y=2$ 所围成的两个三角形形面积之积为

$$S(t)=\frac{1}{2}[t-(-t)]\sqrt{t}\cdot\frac{1}{2}[(4\sqrt{t}-t)-t](2-\sqrt{t})=t^3-4t^{\frac{5}{2}}+4t^2,$$

由 $S'(t)=3t^2-10t^{\frac{3}{2}}+8t=0$，求得符合条件的唯一驻点 $t=\frac{16}{9}$. 而

$$S''\left(\frac{16}{9}\right)=(6t-15t^{\frac{1}{2}}+8)\big|_{t=\frac{16}{9}}=\left(6\cdot\frac{16}{9}-15\cdot\frac{4}{3}+8\right)=-\frac{4}{3}<0,$$

所以 $t=\frac{16}{9}$ 是 $S(t)$ 的唯一极大值点，即为最大值点. 此时，切点为 $P\left(\frac{16}{9},\frac{4}{3}\right)$，切线方程为

$$y-\frac{4}{3}=\frac{3}{8}\left(x-\frac{16}{9}\right)，即 9x-24y+16=0.$$

思考 若只限定 $t>0$，结果如何？

例 4.6.8 设 $F(x)=(x-1)^2f(x)$，其中 $f(x)$ 在 $[1, 2]$ 上二阶可导，又知 $f(2)=0$，试证在 $(1, 2)$ 内存在 ξ，使 $F''(\xi)=0$.

分析 从本题结论看，若 $F'(x)$ 在闭区间 $[1, 2]$ 或其闭子区间上满足罗尔定理条件，则从本题结论成立.

证明 因为 $F(1)=0=F(2)$，所以 $\exists\xi_1\in(1, 2)$ 使 $F'(\xi_1)=0$. 又因为 $F'(x)=2(x-1)f(x)+(x-1)^2f'(x)$，所以 $F'(1)=0=F'(\xi_1)$，于是 $\exists\xi_2\in(1, \xi_1)\subset(1, 2)$ 使 $F''(\xi_2)=0$.

思考 若函数为 $F(x)=(x-1)^\alpha f(x)(\alpha>1)$，结论是否仍然成立？是，给出证明；否说明理由.

1. 对函数 $y=x+\frac{1}{x}$ 在区间 $[1, 3]$ 应用拉格朗日定理，所求的中值点 $\xi=$＿＿＿＿＿＿.

2. 对数曲线 $y=\ln x$ 在点＿＿＿＿＿＿的切线平行于其上接 $A(1, 0)$ 与 $B(\mathrm{e}, 1)$ 两点的弦.

3. 对函数 $f(x)=x^3$，$F(x)=x^2+1$，下列结论不正确的是（　　）.

A. 在 $[-1, 1]$ 不满足柯西中值定理的条件，也不存在相应的中值；

B. 在 $[-1, 2]$ 不满足柯西中值定理的条件，但存在相应的中值；

C. 在 $[-1, 3]$ 不满足柯西中值定理的条件，但存在相应的中值；

D. 在 $[1, 2]$ 满足柯西中值定理的条件，且相应的中值为 $\xi=14/9$.

4. 函数 $f(x)=|x|$ 在区间 $[-1, 2]$ 上（　　）.

A. 满足拉格朗日定理的条件，且 $\xi=0$；

B. 满足拉格朗日定理的条件，但无法求 ξ；

C. 不满足拉格朗日定理的条件，但有 ξ 满足中值定理的结论；

D. 不满足拉格朗日定理的条件，也没有 ξ 满足中值定理的结论.

5. 设 $a > b > 0$，证明：$(a-b)e^{a} < e^{b} - e^{a} < (a-b)e^{b}$.

6. 利用导数证明恒等式：$\arcsin\sqrt{1-x^{2}} + \arctan\dfrac{x}{\sqrt{1-x^{2}}} = \dfrac{\pi}{2}(0 \leqslant x < 1)$

7. 利用函数 $f(x)=(x-1)(x-2)(x-3)e^{-x}$ 及罗尔定理，证明方程 $x^{3}-9x^{2}+23x-17=0$ 至少有两个实根.

1. $\lim\limits_{n\to\infty}\dfrac{\ln(2n-1)}{\ln(n+1)}=$________.

2. 仅当 α ______ 时，解答 $\lim\limits_{x\to+\infty}\dfrac{\ln x}{x^{\alpha}}=\lim\limits_{x\to+\infty}\dfrac{1/x}{\alpha x^{\alpha-1}}=\lim\limits_{x\to+\infty}\dfrac{1}{\alpha x^{\alpha}}=0$ 是正确的，而解答 $\lim\limits_{x\to0^+}\dfrac{\ln x}{x^{\alpha}}=\lim\limits_{x\to0^+}\dfrac{1/x}{\alpha x^{\alpha-1}}=\lim\limits_{x\to0^+}\dfrac{1}{\alpha x^{\alpha}}=\infty$ 是错误的.

3. 下列各式应用洛必塔法则正确的是（　　）.

A. $\lim\limits_{n\to\infty}\dfrac{n^2}{e^{n^2}}=\lim\limits_{n\to\infty}\dfrac{2n}{2ne^{n^2}}=\lim\limits_{n\to\infty}\dfrac{1}{e^{n^2}}=0$；　B. $\lim\limits_{x\to0}\dfrac{x+\sin x}{x-\sin x}=\lim\limits_{x\to0}\dfrac{1+\cos x}{1-\cos x}=+\infty$；

C. $\lim\limits_{x\to0}\dfrac{x^2\sin\dfrac{1}{x}}{\sin x}=\lim\limits_{x\to0}\dfrac{2x\sin\dfrac{1}{x}-\cos\dfrac{1}{x}}{\cos x}$ 不存在；　D. $\lim\limits_{x\to0}\dfrac{x}{e^x}=\lim\limits_{x\to0}\dfrac{1}{e^x}=1$.

4. $\lim\limits_{x\to0}\left(\dfrac{1}{x}-\dfrac{1}{e^x-1}\right)$ 值为（　　）.

A. 1；　B. 0；　C. $-\dfrac{1}{2}$；　D. $\dfrac{1}{2}$.

5. 求极限 $\lim\limits_{x \to \frac{\pi}{2}} \dfrac{\cos 5x}{\cos 3x}$.

6. 求极限 $\lim\limits_{x \to 0} (\cos x + \sin x)^{\frac{1}{x}}$.

7. 求极限 $\lim\limits_{x \to 0} \dfrac{\sin x - x}{x^2 \sin x}$.

1. 若函数 $y=x^3-x^2-x-3$ 的单调增加的区间为__________，单调减少的区间为__________.

2. 函数 $y=\dfrac{\ln x}{x}$ 的驻点是 $x=$__________，且在此驻点处，$y=$__________为函数的极__________值.

3. 函数 $f(x)=\sqrt{2x-x^2}$ 的单调减少区间是（　　）.

A. $[0,\ 1]$；　B. $[0,\ 2]$；　C. $[1,\ 2]$；　D. $[1,\ 3]$.

4. 若函数 $y=ax^3+bx^2$ 在点 $(1,\ 3)$ 处取得极值，则（　　）.

A. $a=-3$，$b=6$；　B. $a=6$，$b=-3$；　C. $a=-6$，$b=9$；　D. $a=-3$，$b=6$.

5. 求函数 $y=2x^2-x^4$ 的极值.

6. 证明：当 $x>0$ 时，$1+x\ln(x+\sqrt{1+x^2})>\sqrt{1+x^2}$.

7. 求函数 $y=3-2(x+1)^{\frac{2}{3}}$ 的单调区间与极值.

1. 设函数 $f(x)$ 在区间 $[a, b]$ 上连续，且在 (a, b) 内有唯一极值 $f(x_0)$，则当 $f(x_0)$ 为极大值时，$f(x)$ 在 $[a, b]$ 上有最大值 $M=$______________和最小值 $m=$______________；当 $f(x)$ 为极小值时，$f(x)$ 在 $[a, b]$ 上有最大值 $M=$______________和最小值 $m=$______________.

2. 若直角三角形的两直角边之和为常数，则有最大面积的直角三角形的两锐角分别为__________.

3. 函数 $y=x^2-\dfrac{54}{x}$ 有（　　）.

A. 最小值 $f(-3)=27$；　　B. 最大值 $f(-3)=27$；

C. 最小值 $f(3)=-9$；　　D. 最大值 $f(3)=-9$.

4. 函数 $y=x+\sqrt{1-x}$ 有（　　）.

A. 最小值 $f\left(\dfrac{3}{4}\right)=\dfrac{5}{4}$；　　B. 最大值 $f\left(\dfrac{3}{4}\right)=\dfrac{5}{4}$；

C. 最小值 $f(1)=1$；　　D. 最大值 $f(1)=1$.

5. 求函数 $y=2x^2-x^4$ 在闭区间 $[-2, 5]$ 上的最值.

6. 已知矩形的周长为 24，将它绕一边旋转而构成一立体，问矩形的长、宽各为多少时，所得立体体积最大?

7. 设 $x>0$，$0<\alpha<1$，利用最值证明不等式：$x^\alpha \leqslant \alpha x+(1-\alpha)$.

1. 函数 $y=xe^{-x}$ 图形的拐点是__________.

2. 曲线 $y=e^{\frac{1}{x-1}}$ 水平渐近线是__________；铅直渐进线是__________.

3. 曲线 $y=e^x(x-4)$ 单调增加、凹的是（　　）.

A. $[2, +\infty)$；　　B. $[3, +\infty)$；

C. $(-\infty, 2]$；　　D. $(-\infty, 3]$.

4. 曲线 $y=\ln|x|$ 在区间 $(-\infty, 0)$ 内是（　　）.

A. 单调增加、凸的；　　B. 单调增加、凹的；

C. 单调减少、凸的；　　D. 单调减少、凹的.

5. 问 a，b 为何值时，点（1，3）为曲线 $y=ax^3+bx^2$ 的拐点？

6. 求曲线 $y=\ln(1+x^2)$ 的单调区间，凹凸区间及拐点.

7. 讨论函数 $y=x+\dfrac{1}{x-2}$ 的性态并绘图.

1. 函数 $y=\ln(1+x^2)$ 在 $x=$__________处取得最__________值为__________.

2. 曲线 $y=a-\sqrt[3]{x-b}$ 的拐点是__________.

3. 函数 $y=x\ln(1+x)$ 在其定义域内（　　）.

A. 有极小值 $y(0)=0$，且其图形是凹的；

B. 有极大值 $y(0)=0$，且其图形是凸的；

C. 有极小值 $y(1)=\ln2$，且其图形是凹的；

D. 有极大值 $y(1)=\ln2$，且其图形是凸的.

4. 曲线 $y=\mathrm{e}^{\frac{x}{|x|-1}}$ 渐近线的条数是（　　）.

A. 1；　　B. 2；　　C. 3；　　D. 4.

5. 试问 a 为何值时，函数 $f(x)=a\sin x+\frac{1}{3}\sin 3x$ 在 $x=\frac{\pi}{3}$ 处取得极值？它是极大值还是极小值？并求此极值.

6. 求数列 $\{\sqrt[n]{n}\}$ 的最大项.

7. 试证方程 $\sin x=x$ 只有一个实根.

第五章　不定积分教学同步指导与训练

第一节　不定积分的概念

一、教学目标

理解原函数与不定积分的概念，原函数与不定积分之间的区别与联系，不定积分与导数之间的联系. 掌握不定积分的性质，基本初等函数的积分公式. 会用不定积分的性质求一些函数的不定积分.

二、考点题型

原函数与不定积分的概念；不定积分的求解*——基本初等函数的积分公式与不定积分四则运算的运用.

三、例题分析

例 5.1.1　验证 $\ln(\csc x+\cot x)$ 和 $-\ln(\csc x-\cot x)$ 都是某函数的原函数，并求常数 C，使 $\ln(\csc x+\cot x)=-\ln(\csc x-\cot x)+C$.

分析　根据定义，只需证明两函数的导数都等于同一个函数即可，然后再用赋值的求常数 C.

解　因为

$$[\ln(\csc x+\cot x)]'=\frac{(\csc x+\cot x)'}{\csc x+\cot x}=-\frac{\csc x\cot x+\csc^2 x}{\csc x+\cot x}=-\csc x,$$

$$[-\ln(\csc x-\cot x)]'=-\frac{(\csc x-\cot x)'}{\csc x-\cot x}=-\frac{-\csc x\cot x+\csc^2 x}{\csc x-\cot x}=-\csc x,$$

所以 $\ln(\csc x+\cot x)$ 和 $-\ln(\csc x-\cot x)$ 都是函数 $-\csc x$ 的原函数. 故

$$\ln(\csc x+\cot x)=-\ln(\csc x-\cot x)+C,$$

令 $x=\pi/4$，得 $\ln(\sqrt{2}+1)=-\ln(\sqrt{2}-1)+C\Rightarrow C=\ln(\sqrt{2}^2-1^2)=\ln 1=0$，所以

$$\ln(\csc x+\cot x)=-\ln(\csc x-\cot x).$$

思考　$\ln(\csc x+2\cot x)$ 和 $-\ln(\csc x-2\cot x)$ 是否都是某函数的原函数？$\ln(\csc x+k\cot x)$ 和 $-\ln(\csc x-k\cot x)$ 呢？

例 5.1.2　验证 $\arcsin(2x-1)$，$2\arcsin\sqrt{x}$ 都是 $\dfrac{1}{\sqrt{x(1-x)}}$ 的原函数，并用以上函数表示不定积分 $\displaystyle\int\frac{1}{\sqrt{x(1-x)}}\mathrm{d}x$.

分析　根据定义，只需证明两函数的导数都等于 $\dfrac{1}{\sqrt{x(1-x)}}$ 即可，然后再用各函数表示不定积分.

解　因为 $[\arcsin(2x-1)]'=\dfrac{2}{\sqrt{1-(2x-1)^2}}=\dfrac{2}{\sqrt{4x-4x^2}}=\dfrac{1}{\sqrt{x(1-x)}}$；

类似地

$$(2\arcsin\sqrt{x})'=\frac{2}{\sqrt{1-\sqrt{x}^2}}\cdot\frac{1}{2\sqrt{x}}=\frac{1}{\sqrt{x(1-x)}},$$

所以 $\arcsin(2x-1)$ 和 $2\arcsin\sqrt{x}$ 都是 $\dfrac{1}{\sqrt{x(1-x)}}$ 的原函数，故

$$\int\frac{1}{\sqrt{x(1-x)}}dx=\arcsin(2x-1)+C;\quad \int\frac{1}{\sqrt{x(1-x)}}dx=2\arcsin\sqrt{x}+C.$$

思考 判断 $\arccos(1-2x)$；$-2\arcsin\sqrt{1-x}$；$-2\arctan\sqrt{\dfrac{1-x}{x}}$ 和 $2\text{arccot}\sqrt{\dfrac{1-x}{x}}$ 是否也都为 $\dfrac{1}{\sqrt{x(1-x)}}$ 的原函数；若是，用其表示不定积分 $\int\dfrac{1}{\sqrt{x(1-x)}}dx$.

例 5.1.3 求不定积分 $\int\dfrac{3x^4-x^3+2x^2-x+1}{x^2+1}dx$.

分析 被积函数是一个假分式函数，将其转化成一个多项式与一个真分式函数的和，则可用代数和的积分求之.

解 原式 $=\int\dfrac{3x^2(x^2+1)-x(x^2+1)-(x^2+1)+2}{x^2+1}dx$

$$=\int\left(3x^2-x-1+\frac{2}{x^2+1}\right)dx=x^3-\frac{1}{2}x^2-x+2\arctan x+C.$$

思考 若求 $\int\dfrac{3x^4-x^3+12x^2-x+1}{x^2+1}dx$，结果如何？

若求 $\int\dfrac{3x^4-x^3+2x^2+x+1}{x^2-1}dx$ 呢？

例 5.1.4 求不定积分 $\int\dfrac{1-3\cos 2x}{1+\cos 2x}dx$.

分析 首先，被积函数可以看成是 $\cos 2x$ 的假分式函数，故用上题类似的方法可将其化成常数与 $\cos 2x$ 的真分式函数之和；其次，用半角公式还可以把和式 $1+\cos 2x$ 化成单式.

解 原式 $=\int\dfrac{4-3(1+\cos 2x)}{1+\cos 2x}dx=\int\left(\dfrac{4}{1+\cos 2x}-3\right)dx=\int\left(\dfrac{2}{\cos^2 x}-3\right)dx$

$$=2\int\sec^2 x\,dx-3\int dx=2\tan x-3x+C.$$

思考 若求 $\int\dfrac{1-3\cos 2x}{1-\cos 2x}dx$，结果如何？若求 $\int\dfrac{2-5\cos 2x}{1+\cos 2x}dx$ 和 $\int\dfrac{2+5\cos 2x}{1-\cos 2x}dx$ 呢？

例 5.1.5 设 $F(x)$ 是 $f(x)$ 的一个原函数，$g(x)$ 是可导函数，证明：$F[g(x)]$ 是 $f[g(x)]g'(x)$ 的一个原函数，并用不定积分表示该结果.

分析 根据原函数的定义，只需证明 $\dfrac{d}{dx}F[g(x)]=f[g(x)]g'(x)$.

证明 因为 $F(x)$ 是 $f(x)$ 的一个原函数，所以 $F'(x)=f(x)$，$F'[g(x)]=f[g(x)]$，所以 $\dfrac{d}{dx}F[g(x)]=F'[g(x)]\dfrac{d}{dx}g(x)=f[g(x)]g'(x)$，即 $F[g(x)]$ 是 $f[g(x)]g'(x)$ 的一个原函数，即

$$\int f[g(x)]g'(x)dx=F[g(x)]+C.$$

思考　利用以上结论求不定积分$\int \cos 2x\,\mathrm{d}x$，$\int x\mathrm{e}^{x^2}\mathrm{d}x$.

例 5.1.6　一曲线经过点$(\mathrm{e}^{-1}, 1)$，且在任意点处的切线的斜率等于该点横坐标的倒数，求该曲线的方程.

分析　先求出在任意点处的切线的斜率等于该点横坐标的倒数的所有的积分曲线，再根据条件求出经过点$(\mathrm{e}^{-1}, 1)$的积分曲线.

解　设任意点的坐标为(x, y)，则依题设，得$\frac{\mathrm{d}y}{\mathrm{d}x}=\frac{1}{x}$，于是

$$y=\int \frac{1}{x}\mathrm{d}x=\ln|x|+C\text{，即 } y=\ln|x|+C.$$

将点$y|_{x=\mathrm{e}^{-1}}=1$代入，得$1=\ln\mathrm{e}^{-1}+C$，所以$C=2$. 注意到点$(\mathrm{e}^{-1}, 1)$位于y轴的左侧，故所求曲线为$y=\ln x+2$.

思考　若曲线经过点$(-\mathrm{e}^{-1}, 1)$，结果如何？若经过点$(\mathrm{e}, 1)$或$(-\mathrm{e}, 1)$呢？

第二节　换元积分法

一、教学目标

掌握第一类换元积分法，熟记一些类型的函数的凑微分.

二、考点题型

定积分的计算*——第一类换元积分法和第二类积分法的运用.

三、例题分析

例 5.2.1　求下列不定积分：

(1) $\int \frac{\mathrm{e}^x}{\mathrm{e}^x+1}\mathrm{d}x$；(2) $\int \frac{1}{\mathrm{e}^x+1}\mathrm{d}x$；(3) $\int \frac{1}{\mathrm{e}^x+\mathrm{e}^{-x}}\mathrm{d}x$.

分析　能凑成$\int f(\mathrm{e}^x)\mathrm{d}\mathrm{e}^x$的形式吗？(1)式是比较显然的，(2)、(3)式恐怕就要作一些恒等变形了.

解　(1) 原式$=\int \frac{\mathrm{e}^x}{\mathrm{e}^x+1}\mathrm{d}x=\int \frac{1}{\mathrm{e}^x+1}\mathrm{d}(\mathrm{e}^x+1)=\ln(\mathrm{e}^x+1)+C$；

(2) 原式$=\int \frac{\mathrm{e}^{-x}}{\mathrm{e}^{-x}+1}\mathrm{d}x=-\int \frac{1}{\mathrm{e}^{-x}+1}\mathrm{d}(\mathrm{e}^{-x}+1)=-\ln(\mathrm{e}^{-x}+1)+C$；

(3) 原式$=\int \frac{\mathrm{e}^x}{\mathrm{e}^{2x}+1}\mathrm{d}x=\int \frac{\mathrm{d}\mathrm{e}^x}{1+(\mathrm{e}^x)^2}\mathrm{d}x=\arctan\mathrm{e}^x+C$.

思考　(i) 将(1)的被积函数化成一个常数与e^x的真分式的形式，考察(1)与(2)两个积分之间的关系；(ii) 尝试用别的凑微分的方法求解以上三题.

例 5.2.2　求不定积分$\int \frac{\mathrm{d}x}{\sqrt{x(1-x)}}$.

分析　被积函数分母是二次函数的算术根，若能将二次函数表示成平方差的形式，则可用反正、余弦函数表示其原函数.

解　原式$=\int \frac{\mathrm{d}x}{\sqrt{x-x^2}}=\int \frac{2\mathrm{d}x}{\sqrt{1-(2x-1)^2}}=\int \frac{\mathrm{d}(2x-1)}{\sqrt{1-(2x-1)^2}}=\arcsin(2x-1)+C$.

思考 (i) 采用适当的凑微分，求出例 5.2.2 中有关该积分的各个表达式；(ii) 对不定积分 $\int \frac{\mathrm{d}x}{\sqrt{x}(1+x)}$，作以上类似的讨论.

例 5.2.3 求不定积分 $\int x\sqrt{3-x}\,\mathrm{d}x$.

分析 由于 $x=(x-3)+3$，所以被积函数可以化成 $3-x$ 的函数，用凑微分法可解.

解 原式 $=\int[(x-3)+3]\sqrt{3-x}\,\mathrm{d}x=\int[3(3-x)^{\frac{1}{2}}-(3-x)^{\frac{3}{2}}]\mathrm{d}x$

$$=\int(3-x)^{\frac{3}{2}}\mathrm{d}(3-x)-3\int\sqrt{3-x}\,\mathrm{d}(3-x)=\frac{2}{5}(3-x)^{\frac{5}{2}}-2(3-x)^{\frac{3}{2}}+C.$$

思考 (i) 尝试用类似的方法求不定积分 $\int(x^2-9x+20)\sqrt{3-x}\,\mathrm{d}x$；(ii) 对不定积分 $\int x\sqrt{3-x^2}\,\mathrm{d}x$，能否用以上方法？若否，应如何求解？

例 5.2.4 求不定积分 $\int\frac{\ln\tan x}{\cos x\sin x}\mathrm{d}x$.

分析 被积函数中的一部分较难转化成与另一部分更为相似的形式，那么就可以尝试把另一部分转化成与之更为相似的形式，这里 $\ln\tan x$ 就是这样的一部分.

解 原式 $=\int\frac{\ln\tan x}{\tan x\cos^2 x}\mathrm{d}x=\int\frac{\ln\tan x}{\tan x}\mathrm{d}(\tan x)=\int\ln\tan x\,\mathrm{d}(\ln\tan x)=\frac{1}{2}(\ln\tan x)^2+C.$

思考 (i) 若求不定积分 $\int\frac{(\ln\tan x)^2}{\cos x\sin x}\mathrm{d}x$，结果如何？若求 $\int\frac{\ln\tan x+1}{\cos x\sin x}\mathrm{d}x$ 或 $\int\frac{(\ln\tan x)^2+1}{\cos x\sin x}\mathrm{d}x$ 呢？(ii) 对不定积分 $\int\frac{\ln\cot x}{\cos x\sin x}\mathrm{d}x$，讨论以上类似的问题.

例 5.2.5 求不定积分 $\int\frac{x^2+4x+1}{\sqrt{(x^2+1)^3}}\mathrm{d}x$.

分析 这是一个被积函数含有根式 $\sqrt{1+x^2}$ 的积分问题，作三角替换去掉根号，用第二类换元法求解.

解 令 $x=\tan t(-\pi/2<t<\pi/2)$，则 $\mathrm{d}x=\sec^2 t\,\mathrm{d}t$，

原式 $=\int\frac{\tan^2 t+4\tan t+1}{\sec^3 t}\cdot\sec^2 t\,\mathrm{d}t=\int\frac{\sec^2 t+4\tan t}{\sec t}\mathrm{d}t=\int(\sec t+4\sin t)\mathrm{d}t$

$$=\ln|\sec t+\tan t|-4\cos t+C=\ln(x+\sqrt{1+x^2})-\frac{4}{\sqrt{1+x^2}}+C.$$

思考 (i) 若不定积分为 $\int\frac{x^2+4x+2}{\sqrt{(x^2+1)^3}}\mathrm{d}x$，结果如何？(ii) 以上两个问题，是否都能用凑微分求解？若能，写出解答；否，说明理由.

例 5.2.6 已知曲线 $y=y(x)$ 上点 (x,y) 处切线的斜率为 $\frac{1}{x\sqrt{x^2-1}}$，且过点 $(-2,0)$，求这曲线方程.

分析 根据导数的几何意义，列出曲线的积分表达式，从而利用积分求出所有积分曲线. 由于曲线在 $x=0$，$x=\pm1$ 处的斜率为无穷大，积分曲线在 $(-\infty,+\infty)$ 内不连续，因此要求出点 $(-2,0)$ 所在范围，即 $x<-1$ 时的积分曲线即可.

解　由于 $y'=\dfrac{1}{x\sqrt{x^2-1}}$，故当 $x<-1$ 时，积分曲线簇为

$$y=\int\frac{1}{x\sqrt{x^2-1}}\mathrm{d}x=-\int\frac{\mathrm{d}x}{x^2\sqrt{1-(1/x)^2}}=\int\frac{\mathrm{d}(1/x)}{\sqrt{1-(1/x)^2}}=\arcsin\frac{1}{x}+C,$$

将点 $(-2,0)$ 的坐标代入得 $C=\dfrac{\pi}{6}$，故所求的曲线方程为

$$y=\arcsin\frac{1}{x}+\frac{\pi}{6}\quad(x<-1).$$

思考　(i) 若所求曲线分别过 $\left(-\dfrac{1}{2},0\right)$，$\left(\dfrac{1}{2},0\right)$，$(2,0)$，结果如何？(ii) 若将题中"曲线的斜率"改为"法线的斜率"，求分别过以上四点的法线方程.

注　若不注意被积函数的定义域，可能求得错误的结果. 例如

$$y=\int\frac{1}{x\sqrt{x^2-1}}\mathrm{d}x=\int\frac{\mathrm{d}x}{x^2\sqrt{1-(1/x)^2}}=-\int\frac{\mathrm{d}(1/x)}{\sqrt{1-(1/x)^2}}=-\arcsin\frac{1}{x}+C,$$

以点 $(-2,0)$ 的坐标代入得 $C=-\dfrac{\pi}{6}$，得所求的曲线方程

$$y=-\arcsin\frac{1}{x}-\frac{\pi}{6}\quad(x<-1).$$

该函数的导数 $y'=-\dfrac{1}{x\sqrt{x^2-1}}$，正好与所给的斜率函数相差一个符号，因此是错误的.

第三节　分部积分法与综合例题

一、教学目标

掌握第二类换元积分法与分部积分法，熟知一些常见的第二类换元和分部积分的类型. 理解第一类换元积分法与第二类换元积分法之间的区别与联系，能综合利用多种积分方法解题.

二、考点题型

不定积分的求解*——第二类换元积分法与分部积分法的运用，以及各种积分方法的综合运用.

三、例题分析

例 5.3.1　求不定积分 $\displaystyle\int\frac{x\mathrm{e}^x}{(1+x)^2}\mathrm{d}x$.

分析　被积函数是两类不同函数，即指数函数 e^x 与有理函数 $\dfrac{x}{(1+x)^2}$ 的乘积，通常用分部积分法计算，但应适当选择 $u(x)$ 与 $v(x)$.

解　原式 $=-\displaystyle\int x\mathrm{e}^x\mathrm{d}\left(\frac{1}{1+x}\right)=-\frac{x\mathrm{e}^x}{1+x}+\int\mathrm{e}^x\mathrm{d}x=-\frac{x\mathrm{e}^x}{1+x}+\mathrm{e}^x+C=\frac{\mathrm{e}^x}{1+x}+C.$

思考　(i) 选择其它的 $u(x)$，如 $u(x)=\mathrm{e}^x$ 或 $u(x)=\dfrac{x}{(1+x^2)^2}$，是否可行？试试看.

(ii) 因为 $\dfrac{x}{(1+x)^2}=\dfrac{x+1-1}{(1+x)^2}=\dfrac{1}{1+x}-\dfrac{1}{(1+x)^2}$，所以该积分可以化成两项积分的代数和，尝试用这种方法求解.

例 5.3.2 求不定积分 $\displaystyle\int\frac{x+\sin x}{1+\cos x}\mathrm{d}x$.

分析 拆项可化成两种不同类型的积分. 通过恒等变形不难发现用分部积分法和凑微分法可分别求得原函数.

解 原式 $\displaystyle=\int\frac{x}{1+\cos x}\mathrm{d}x+\int\frac{\sin x}{1+\cos x}\mathrm{d}x=\int\frac{x}{2\cos^2(x/2)}\mathrm{d}x-\int\frac{\mathrm{d}(1+\cos x)}{1+\cos x}$

$$=\int x\,\mathrm{d}\left(\tan\frac{x}{2}\right)-\ln|1+\cos x|=x\tan\frac{x}{2}-\int\tan\frac{x}{2}\mathrm{d}x-\ln|1+\cos x|$$

$$=x\tan\frac{x}{2}+2\ln\left|\cos\frac{x}{2}\right|-\ln|1+\cos x|+C_1$$

$$=x\tan\frac{x}{2}+C\quad(C=C_1-\ln 2).$$

思考 若不定积分为 $\displaystyle\int\frac{x+\sin x}{1-\cos x}\mathrm{d}x$，结果如何? 写出两种不同的解法?

例 5.3.3 求不定积分 $\displaystyle\int\frac{x}{\sqrt{1+x^2}}\arctan\frac{1}{x}\mathrm{d}x$.

分析 含反三角函数的求积问题，通常可以转化成含三角函数的求积问题，会更容易些.

解 令 $\arctan\dfrac{1}{x}=t$，则 $x=\cot t$，$\mathrm{d}x=-\csc^2t\,\mathrm{d}t$，故

原式 $\displaystyle=\int\frac{t\cot t}{\sqrt{1+\cot^2t}}\cdot(-\csc^2t)\mathrm{d}t=-\int t\frac{\cos t}{\sin^2t}\mathrm{d}t=\int t\,\mathrm{d}\left(\frac{1}{\sin t}\right)=\frac{t}{\sin t}-\int\csc t\,\mathrm{d}t$

$$=\frac{t}{\sin t}-\ln|\csc t-\cot t|+C=\sqrt{1+x^2}\arctan\frac{1}{x}-\ln\left|\sqrt{1+x^2}-x\right|+C.$$

思考 (i) 若积分为 $\displaystyle\int\frac{x}{\sqrt{1+x^2}}\operatorname{arccot}\frac{1}{x}\mathrm{d}x$，结果如何? (ii) 以上两个问题，是否都能用凑微分求解? 若能，写出解答；若否，说明理由.

例 5.3.4 求不定积分 $\displaystyle\int\frac{x-1}{x^2+2x+3}\mathrm{d}x$.

分析 分母是无实根的二次多项式，分子是一次式. 由于 $\mathrm{d}(x^2+2x+3)=2(x+1)\mathrm{d}x$，因此将分子表示成 $x+1$ 的一次函数，可分离出一个 $\displaystyle\int\frac{1}{u}\mathrm{d}u$ 型的积分和一个 $\displaystyle\int\frac{1}{1+u^2}\mathrm{d}u$ 型的积分，都有公式可循.

解 原式 $\displaystyle=\int\frac{(x+1)-2}{x^2+2x+3}\mathrm{d}x=\int\frac{x+1}{x^2+2x+3}\mathrm{d}x-2\int\frac{1}{x^2+2x+3}\mathrm{d}x$

$$=\int\frac{1}{x^2+2x+3}\mathrm{d}(x^2+2x+3)-2\int\frac{1}{(x+1)^2+2}\mathrm{d}(x+1)$$

$$=\frac{1}{2}\ln(x^2+2x+3)-\sqrt{2}\arctan\frac{x+1}{\sqrt{2}}+C.$$

思考 (i) 如果被积函数中的分母换成 $\sqrt{x^2+2x+3}$，如何求解? (ii) 利用第二类换

元法求解上述两个问题.

例 5.3.5　求不定积分$\int \frac{2x+3}{\sqrt{x^2+2x+5}}\mathrm{d}x$.

分析　将被积函数的分子化为根式中二次多项式的导数与常数之和，拆项并分别利用凑微分法和第二类换元法或相应的公式计算各项的积分.

解　原式$=\int \frac{2x+2}{\sqrt{x^2+2x+5}}\mathrm{d}x+\int \frac{\mathrm{d}x}{\sqrt{x^2+2x+5}}=2\sqrt{x^2+2x+5}+\int \frac{\mathrm{d}x}{\sqrt{(x+1)^2+4}}$

$$=2\sqrt{x^2+2x+5}+\ln(x+1+\sqrt{x^2+2x+5})+C.$$

思考　若不定积分为$\int \frac{ax+b}{\sqrt{x^2+2x+5}}\mathrm{d}x\ (a\neq 0)$，结果如何？若为$\int \frac{2x+3}{\sqrt{x^2+4x+3}}\mathrm{d}x$和$\int \frac{ax+b}{\sqrt{x^2+4x+3}}\mathrm{d}x$呢？

例 5.3.6　设$f(\sin^2 x)=\frac{x}{\sin x}$，求$\int \frac{\sqrt{x}}{\sqrt{1-x}}f(x)\mathrm{d}x$.

分析　此类题的一般思路是先求出$f(x)$，再代入积分表达式求积分.

解　令$u=\sin^2 x$，则$x=\arcsin\sqrt{u}$，$f(x)=\frac{\arcsin\sqrt{x}}{\sqrt{x}}$.　于是

$$\begin{aligned}\int \frac{\sqrt{x}}{\sqrt{1-x}}f(x)\mathrm{d}x&=\int \frac{\arcsin\sqrt{x}}{\sqrt{1-x}}\mathrm{d}x=-2\int \arcsin\sqrt{x}\,\mathrm{d}\sqrt{1-x}\\&=-2\sqrt{1-x}\arcsin\sqrt{x}+2\int \sqrt{1-x}\,\mathrm{d}(\arcsin\sqrt{x})\\&=-2\sqrt{1-x}\arcsin\sqrt{x}+2\int \sqrt{1-x}\cdot\frac{1}{\sqrt{1-(\sqrt{x})^2}}\mathrm{d}\sqrt{x}\\&=-2\sqrt{1-x}\arcsin\sqrt{x}+2\sqrt{x}+C.\end{aligned}$$

思考　尝试先求出$f(x)$的一个原函数$F(x)$并取$v=F(x)$，再用分部积分求解；或求出$\frac{\sqrt{x}}{\sqrt{1-x}}$的一个原函数$v$，再用分部积分求解.

第四节　习题课

例 5.4.1　求$\int \frac{\sin 2nx}{\sin x}\mathrm{d}x$

分析　本题型看起来无从下手，但注意到$\sin 2nx=\sum_{k=1}^{n}[\sin 2kx-\sin(2k-2)x]=2\sin x\sum_{k=1}^{n}\cos(2k-1)x$，再由不定积分的性质即可求.

解　原式$=\int \frac{\sin 2nx}{\sin x}\mathrm{d}x=2\int \sum_{k=1}^{n}\cos(2k-1)x\,\mathrm{d}x=2\sum_{k=1}^{n}\int \cos(2k-1)x\,\mathrm{d}x$

$$=2\sum_{k=1}^{n}\frac{\sin(2k-1)x}{2k-1}+C.$$

思考 若不定积分为 $\int \frac{\cos 2nx}{\sin x}dx$，结果如何？若为 $\int \frac{\sin 2nx \pm \cos 2nx}{\sin x}dx$ 呢？

例 5.4.2 求不定积分 $\int \frac{x\arcsin x}{\sqrt{1-x^2}}dx$.

分析 若用分部积分法，取 $u=\arcsin x$ 或 $u=x$，都容易求出相应的 v，但要看转化后的不定积分 $\int v du$ 的难易，来判断哪种方式有效或更有效，从而得出最好的解法.

解 原式 $=-\frac{1}{2}\int \frac{\arcsin x}{\sqrt{1-x^2}}d(1-x^2)=-\int \arcsin x\, d\sqrt{1-x^2}$

$$=-\sqrt{1-x^2}\arcsin x+\int \sqrt{1-x^2}\,d(\arcsin x)$$

$$=-\sqrt{1-x^2}\arcsin x+\int dx=-\sqrt{1-x^2}\arcsin x+x+C.$$

思考 (i) 若不定积分为 $\int \frac{x\arccos x}{\sqrt{1-x^2}}dx$，结果如何？(ii) 用例 5.3.3 类似的方法求解以上两题.

例 5.4.3 求不定积分 $\int \frac{\cos^2 x-\sin x}{\cos x(1+\cos x e^{\sin x})}dx$.

分析 此类题较复杂，不易理出头绪，通常采用对式中某一部分（表达式较复杂的那部分）求导，借以找到规律，由于 $(\cos x e^{\sin x})'=\cos^2 x e^{\sin x}-\sin x e^{\sin x}$，可见只要分子分母同乘 $e^{\sin x}$，即可看出被积函数是由 $\cos x e^{\sin x}$ 构成的有理函数.

解 令 $u=\cos x e^{\sin x}$，则 $du=(\cos^2 x-\sin x)e^{\sin x}dx$. 故

$$\text{原式}=\int \frac{(\cos^2 x-\sin x)e^{\sin x}}{\cos x e^{\sin x}(1+\cos x e^{\sin x})}dx=\int \frac{du}{u(1+u)}=\int\left(\frac{1}{u}-\frac{1}{1+u}\right)du$$

$$=\ln|u|-\ln|1+u|+C=\ln|\cos x e^{\sin x}|-\ln|1+\cos x e^{\sin x}|+C$$

$$=\sin x+\ln|\cos x|-\ln|1+\cos x e^{\sin x}|+C.$$

思考 若不定积分为 $\int \frac{\cos^2 x-\sin x}{\cos x(1-\cos x e^{\sin x})}dx$，结果如何？若为 $\int \frac{\cos x-\sin^2 x}{\sin x(1\pm \sin x e^{\cos x})}dx$ 呢？

例 5.4.4 计算不定积分 $\int \frac{dx}{(x^4+1)(x^3+x)}$.

分析 为有理真分式的积分. 一般方法是将被积函数表示成一些简单部分分式的和，再逐项求积分，但做起来比较困难. 设法用一些特殊的方法，如变量代换分部积分等.

解 因为 $\int \frac{dx}{(x^4+1)(x^3+x)}=\int \frac{x\,dx}{(x^4+1)(x^4+x^2)}$. 令 $\sqrt{u}=x$，则 $u=x^2$，$du=2x\,dx$，

$$\int \frac{dx}{(x^4+1)(x^3+x)}=\frac{1}{2}\int \frac{du}{(u^2+1)(u^2+u)}.$$

令
$$\frac{1}{(u^2+1)(u^2+u)}=\frac{A}{u}+\frac{B}{1+u}+\frac{Cu+D}{1+u^2},$$

则
$$A(1+u)(1+u^2)+Bu(1+u^2)+(Cu+D)u(1+u)=1,$$

令 $u=0$，得 $A=1$；$u=-1$，得 $B=-\frac{1}{2}$. 在比较等式两边 u^2，u^3 的系数，得

$$\begin{cases}A+C+D=0\\ A+B+C=0\end{cases}\Rightarrow\begin{cases}C+D=-1\\ C=-\frac{1}{2}\end{cases}\Rightarrow C=D=-\frac{1}{2}.$$

所以 $$\frac{1}{(u^2+1)(u^2+u)}=\frac{1}{u}-\frac{1}{2(1+u)}-\frac{u+1}{2(1+u^2)}.$$

故 原式 $=\frac{1}{2}\int[\frac{1}{u}-\frac{1}{2(1+u)}-\frac{u+1}{2(1+u^2)}]\mathrm{d}u=\frac{1}{2}\int\frac{1}{u}\mathrm{d}u-\frac{1}{4}\int\frac{1}{1+u}\mathrm{d}u-\frac{1}{4}\int\frac{u+1}{1+u^2}\mathrm{d}u$

$$=\frac{1}{2}\ln|u|-\frac{1}{4}\ln|1+u|-\frac{1}{8}\ln(1+u^2)-\frac{1}{4}\arctan u+C$$

$$=\ln|x|-\frac{1}{4}\ln|1+x^2|-\frac{1}{8}\ln(1+x^4)-\frac{1}{4}\arctan x^2+C.$$

思考　对所求得的结果求导得到一个分部分式，通分但不要把分子合并起来. 能受到启发，找到办法将被积函数的分子变形，并将被积函数表示成一些容易求出积分的分部分式之和吗？尝试一下，定有收获！

例 5.4.5　求不定积分 $I=\int\frac{\mathrm{d}x}{\sqrt{1+\mathrm{e}^x}+\sqrt{1-\mathrm{e}^x}}$.

分析　被积函数是含有指数函数的无理式，先作指数替换 $\mathrm{e}^x=u$ ，转化成无理函数的积分；再用其他替换去根式.

解　令 $\mathrm{e}^x=u$ ，则 $x=\ln u$，$\mathrm{d}x=\frac{1}{u}\mathrm{d}u$. 于是

$$I=\int\frac{1}{\sqrt{1+u}+\sqrt{1-u}}\cdot\frac{1}{u}\mathrm{d}u=\frac{1}{2}\int\frac{\sqrt{1+u}-\sqrt{1-u}}{u^2}\mathrm{d}u$$

$$=\frac{1}{2}\int\frac{\sqrt{1+u}}{u^2}\mathrm{d}u-\frac{1}{2}\int\frac{\sqrt{1-u}}{u^2}\mathrm{d}u.$$

令 $\sqrt{1+u}=t$ ，则 $u=t^2-1$，$\mathrm{d}u=2t\mathrm{d}t$. 故

$$\int\frac{\sqrt{1+u}}{u^2}\mathrm{d}u=2\int\frac{t^2}{(t^2-1)^2}\mathrm{d}t=2\int\frac{\mathrm{d}t}{t^2-1}+2\int\frac{\mathrm{d}t}{(t^2-1)^2}$$

$$=\int\left(\frac{1}{t-1}-\frac{1}{t+1}\right)\mathrm{d}t+\frac{1}{2}\int\left[-\frac{1}{t-1}+\frac{1}{(t-1)^2}+\frac{1}{t+1}+\frac{1}{(t+1)^2}\right]\mathrm{d}t$$

$$=-\ln\left|\frac{t+1}{t-1}\right|-\frac{1}{2}\ln|t-1|-\frac{1}{2(t-1)}+\frac{1}{2}\ln|t+1|-\frac{1}{2(t+1)}+C_1$$

$$=\frac{1}{2}\ln\left|\frac{\sqrt{1+\mathrm{e}^x}-1}{\sqrt{1+\mathrm{e}^x}+1}\right|-\frac{\sqrt{1+\mathrm{e}^x}}{2\mathrm{e}^x}+C_1;$$

再令 $\sqrt{1-u}=v$ ，则 $u=1-v^2$，$\mathrm{d}u=-2v\mathrm{d}v$. 从而

$$\int\frac{\sqrt{1-u}}{u^2}\mathrm{d}u=-2\int\frac{v^2}{(v^2-1)^2}\mathrm{d}t=-\frac{1}{2}\ln\left|\frac{\sqrt{1-\mathrm{e}^x}-1}{\sqrt{1-\mathrm{e}^x}+1}\right|+\frac{\sqrt{1-\mathrm{e}^x}}{2\mathrm{e}^x}+C_2.$$

所以 $$I=\frac{1}{4}\ln\left|\frac{\sqrt{1+\mathrm{e}^x}-1}{\sqrt{1+\mathrm{e}^x}+1}\right|+\frac{1}{4}\ln\left|\frac{\sqrt{1-\mathrm{e}^x}-1}{\sqrt{1-\mathrm{e}^x}+1}\right|-\frac{\sqrt{1+\mathrm{e}^x}}{4\mathrm{e}^x}-\frac{\sqrt{1-\mathrm{e}^x}}{4\mathrm{e}^x}+C.$$

思考　先将分母有理化，化成两个含有指数函数的无理式的积分之差. 能各用一个三角替换把这两个积分转化成三角有理式的积分吗？试试看.

例 5.4.6　计算 $\int\mathrm{e}^{2x}(\tan x+1)^2\mathrm{d}x$.

分析　指数函数与三角函数之积的积分，通常用分部积分计算. 视情况可以凑指数函数，也可以凑三角函数.

解　原式 $=\int\mathrm{e}^{2x}(\tan^2x+2\tan t+1)\mathrm{d}x=\int\mathrm{e}^{2x}\sec^2x\mathrm{d}x+2\int\mathrm{e}^{2x}\tan x\mathrm{d}x$ ，

$$=\int e^{2x}\,\mathrm{d}\tan x+2\int e^{2x}\tan x\,\mathrm{d}x=e^{2x}\tan x-\int\tan x\,\mathrm{d}e^{2x}+2\int e^{2x}\tan x\,\mathrm{d}x\,,$$

$$=e^{2x}\tan x-2\int e^{2x}\tan x\,\mathrm{d}x+2\int e^{2x}\tan x\,\mathrm{d}x=e^{2x}\tan x+C.$$

思考 (i) 上面运算中两不定积分相互抵消，为什么还要加任意常数 C；(ii) 若仅对第二个等号中的 $\int e^{2x}\tan x\,\mathrm{d}x$ 运用分部积分，是否可以产生同样的效果？(iii) 对第二个等号中的两个积分同时使用分部积分，是否可行？

例 5.4.7 求不定积分 $\int\frac{1}{(2+\sin x)\cos x}\mathrm{d}x$.

分析 万能替换的思想，是把三角有理函数的积分转化成有理函数的积分，但通常比较复杂. 若有其它更简便的方法，尽量避免使用该法. 下面用分部分式的思想，求解该题.

解 原式 $=\frac{1}{3}\int\left[\frac{-\cos x}{2+\sin x}+\frac{2-\sin x}{\cos x}\right]\mathrm{d}x=-\frac{1}{3}\int\frac{\mathrm{d}(\sin x+2)}{\sin x+2}+\frac{1}{3}\int\frac{2}{\cos x}\mathrm{d}x+\frac{1}{3}\int\frac{\mathrm{d}\cos x}{\cos x}$

$$=-\frac{1}{3}\ln(\sin x+2)+\frac{2}{3}\ln|\sec x+\tan x|+\frac{1}{3}\ln|\cos x|+C.$$

思考 若不定积分为 $\int\frac{1}{(2-\sin x)\cos x}\mathrm{d}x$，是否还可以用以上方法求解？为 $\int\frac{1}{(2+3\sin x)\cos x}\mathrm{d}x$ 呢？

例 5.4.8 求不定积分 $\int(x^2-2x)\cos 2x\,\mathrm{d}x$.

分析 该题是二次函数与三角形之积的积分，和幂函数与三角形之积的积分本质上是一样的. 因此，仍然用分部积分法，凑三角形函数.

解 原式 $=\frac{1}{2}\int(x^2-2x)\mathrm{d}(\sin 2x)=\frac{1}{2}(x^2-2x)\sin 2x-\int(x-1)\sin 2x\,\mathrm{d}x$

$$=\frac{1}{2}(x^2-2x)\sin 2x+\frac{1}{2}\int(x-1)\mathrm{d}(\cos 2x)$$

$$=\frac{1}{2}(x^2-2x)\sin 2x+\frac{1}{2}\left[(x-1)\cos 2x-\int\cos 2x\,\mathrm{d}x\right]$$

$$=\frac{1}{2}\left(x^2-2x-\frac{1}{2}\right)\sin 2x+\frac{1}{2}(x-1)\cos 2x+C.$$

思考 若积分为 $\int(x^2-2x+3)\cos 2x\,\mathrm{d}x$，结果如何？若为 $\int(x^2-2x)\sin 2x\,\mathrm{d}x$ 或 $\int(x^2-2x+3)\sin 2x\,\mathrm{d}x$ 呢？

1. 因为 $\left(x^2\sin\dfrac{1}{x}\right)'=2x\sin\dfrac{1}{x}-\cos\dfrac{1}{x}$，所以__________是__________在区间__________上的一个原函数.

2. 因为 $\left(\dfrac{x}{x+1}\right)'=$__________，所以不定积分__________$=\dfrac{x}{x+1}+C$.

3. 设曲线 $y=f(x)$ 在其上任意点 (x, y) 处的斜率等于这点横坐标的倒数，则（　　）.

A. 通过点 $(-1, 2)$ 的曲线方程为 $y=\ln x+2$；

B. 通过点 $(-1, 2)$ 的曲线方程为 $y=\ln(-x)+2$；

C. 通过点 $(1, 2)$ 的曲线方程为 $y=\ln(-x)+2$；

D. 通过点 $(-1, 2)$ 的曲线方程为 $y=\ln|x|+2$.

4. 若函数 $f(x)$ 与 $g(x)$ 满足 $f'(x)=g'(x)$，则必有（　　）.

A. $f(x)=g(x)$；

B. $\int f'(x)\mathrm{d}x=\int g'(x)\mathrm{d}x$；

C. $\int f(x)\mathrm{d}x=\int g(x)\mathrm{d}x$；

D. $f(x)\mathrm{d}x=g(x)\mathrm{d}x$.

5. 求不定积分 $\int \frac{3x^4+3x^2+1}{x^2+1}\mathrm{d}x$.

6. 求不定积分 $\int \frac{\csc x}{\csc x-\sin x}\mathrm{d}x$.

7. 设 $\int \sqrt{1-x^2}\,f(x)\mathrm{d}x=\arcsin x+C$，求 $\int \frac{\mathrm{d}x}{f(x)}$.

1. 不定积分 $\int \sin(2x-1)\mathrm{d}x =$ ________________.

2. 不定积分 $\int \frac{1}{\sqrt{(x^2+1)^3}}\mathrm{d}x =$ ________________.

3. 不定积分 $\int \frac{1}{\sqrt{x-x^2}}\mathrm{d}x \neq$ (　　).

A. $\arcsin(2x-1)+C$；　　B. $\arccos(1-2x)+C$；

C. $2\arcsin\sqrt{x}+C$；　　D. $2\arccos\sqrt{x}+C$.

4. 不定积分 $\int \frac{1}{x\sqrt{1-x^2}}\mathrm{d}x =$ (　　).

A. $\ln\left|\frac{1+\sqrt{1-x^2}}{x}\right|+C$；　　B. $\ln\left|\frac{1-\sqrt{1-x^2}}{x}\right|+C$；

C. $\ln\left|\frac{x}{1+\sqrt{1-x^2}}\right|+C$；　　D. $\ln\left|\frac{x}{1-\sqrt{1-x^2}}\right|+C$.

5. 求不定积分 $\int \frac{e^x}{e^{2x}-1}dx$.

6. 求不定积分 $\int \frac{\cos x}{\sin^3 x}dx$.

7. 求不定积分 $\int \frac{\ln x}{x\sqrt{1+\ln x}}dx$.

1. 不定积分 $\int x\mathrm{e}^x \mathrm{d}x =$＿＿＿＿＿＿＿＿.

2. 不定积分 $\int \frac{\mathrm{d}x}{x(x^2+1)} =$＿＿＿＿＿＿＿＿.

3. 不定积分 $\int \frac{\sqrt{x+1}-1}{x+2}\mathrm{d}x =$（　　）.

A. $2\sqrt{x+1}-2\arctan\sqrt{x+1}+C$；

B. $2\sqrt{x+1}-\ln(x+2)-2\operatorname{arccot}\sqrt{x+1}+C$；

C. $2\sqrt{x+1}+2\arctan\sqrt{x+1}+C$；

D. $2\sqrt{x+1}+\ln(x+2)-2\operatorname{arccot}\sqrt{x+1}+C$.

4. 设 $f'(\mathrm{e}^x)=1+x$，则 $f(x)=$（　　）.

A. $1+\ln x$；　B. $x+\frac{1}{2}x^2+C$；　C. $x\ln x+C$；　D. $\ln x+\frac{1}{2}\ln^2 x+C$.

5. 求不定积分 $\int x^2 \cos x \mathrm{d}x$.

6. 求不定积分 $\int \frac{2x+1}{x^2+2x+10} \mathrm{d}x$.

7. 已知 $f(x)=x\mathrm{e}^x$，求 $\int x f''(x) \mathrm{d}x$.

1. 不定积分 $\int \frac{\arcsin\sqrt{x}}{\sqrt{x(1-x)}}\mathrm{d}x =$ ________________.

2. 不定积分 $\int \frac{\mathrm{d}x}{x^2\sqrt{x^2+4}} =$ ________________.

3. 下列积分中，必须采用分部积分法的是（　　）.

A. $\int \tan^2 x\,\mathrm{d}x$；　B. $\int \tan^2 x\sec x\,\mathrm{d}x$；　C. $\int \tan^3 x\,\mathrm{d}x$；　D. $\int \tan^3 x\sec x\,\mathrm{d}x$.

4. 不定积分 $\int \frac{2x}{1+\cos x}\mathrm{d}x =$（　　）.

A. $x\tan x - \ln|\cos x| + C$；　B. $x\tan x + \ln|\cos x| + C$；

C. $-x\cot x + \ln|\sin x| + C$；　D. $-x\cot x - \ln|\sin x| + C$.

5. 求不定积分 $\int \ln(4+x^2)\mathrm{d}x$.

6. 不定积分 $\int \arctan x\,\mathrm{d}x$.

7. 求不定积分 $\int \frac{\sqrt{x+1}-1}{\sqrt{x+1}+1}\mathrm{d}x$.

第六章　定积分教学同步指导与训练

第一节　定积分的概念与性质

一、教学目标

理解定积分的基本概念，定积分的几何意义．知道函数在闭区间上可积的充分条件．知道定积分与极限之间的互化，并用极限求一些简单的积分及用积分求一些极限．理解定积分的性质，会求定积分大小比较、定积分估值等方面的问题．

二、考点题型

定积分的定义，包括用定积分定义求定积分和用定积分求无穷和的极限；定积分的几何意义，定积分的性质，包括应用定积分的性质计算定积分*、定积分的估值、定积分大小的比较和定积分中值的证明*．

三、例题分析

例 6.1.1　用定义计算定积分 $\int_a^b \frac{1}{x^2}dx$ $(a<b，ab>0)$．

分析　因为在可积的前提下，对区间 $[a，b]$ 的任意细分和在各小区间上任意取点均不影响定积分的值，因此可以选择使积分和式最简、且其极限最易求的特殊细分和特殊取点．

解　在 $[a，b]$ 中任意插入 $n-1$ 个分点 $a=x_0<x_1<x<\cdots<x_{n-1}<x_n=b$，把区间 $[a，b]$ 分成 n 个小区间 $[x_0，x_1]，[x_1，x_2]，\cdots，[x_{n-1}，x_n]$，取各小区间两端点的几何平均值 $\xi_i=\sqrt{x_{i-1}x_i}$ 为任意点，则

$$\sum_{i=1}^{n}f(\xi_i)\Delta x_i=\sum_{i=1}^{n}\frac{1}{\xi_i{}^2}\Delta x_i=\sum_{i=1}^{n}\frac{x_i-x_{i-1}}{x_{i-1}x_i}=\sum_{i=1}^{n}\left(\frac{1}{x_{i-1}}-\frac{1}{x_i}\right)=\frac{1}{x_0}-\frac{1}{x_n}=\frac{1}{a}-\frac{1}{b}，$$

故
$$\int_a^b\frac{1}{x^2}dx=\lim_{\lambda\to0}\sum_{i=1}^{n}\frac{1}{\xi_i{}^2}\Delta x_i=\lim_{\lambda\to0}\left(\frac{1}{a}-\frac{1}{b}\right)=\frac{1}{a}-\frac{1}{b}.$$

思考　尝试均匀细分、但不取各小区间两端点的几何平均值为任意点，容易得出结果吗？

例 6.1.2　利用定积分求极限 $\lim\limits_{n\to\infty}\left[\frac{n}{(n+1)^2}+\frac{n}{(n+2)^2}+\cdots+\frac{n}{(n+n)^2}\right]$.

分析　利用定积分求无限和的极限，关键是将该无限和化成积分和式，从而确定被积函数和积分区间．

解　原式 $=\lim\limits_{n\to\infty}\left[\frac{1}{\left(1+\frac{1}{n}\right)^2}+\frac{1}{\left(1+\frac{2}{n}\right)^2}+\cdots+\frac{1}{\left(1+\frac{n}{n}\right)^2}\right]\cdot\frac{1}{n}$

$$=\lim_{n\to\infty}\sum_{i=1}^{n}\frac{1}{\left(1+\frac{i}{n}\right)^2}\cdot\frac{2-1}{n}=\int_1^2\frac{1}{x^2}dx=\frac{1}{1}-\frac{1}{2}=\frac{1}{2}.$$

思考　如果化成区间 $[0，1]$ 上的积分，那么相应的被积函数是什么？反之，尝试给定一个恰当的被积函数，求出相应的积分区间．

例 6.1.3 证明：(1) $\left|\int_1^{\sqrt{3}} \frac{\sin x}{e^x(x^2+1)}dx\right| \leqslant \frac{\pi}{12e}$；

(2) $\int_0^1 |\ln t|[\ln(1+t)]^n dt < \int_0^1 t^n |\ln t| dt$ $(n=1, 2, \cdots)$.

分析 这是积分的估计与大小比较的问题，应用定积分的性质 4 和性质 5 即可. 但证明和求解具体问题时，可采用不同的技巧，主要包括求被积函数的最值，对被积函数进行适当的放缩等.

证明 (1) $\left|\int_1^{\sqrt{3}} \frac{\sin x}{e^x(x^2+1)}dx\right| \leqslant \int_1^{\sqrt{3}} \frac{|\sin x|}{e^x(x^2+1)}dx \leqslant \frac{1}{e}\int_1^{\sqrt{3}} \frac{dx}{x^2+1} = \frac{\pi}{12e}$.

(2) 当 $0 < t < 1$ 时，$0 < \ln(1+t) < t$，故 $[\ln(1+t)]^n < t^n \Rightarrow |\ln t|[\ln(1+t)]^n < |\ln t| t^n$，所以 $\int_0^1 |\ln t|[\ln(1+t)]^n dt < \int_0^1 t^n |\ln t| dt$ $(n=1, 2, \cdots)$.

思考 (i) 对定积分 $\int_0^{\sqrt{3}} \frac{\sin x}{e^x(x^2+1)}dx$，$\int_1^{\sqrt{3}} \frac{\cos x}{e^x(x^2+1)}dx$，$\int_0^{\sqrt{3}} \frac{\cos x}{e^x(x^2+1)}dx$，写出 (1) 类似的结论，并给出证明；(ii) 证明：$\int_0^1 e^{x^2} \sin^n t\, dt < \int_0^1 e^{x^2} t^n dt$ $(n=1, 2, \cdots)$.

例 6.1.4 设 $f(x)$ 是连续函数，且 $f(x) = 3x^2 + x\int_0^1 f(t)dt + \int_0^2 f(t)dt$，求 $f(x)$.

分析 因为定积分是一个数值，所以 $f(x)$ 中的两个定积分实际上两个常数，从而 $f(x)$ 是一个二次三项式，可以通过积分求出这两个常数.

解 令 $I = \int_0^1 f(t)dt$，$J = \int_0^2 f(t)dt$，则 $f(x) = 3x^2 + Ix + J$. 于是

$$I = \int_0^1 f(x)dx = 3\int_0^1 x^2 dx + I\int_0^1 x dx + J\int_0^1 dx = x^3 \Big|_0^1 + \frac{1}{2}Ix^2 \Big|_0^1 + Jx \Big|_0^1 = 1 + \frac{1}{2}I + J,$$

即
$$I - 2J = 2;$$

$$J = \int_0^2 f(x)dx = 3\int_0^2 x^2 dx + I\int_0^2 x dx + J\int_0^2 dx = x^3 \Big|_0^2 + \frac{1}{2}Ix^2 \Big|_0^2 + Jx \Big|_0^2 = 8 + 2I + 2J,$$

即
$$2I + J = -8.$$

以上两方程联立，解得 $I = -\frac{14}{5}$，$J = -\frac{12}{5}$，所以 $f(x) = 3x^2 - \frac{14}{5}x - \frac{12}{5}$.

思考 若 $f(x) = 3x^2 - x\int_0^1 f(t)dt + \int_0^2 f(t)dt$，结果如何？

例 6.1.5 设 $f(x)$ 在 $[0, 1]$ 上连续且单调减少，证明：当 $0 < \lambda < 1$ 时，

$$\int_0^\lambda f(x)dx \geqslant \lambda\int_0^1 f(x)dx.$$

分析 结论中两定积分的被积表达式相同，积分区间不同，用定积分对区间的可加性和积分中值定理化简，通过减法比较.

解 因为 $f(x)$ 在 $[0, 1]$ 上连续，故由定积分对区间的可加性和积分中值定理，得

$$\begin{aligned}\int_0^\lambda f(x)dx - \lambda\int_0^1 f(x)dx &= \int_0^\lambda f(x)dx - \lambda\int_0^\lambda f(x)dx - \lambda\int_\lambda^1 f(x)dx \\ &= (1-\lambda)\int_0^\lambda f(x)dx - \lambda\int_\lambda^1 f(x)dx = \lambda(1-\lambda)f(\xi_1) - \lambda(1-\lambda)f(\xi_2) \\ &= \lambda(1-\lambda)[f(\xi_1) - f(\xi_2)],\ \xi_1 \in [0, \lambda],\ \xi_2 \in [\lambda, 1].\end{aligned}$$

由于 $0 < \lambda < 1$ 且 $f(x)$ 在 $[0, 1]$ 上单调减少，所以 $\lambda(1-\lambda) > 0$，$f(\xi_1) - f(\xi_2) \geqslant 0$. 故 $\lambda(1-\lambda)[f(\xi_1) - f(\xi_2)] \geqslant 0$，从而原不等式成立.

思考 (i) 在第二个等号中，尝试用函数的单调性直接对两定积分放缩来证明；(ii) 若

$f(x)$ 在 $[0,1]$ 上连续且单调增加，结论如何？

例 6.1.6　设函数 $f(x)$ 在 $[0,1]$ 上连续，在 $(0,1)$ 内可导，且满足 $f(1)=3\int_0^{\frac{1}{3}}e^{1-x^2}f(x)dx$，证明：$\exists\xi\in(0,1)$，使 $f'(\xi)=2\xi f(\xi)$.

分析　将所证结论改写成 $f'(\xi)-2\xi f(\xi)=0$. 显然，该式左边与被积函数的导数 $[e^{1-x^2}f(x)]'=e^{1-x^2}[f'(x)-2xf(x)]$ 的零点有关，因此用积分中值定理将积分化为一点的函数值，从而验证被积函数满足罗尔定理条件.

证明　因为函数 $f(x)$ 在 $[0,1]$ 上连续，故由积分中值定理知，$\exists\eta\in[0,\frac{1}{3}]$，使

$$\int_0^{\frac{1}{3}}e^{1-x^2}f(x)dx=\frac{1}{3}e^{1-\eta^2}f(\eta)\Rightarrow 3\int_0^{\frac{1}{3}}e^{1-x^2}f(x)dx=e^{1-\eta^2}f(\eta)=f(1).$$

令 $F(x)=e^{1-x^2}f(x)$，则 $F(x)$ 在 $[\eta,1]$ 上连续，在 $(\eta,1)$ 内可导，且

$$F(1)=f(1)=e^{1-\eta^2}f(\eta)=F(\eta).$$

故函数 $F(x)$ 在 $[\eta,1]$ 上满足罗尔定理条件，因此 $\exists\xi\in[\eta,1]\subset[0,1]$，使

$$F'(\xi)=e^{1-\xi^2}[f'(\xi)-2\xi f(\xi)]=0\Rightarrow f'(\xi)=2\xi f(\xi).$$

思考　若将条件 $f(1)=3\int_0^{\frac{1}{3}}e^{1-x^2}f(x)dx$ 中积分的上限改成 $\alpha(0<\alpha<1)$，那么积分的系数应改成多少，才能使该题的结论仍然成立？

第二节　微积分基本定理

一、教学目标

理解变上限函数的概念，掌握变上限函数的求导公式. 知道原函数存在定理. 掌握牛顿-莱布尼兹公式.

二、考点题型

积分上、下限函数的求导问题，积分上、下限函数的极限问题；定积分的计算*——微积分基本公式的直接运用.

三、例题分析

例 6.2.1　设 $f(x)$ 是可导函数，$F(x)=\int_0^{\frac{x}{3}}(e^{3t}+x^2)f(3t)dt$，求 $F''(x)$.

分析　函数 $F(x)$ 的变量是 x，积分变量是 t，求积分时 x 应视为常数，因此可把被积表达式中 x 移到积分号外来.

解　因为 $F(x)=\int_0^{\frac{x}{3}}e^{3t}f(3t)dt+x^2\int_0^{\frac{x}{3}}f(3t)dt$，于是

$$F''(x)=e^{3\cdot\frac{x}{3}}f\left(3\cdot\frac{x}{3}\right)\left(\frac{x}{3}\right)'+2x\int_0^{\frac{x}{3}}f(3t)dt+x^2f\left(3\cdot\frac{x}{3}\right)\left(\frac{x}{3}\right)'$$

$$=\frac{1}{3}(e^x+x^2)f(x)+2x\int_0^{\frac{x}{3}}f(3t)dt,$$

$$F''(x)=\frac{1}{3}(e^x+2x)f(x)+\frac{1}{3}(e^x+x^2)f'(x)+2\int_0^{\frac{x}{3}}f(3t)dt+2xf\left(3\cdot\frac{x}{3}\right)\left(\frac{x}{3}\right)',$$

$$=\frac{1}{3}(\mathrm{e}^x+4x)f(x)+\frac{1}{3}(\mathrm{e}^x+x^2)f'(x)+2\int_0^{\frac{x}{3}}f(3t)\mathrm{d}t.$$

例 6.2.2 设函数 $y=y(x)$ 是由方程 $2x-\tan(x-y)=\int_0^{x-y}\sec^2 t\mathrm{d}t\,(y\neq x)$ 所确定的隐函数，求 $\frac{\mathrm{d}y}{\mathrm{d}x}$.

分析 把 y 看成是 x 的函数，利用隐函数、复合函数和复合上限函数求导法求导.

解 方程两边对 x 求导得

$$2-\sec^2(x-y)\cdot(x-y)'_x=\sec^2(x-y)\cdot(x-y)'_x,$$

即

$$2-\sec^2(x-y)\cdot(1-y')=\sec^2(x-y)\cdot(1-y'),$$

$$\sec^2(x-y)\cdot y'=\sec^2(x-y)-1,$$

解得

$$y'=\tan^2(x-y)\cos^2(x-y)=\sin^2(x-y).$$

例 6.2.3 设 $f(x)$ 在 $(-\infty,+\infty)$ 内单调减少且连续，证明：函数 $F(x)=\frac{1}{x-a}\int_a^x f(t)\mathrm{d}t$ 在 $(-\infty,a)\cup(a,+\infty)$ 内单调减少.

分析 只需证明 $F'(x)<0$.

证明 显然 $f(t)$ 在闭区间 $[a,x]$ 上连续，故由积分中值定理，$\exists\xi\in[a,x]$ 或 $\exists\xi\in[x,a]$，使

$$\int_a^x f(t)\mathrm{d}t=(x-a)f(\xi),$$

于是

$$F'(x)=\frac{f(x)(x-a)-\int_a^x f(t)\mathrm{d}t}{(x-a)^2}=\frac{f(x)-f(\xi)}{x-a}.$$

当 $x<a$ 时，$\xi\in[x,a]$，$x-a<0$，又由 $f'(x)<0$ 得 $f(x)-f(\xi)>0$；当 $x>a$ 时，$\xi\in[a,x]$，$x-a>0$，而由 $f'(x)<0$ 得 $f(x)-f(\xi)<0$. 故对 $\forall x\in(-\infty,a)\cup(a,+\infty)$，有 $F'(x)<0$，所以 $F(x)$ 在 $(-\infty,a)\cup(a,+\infty)$ 内单调减少.

例 6.2.4 求极限 $\lim\limits_{x\to\infty}\frac{1}{x}\int_0^x(1+t^2)\mathrm{e}^{t^2-x^2}\mathrm{d}t$.

分析 这是含上限函数的 $\frac{\infty}{\infty}$ 的极限问题，一般用洛必达法则求. 但由于被积函数中含有极限变量 x，求导时 x 应视为变量，求积时应视为常数，故应将其从积分中分离.

证明 因为 $\int_0^x(1+t^2)\mathrm{e}^{t^2-x^2}\mathrm{d}t=\int_0^x(1+t^2)\mathrm{e}^{t^2}\cdot\mathrm{e}^{-x^2}\mathrm{d}t=\mathrm{e}^{-x^2}\int_0^x(1+t^2)\mathrm{e}^{t^2}\mathrm{d}t$，所以

$$\lim_{x\to\infty}\frac{1}{x}\int_0^x(1+t^2)\mathrm{e}^{t^2-x^2}\mathrm{d}t=\lim_{x\to\infty}\frac{\int_0^x(1+t^2)\mathrm{e}^{t^2}\mathrm{d}t}{x\mathrm{e}^{x^2}}=\lim_{x\to\infty}\frac{(1+x^2)\mathrm{e}^{x^2}}{(1+2x^2)\mathrm{e}^{x^2}}=\lim_{x\to\infty}\frac{1+x^2}{1+2x^2}=\frac{1}{2}.$$

例 6.2.5 设 $f(x)$ 在 $[a,b]$ 具有二阶导数，且 $f'(x)<0$，$f''(x)<0$，证明

$$\frac{1}{2}(b-a)[f(b)+f(a)]<\int_a^b f(x)\mathrm{d}x<(b-a)f(a).$$

分析 将结论中的 b 换成区间 $[a,b]$ 上的任意一点 x，得

$$\frac{1}{2}(x-a)[f(x)+f(a)]<\int_a^x f(t)\mathrm{d}t<(x-a)f(a),$$

因此，可以尝试证明这个更强的结论.

证明 构造函数 $F(x)=\frac{1}{2}(x-a)[f(x)+f(a)]-\int_a^x f(t)\mathrm{d}t$，$x\in[a,b]$，则

$$F'(x)=\frac{1}{2}[f(x)+f(a)]+\frac{1}{2}(x-a)f'(x)-f(x)=\frac{1}{2}[f(a)-f(x)]+\frac{1}{2}(x-a)f'(x)$$
$$=\frac{1}{2}f'(\xi)(a-x)+\frac{1}{2}(x-a)f'(x)=\frac{1}{2}(x-a)[f'(x)-f'(\xi)],\ \xi\in(a,\ x)$$
$$=\frac{1}{2}(x-a)(x-\xi)f''(\zeta),\ \xi\in(a,\ x),\ \zeta\in(\xi,\ x)$$

因为 $x-a>0$，$x-\xi>0$，$f''(\zeta)<0$，所以 $F'(x)<0$，$x\in(a,\ b)$，从而 $F(x)$ 在 $[a,\ b]$ 上单调减少．又因 $F(a)=0$，故 $F(x)<0$，$x\in(a,\ b]$．特别地，当 $x=b$ 时，即得

$$\frac{1}{2}(b-a)[f(b)+f(a)]<\int_a^b f(t)\mathrm{d}t.$$

类似地，$G(x)=(x-a)f(a)-\int_a^x f(t)\mathrm{d}t$，$x\in[a,\ b]$，可以证明 $G'(x)>0$，$x\in(a,\ b)$，于是

$$\int_a^b f(x)\mathrm{d}x<(b-a)f(a).$$

思考　将结论中的 a 换成区间 $[a,\ b]$ 上的任意一点 x，得

$$\frac{1}{2}(b-x)[f(b)+f(x)]<\int_x^b f(t)\mathrm{d}t<(b-x)f(x),$$

问能否通过构造相应的函数证明该不等式？能，写出过程；否，说明理由．

例 6.2.6　设函数 $f(x)$ 在区间 $[a,\ b]$ 上连续，且在 $(a,\ b)$ 内有 $f'(x)>0$．证明：在 $(a,\ b)$ 内存在唯一一点 ξ，使曲线 $y=f(x)$ 与两直线 $y=f(\xi)$，$x=a$ 所围成的平面图形的面积 S_1 是曲线 $y=f(x)$ 与两直线 $y=f(\xi)$，$x=b$ 所围成的平面图形的面积 S_2 的 3 倍．

分析　即要证 $F(\xi)=S_1-3S_2=\int_a^\xi[f(\xi)-f(x)]\mathrm{d}x-3\int_\xi^b[f(x)-f(\xi)]\mathrm{d}x=0$，因此将 ξ 换成变量 t 构造函数 $F(t)$，并对该函数在区间 $[a,\ b]$ 上应用介值定理．

解　设 t 为区间 $[a,\ b]$ 上任意一点，令

$$F(t)=\int_a^t[f(t)-f(x)]\mathrm{d}x-3\int_t^b[f(x)-f(t)]\mathrm{d}x,$$

因为 $f(x)$ 在区间 $[a,\ b]$ 上连续，所以 $F(t)$ 在区间 $[a,\ b]$ 上连续．又因为在 $(a,\ b)$ 内 $f'(x)>0$，所以

$$f(a)<f(x)<f(b),\ x\in(a,\ b).$$

上式两边在区间 $[a,\ b]$ 上求积分，并注意到一点的函数值不影响定积分的大小，得

$$f(a)(b-a)<\int_a^b f(x)\mathrm{d}x<f(b)(b-a).$$

于是
$$F(a)=-3\int_a^b[f(x)-f(a)]\mathrm{d}x=3\left[(b-a)f(a)-\int_a^b f(x)\mathrm{d}x\right]<0,$$
$$F(b)=\int_a^b[f(b)-f(x)]\mathrm{d}x=(b-a)f(b)-\int_a^b f(x)\mathrm{d}x>0.$$

故由介值定理，在 $(a,\ b)$ 内存在一点 ξ，使 $F(\xi)=0$．

另一方面，由于 $F(t)=f(t)(t-a)-\int_a^t f(x)\mathrm{d}x+3f(t)(b-t)-3\int_t^b f(x)\mathrm{d}x$，所以

$$F'(t)=f'(t)(t-a)+f(t)-f(t)+3f'(t)(b-t)-3f(t)+3f(t)$$
$$=f'(t)[(t-a)+3(b-t)]=f'(t)[(b-a)+2(b-t)]>0,$$

故 $F(t)$ 在 $(a,\ b)$ 内单调增加，因此在 $(a,\ b)$ 内至多存在一点 ξ，使 $F(\xi)=0$．

从而，在 $(a,\ b)$ 内存在唯一一点 ξ，使 $F(\xi)=0$，即 $S_1=3S_2$．

思考 若在 (a, b) 内有 $f'(x) \geqslant 0$（等号仅在有限多个点处成立），结果是否仍然成立？若在 (a, b) 内有 $f'(x) < 0$，结果如何？

第三节 定积分的换元法与分部积分法

一、教学目标

掌握定积分的换元积分法；熟记的一些定积分的公式，了解定积分证明问题的一些方法.

二、考点题型

定积分的计算*——换元法的运用；定积分的证明*——换元法的运用；分段函数的定积分*——换元法的运用.

三、例题分析

例 6.3.1 计算定积分 $\int_0^{2\pi} \sqrt{1-\sin x}\,\mathrm{d}x$.

分析 因为 $\sin^2 \dfrac{x}{2} + \cos^2 \dfrac{x}{2} = 1$，因此可以将被开方式化为完全平方，从而消除根式.

解
$$\begin{aligned}
\text{原式} &= \int_0^{2\pi} \sqrt{\left(\sin \frac{x}{2} - \cos \frac{x}{2}\right)^2}\,\mathrm{d}x = \int_0^{2\pi} \left|\sin \frac{x}{2} - \cos \frac{x}{2}\right| \mathrm{d}x \\
&= \int_0^{\frac{\pi}{2}} \left(\cos \frac{x}{2} - \sin \frac{x}{2}\right) \mathrm{d}x + \int_{\frac{\pi}{2}}^{\frac{3\pi}{2}} \left(\sin \frac{x}{2} - \cos \frac{x}{2}\right) \mathrm{d}x + \int_{\frac{3\pi}{2}}^{2\pi} \left(\cos \frac{x}{2} - \sin \frac{x}{2}\right) \mathrm{d}x \\
&= 2\left[\sin \frac{x}{2} + \cos \frac{x}{2}\right]_0^{\frac{\pi}{2}} - 2\left[\sin \frac{x}{2} + \cos \frac{x}{2}\right]_{\frac{\pi}{2}}^{\frac{3\pi}{2}} + 2\left[\sin \frac{x}{2} + \cos \frac{x}{2}\right]_{\frac{3\pi}{2}}^{2\pi} \\
&= 2(\sqrt{2}-1) - 2(0-\sqrt{2}) + 2(-1-0) = 4\sqrt{2} - 4.
\end{aligned}$$

思考 利用本题方法计算定积分 $\int_0^{2\pi} \sqrt{1-\cos x}\,\mathrm{d}x$.

例 6.3.2 设 $f(x)$ 是以 l 为周期的连续函数，证明：$\int_a^{a+l} f(x)\mathrm{d}x$ 的值与 a 的值无关.

分析 对不同的 a 值，积分区间都是 $f(x)$ 的周期 l，而从几何直观上可以看出，周期函数在相同周期上与 x 轴所围成的图形的面积的代数和是相等的.

证明 令 $x = a + t$，则 $\mathrm{d}x = \mathrm{d}t$，且当 $x: l \sim a + l$ 时，$t: 0 \sim a$，于是
$$\int_l^{a+l} f(x)\mathrm{d}x = \int_0^a f(t+l)\mathrm{d}t = \int_0^a f(t)\mathrm{d}t = \int_0^a f(x)\mathrm{d}x,$$
因此 $\int_a^{a+l} f(x)\mathrm{d}x = \int_a^l f(x)\mathrm{d}x + \int_l^{a+l} f(x)\mathrm{d}x = \int_a^l f(x)\mathrm{d}x + \int_0^a f(x)\mathrm{d}x = \int_0^l f(x)\mathrm{d}x$，即 $\int_a^{a+l} f(x)\mathrm{d}x$ 的值与 a 的值无关.

思考 证明 $\int_a^{a+kl} f(x)\mathrm{d}x\,(k \in \mathbf{Z}\backslash\{0\})$ 与 $\int_{a-nl}^{a+ml} f(x)\mathrm{d}x\,(m \neq n;\ m, n \in \mathbf{Z})$ 的值与 a 的值无关，并给出它们与 $\int_a^{a+l} f(x)\mathrm{d}x$ 之间的关系.

例 6.3.3 计算定积分 $\int_0^{\ln 2} \sqrt{1-\mathrm{e}^{-2x}}\,\mathrm{d}x$.

分析 被积函数化为 $\sqrt{1-(\mathrm{e}^{-x})^2}$ 或 $\mathrm{e}^{-x}\sqrt{(\mathrm{e}^x)^2 - 1}$，因此可用三角替换消除根号.

解　令 $e^x=\sec t$，则 $e^x dx=\sec t\tan t dt \Rightarrow dx=\tan t dt$，且当 $x:0\sim\ln 2$ 时，$t:0\sim\frac{\pi}{3}$. 于是

$$\text{原式}=\int_0^{\ln 2} e^{-x}\sqrt{e^{2x}-1}\,dx=\int_0^{\frac{\pi}{3}}\cos t\sqrt{\sec^2 x-1}\cdot\tan t\,dt=\int_0^{\frac{\pi}{3}}\tan^2 t\cos t\,dt$$

$$=\int_0^{\frac{\pi}{3}}(\sec^2 t-1)\cos t\,dt=\int_0^{\frac{\pi}{3}}(\sec t-\cos t)\,dt$$

$$=[\ln(\sec t+\tan t)-\sin t]_0^{\frac{\pi}{3}}=\ln(2+\sqrt{3})-\frac{\sqrt{3}}{2}.$$

思考　将原式化为 $\int_0^{\ln 2} e^{-x}\sqrt{e^{2x}-1}\,dx$，尝试用分部积分计算；或替换 $e^{-x}=\sin t$ 计算.

例 6.3.4　计算定积分 $\int_0^{\pi^2}\sqrt{x}\cos\sqrt{x}\,dx$.

分析　联想到幂函数与三角形函数之积的积分，可能会直接尝试取 $u=\sqrt{x}$，但此时求不出相应的 v，该方法行不通. 究其原因，就会发现 $\sqrt{x}$ 毕竟不是幂函数. 那么，先作一个替换，能将其变成幂函数与三角形函数之积的积分吗？

解　令 $\sqrt{x}=t$，于是 $x=t^2$，$dx=2t dt$，故

$$\text{原式}=\int_0^{\pi} t\cos t\cdot 2t\,dt=2\int_0^{\pi} t^2 d\sin t=2\left[t^2\sin t\,\Big|_0^{\pi}-\int_0^{\pi}\sin t\cdot 2t\,dt\right]=4\int_0^{\pi} t\,d\cos t$$

$$=4\left[t\cos t\,\Big|_0^{\pi}-\int_0^{\pi}\cos t\,dt\right]=-4\pi-\sin t\,\Big|_0^{\pi}=-4\pi.$$

思考　若定积分 $\int_0^{\pi^2}\sqrt{x^3}\cos\sqrt{x}\,dx$，结果如何？为 $\int_0^{\pi^2}\sqrt{x}\sin\sqrt{x}\,dx$ 或 $\int_0^{\pi^2}\sqrt{x^3}\sin\sqrt{x}\,dx$ 呢？

例 6.3.5　计算定积分 $I=\int_0^{\pi} e^{-x}\sin x\,dx$，$J=\int_0^{\pi} e^{-x}\cos x\,dx$.

分析　三角函数与指数函数的复合函数的积分，对其中一个应用分部积分，可以得到它与另一个积分之间的关系式，解两关系式构成的方程组即得.

证明　$I=-\int_0^{\pi} e^{-x}d\cos x=-[e^{-x}\cos x]_0^{\pi}-\int_0^{\pi} e^{-x}\cos x\,dx=e^{-\pi}+1-J$，即

$$I+J=e^{-\pi}+1,$$

又 $J=\int_0^{\pi} e^{-x}d\sin x=[e^{-x}\sin x]_0^{\pi}+\int_0^{\pi} e^{-x}\sin x\,dx=I$，代入上式，解得

$$I=\frac{1}{2}(e^{-\pi}+1),\ J=\frac{1}{2}(e^{-\pi}+1).$$

思考　用本题类似的方法计算定积分 $I=\int_0^{\pi} e^{2x}\sin 3x\,dx$，$J=\int_0^{\pi} e^{2x}\cos 3x\,dx$.

例 6.3.6　设 $f'(x)$ 连续，$F(x)=\int_0^x f(u)f'(2a-u)\,du$，证明

$$F(2a)-2F(a)=[f(a)]^2-f(0)f(2a).$$

分析　等式是左边与上限函数的两个值有关，可由 $F(x)$ 的表达式直接得出；右边与部分被积函数 $f(x)$ 的三个函数值有关，尝试对 $F(x)$ 使用分部积分得到.

解　$F(x)=\int_0^x f(u)f'(2a-u)\,du=-\int_0^x f(u)\,d[f(2a-u)]$

$$=-f(u)f(2a-u)\,\Big|_0^x+\int_0^x f(2a-u)f'(u)\,du$$

$$=-f(x)f(2a-x)+f(0)f(2a)+\int_0^x f(2a-u)f'(u)\mathrm{d}u,$$

于是 $F(2a)-F(a)=\int_0^{2a} f(2a-u)f'(u)\mathrm{d}u+[f(a)]^2-f(0)f(2a)-\int_0^a f(2a-u)f'(u)\mathrm{d}u$

$$=\int_a^{2a} f(2a-u)f'(u)\mathrm{d}u+[f(a)]^2-f(0)f(2a),$$

令 $2a-u=v$，则 $\mathrm{d}u=-\mathrm{d}v$，且当 $u:a\sim 2a$ 时，$v:a\sim 0$. 所以

$$\int_a^{2a} f(2a-u)f'(u)\mathrm{d}u=-\int_a^0 f(v)f'(2a-v)\mathrm{d}v=\int_0^a f(v)f'(2a-v)\mathrm{d}v=F(a),$$

故 $F(2a)-F(a)=F(a)+[f(a)]^2-f(0)f(2a)$，从而所证等式成立.

思考 尝试先求出等式左边的积分表达式，再用换元法及分部积分证明.

第四节 定积分的应用

一、教学目标

掌握利用定积分求平面图形面积的公式，熟悉一些平面曲线所围成的平面图形面积的计算. 掌握旋转体的体积公式，熟悉一些旋转体体积的计算.

二、题型考点

平面图形面积的计算*；旋转体体积的计算*.

三、例题分析

例 6.4.1 求曲线 $y=x^3-2x^2-x+2$ 与 x 轴所围成的图形的面积.

分析 先求曲线与 x 轴的交点，确定积分的区间和面积的表达式. 由于曲线与 x 轴所围成的图形一部分在 x 轴的上方，一部分在 x 轴的下方，因此要用积分对区间的可加性.

解 如图 6.1，令 $y=x^3-2x^2-x+2=(x+1)(x-1)(x-2)=0$，求得曲线与 x 轴的交点 $x_1=-1$，$x_2=1$，$x_3=2$. 于是所求面积

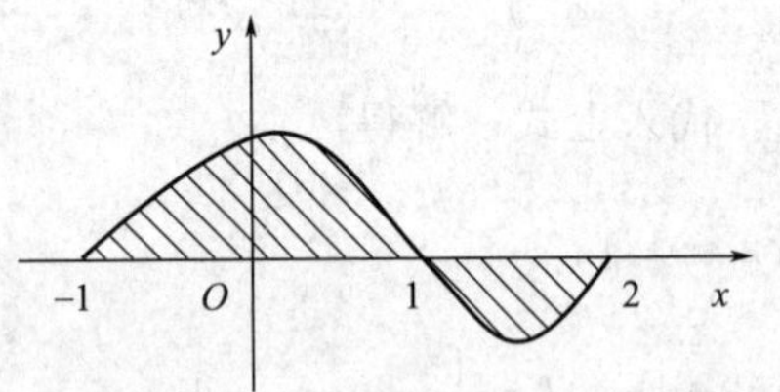

图 6.1

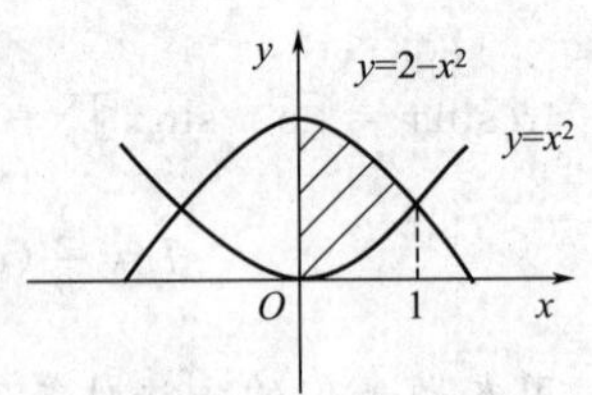

图 6.2

$$\begin{aligned}S&=\int_{-1}^2|y|\mathrm{d}x=\int_{-1}^2|x^3-2x^2-x+2|\mathrm{d}x\\&=\int_{-1}^1(x^3-2x^2-x+2)\mathrm{d}x-\int_1^2(x^3-2x^2-x+2)\mathrm{d}x\\&=2\int_0^1(-2x^2+2)\mathrm{d}x-\int_1^2(x^3-2x^2-x+2)\mathrm{d}x\\&=2\left[-\frac{2}{3}x^3+2x\right]_0^1-\left[\frac{1}{4}x^4-\frac{2}{3}x^3-\frac{1}{2}x^2+2x\right]_1^2\end{aligned}$$

$$=2\left(-\frac{2}{3}+2\right)-\left(4-\frac{16}{3}-2+4\right)+\left(\frac{1}{4}-\frac{2}{3}-\frac{1}{2}+2\right)=\frac{37}{12}.$$

思考　该图形在 x 轴的上方的面积和在 x 轴的下方的面积分别为多少？两面积之比为多少？

例 6.4.2　求曲线 $y=2-x^2$，$y=x^2(x\geqslant 0)$ 及 y 轴所围成的平面图形的面积.

分析　此面积可以看成是两个底边在 x 轴或 y 轴上曲边梯形的面积之差，因此可以分别选择 x 或 y 作为积分变量求解.

解　如图 6.2. 由 $\begin{cases}y=2-x^2\\ y=x^2\end{cases}$，求得两曲线的交点 $A(1, 1)$. 于是所求面积

$$S=\int_0^1(2-x^2)\mathrm{d}x-\int_0^1 x^2\mathrm{d}x=\left[2x-\frac{1}{3}x^3\right]_0^1-\frac{1}{3}x^3\Big|_0^1=\frac{4}{3}.$$

思考　把此面积可以看成是两个底边在 y 轴上曲边梯形的面积之差，选择 y 作为积分变量求解.

例 6.4.3　求曲线 $x=1-y^2$，$y=x+1$ 所围成的平面图形的面积.

分析　若将此图形看成几个曲边梯形面积的和与差，则要用多个积分的和与差来表示，计算较复杂. 若用微元法，选 y 作为积分变量，则用一个积分就可以求此面积.

解　如图 6.3. 由 $\begin{cases}x=1-y^2\\ y=x+1\end{cases}$，求得两曲线的交点 $A(0, 1)$，$B(-3, -2)$. 又显然曲线 $x=1-y^2$ 与 x 的交点为 $C(1, 0)$. 选 y 作为积分变量，则 $y\in[-2, 1]$，区间 $[y, y+\mathrm{d}y]$ 上的面积微元

$$\mathrm{d}S=[(1-y^2)-(y-1)]\mathrm{d}y=(2-y-y^2)\mathrm{d}y,$$

故所求面积　$S=\int_{-2}^1(2-y-y^2)\mathrm{d}y=\left[2y-\frac{1}{2}y^2-\frac{1}{3}y^3\right]_{-2}^1=\frac{9}{2}.$

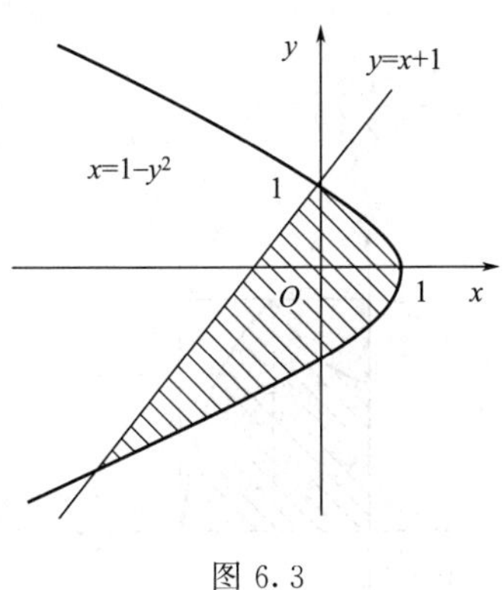

图 6.3

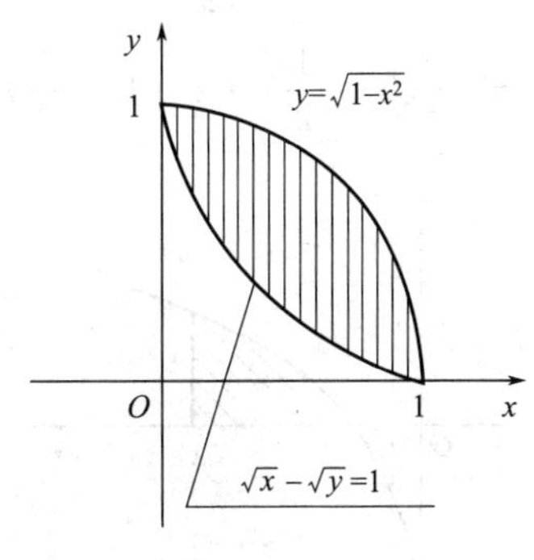

图 6.4

思考　选择 x 作为积分变量，用微元法求解.

例 6.4.4　求：(1) 曲线 $\sqrt{x}+\sqrt{y}=1$ 和 $y=\sqrt{1-x^2}$ 所围成的图形面积；(2) 该图形绕 x 轴旋转一周所得旋转体的体积.

分析　这是求曲线所围成图形的面积与绕坐标轴旋转一周所得旋转体体积的常规问题，可直接利用公式求解. 注意，利用定积分的几何意义可以简化面积的计算.

解　如图 6.4.

(1) $S=\int_0^1[\sqrt{1-x^2}-(1-\sqrt{x})^2]\mathrm{d}x=\int_0^1\sqrt{1-x^2}\,\mathrm{d}x-\int_0^1(1-2\sqrt{x}+x)\mathrm{d}x$

$$=\frac{\pi}{4}-\left[x-\frac{4}{3}x^{3/2}+\frac{1}{2}x^{2}\right]_{0}^{1}=\frac{\pi}{4}-\left(1-\frac{4}{3}+\frac{1}{2}\right)=\frac{\pi}{4}-\frac{1}{6};$$

(2) $V_x=\pi\int_0^1[(\sqrt{1-x^2})^2-(1-\sqrt{x})^4]\mathrm{d}x$

$$=\pi\int_0^1[(1-x^2)-(1-4\sqrt{x}+6x-4x\sqrt{x}+x^2)]\mathrm{d}x$$

$$=\pi\int_0^1(4\sqrt{x}-6x+4x^{3/2}-2x^2)\mathrm{d}x=\pi\left[\frac{8}{3}x^{3/2}-3x^2+\frac{8}{5}x^{5/2}-\frac{2}{3}x^3\right]_0^1$$

$$=\pi\left(\frac{8}{3}-3+\frac{8}{5}-\frac{2}{3}\right)=\frac{3}{5}\pi.$$

思考 求曲线 $\sqrt{x}+\sqrt{y}=1$ 和 $x+y=1$ 所围成的图形面积，以及该图形绕 x 轴旋转一周所得旋转体的体积.

例 6.4.5 求曲线 $y=\ln x$ 与直线 $x=\mathrm{e}^{-1}$，$x=\mathrm{e}$ 以及 x 轴所围成的图形分别绕 x 轴和 y 轴旋转一周所成的旋转体的体积.

分析 两种情况都可以应用相应的体积公式，但由于 $y=\ln x$ 在 $[\mathrm{e}^{-1},\mathrm{e}]$ 有正有负，因此用柱壳微元体积公式时应先去掉绝对值，再计算.

解 如图 6.5.

$$V_x=\pi\int_{\mathrm{e}^{-1}}^{\mathrm{e}}y^2\mathrm{d}x=\pi\int_{\mathrm{e}^{-1}}^{\mathrm{e}}\ln^2x\,\mathrm{d}x=\pi x\ln^2x\,\Big|_{\mathrm{e}^{-1}}^{\mathrm{e}}-2\pi\int_{\mathrm{e}^{-1}}^{\mathrm{e}}\ln x\,\mathrm{d}x$$

$$=\pi(\mathrm{e}-\mathrm{e}^{-1})-2\pi\left[x\ln x\,\Big|_{\mathrm{e}^{-1}}^{\mathrm{e}}-\int_{\mathrm{e}^{-1}}^{\mathrm{e}}\mathrm{d}x\right]=\pi(\mathrm{e}-\mathrm{e}^{-1})-2\pi(\mathrm{e}+\mathrm{e}^{-1})+2\pi x\,\Big|_{\mathrm{e}^{-1}}^{\mathrm{e}}$$

$$=\pi(\mathrm{e}-\mathrm{e}^{-1})-2\pi(\mathrm{e}+\mathrm{e}^{-1})+2\pi(\mathrm{e}-\mathrm{e}^{-1})=\pi(\mathrm{e}-5\mathrm{e}^{-1}).$$

$$V_y=2\pi\int_{\mathrm{e}^{-1}}^{\mathrm{e}}x\,|\,y\,|\,\mathrm{d}x=2\pi\int_{\mathrm{e}^{-1}}^{\mathrm{e}}x\,|\ln x|\,\mathrm{d}x=2\pi\left(-\int_{\mathrm{e}^{-1}}^{1}x\ln x\,\mathrm{d}x+\int_{1}^{\mathrm{e}}x\ln x\,\mathrm{d}x\right)$$

$$=\pi\left[-x^2\left(\ln x-\frac{1}{2}\right)\Big|_{\mathrm{e}^{-1}}^{1}+x^2\left(\ln x-\frac{1}{2}\right)\Big|_{1}^{\mathrm{e}}\right]$$

$$=\pi\left[-\left(0-\frac{1}{2}\right)+\mathrm{e}^2\left(1-\frac{1}{2}\right)+\mathrm{e}^{-2}\left(-1-\frac{1}{2}\right)-\left(0-\frac{1}{2}\right)\right]=\pi\left(1+\frac{1}{2}\mathrm{e}^2-\frac{3}{2}e^{-2}\right).$$

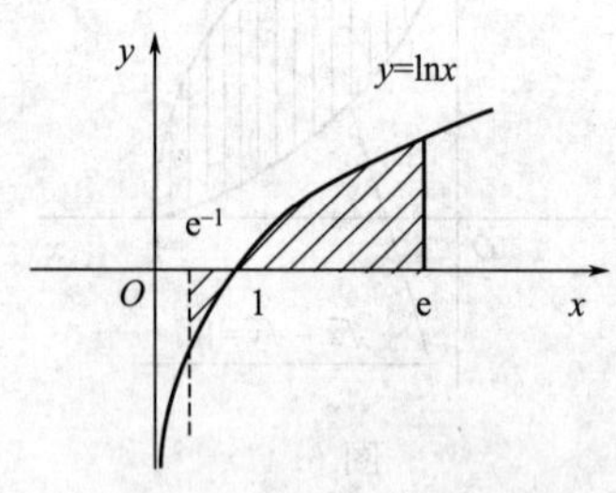

图 6.5

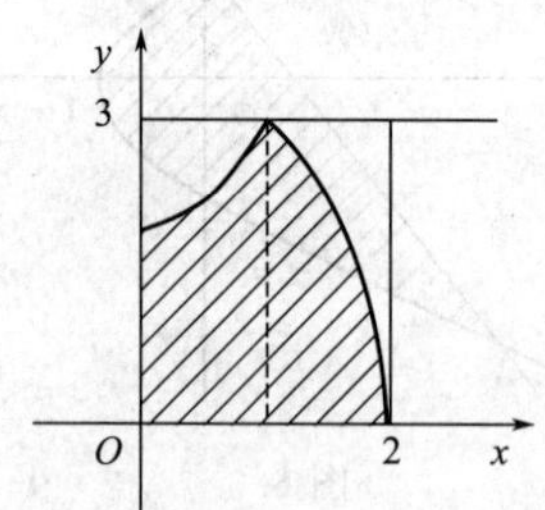

图 6.6

思考 将曲线的方程化为 $x=\mathrm{e}^y$，分别用柱壳微元体积公式和柱体微元体积公式计算曲线 $x=\mathrm{e}^y$ 与直线 $y=-1$，$y=1$ 及 y 轴围成的图形分别绕 x 轴和 y 轴旋转一周所成的旋转体的体积，并找出两体积与例题中对应体积之间的关系.

例 6.4.6 求曲线 $y=3-|x^2-1|$ 与 x 轴所围成的图形绕直线 $y=3$ 旋转所得旋转体的体积.

分析 曲线的图形关于 y 轴对称性，因此旋转体的体积等于该图形在第一象限部分绕直线 $y=3$ 旋转所得旋转体的体积的两倍．而后者可以看成是直线 $y=3$，$x=2$ 和两坐标轴所

围成的长方形及曲线 $y=3-|x^2-1|$ 与直线 $y=3$，$x=2$ 和 y 轴所围成的图形分别绕直线 $y=3$ 旋转所得旋转体的体积之差.

解　如图 6.6. 直线 $y=3$，$x=2$ 和两坐标轴所围成的长方形绕直线 $y=3$ 旋转所得旋转体的体积 $V_2=\pi\cdot 3^2\cdot 2=18\pi$；

曲线段 $y=3-|x^2-1|$ 与直线 $y=3$，$x=2$ 和 y 轴所围成的图形绕直线 $y=3$ 旋转所得旋转体的体积微元为

$dV_1=\pi[3-(3-|x^2-1|)]^2dx=\pi(x^2-1)^2dx=\pi(x^4-2x^2+1)dx$，$x:0\sim 2$，于是

$$V_1=\pi\int_0^2(x^4-2x^2+1)dx=\pi\left(\frac{1}{5}x^5-\frac{2}{3}x^3+x\right)\Bigg|_0^2=\pi\left(\frac{32}{5}-\frac{16}{3}+2\right)=\frac{46}{15}\pi,$$

故所求体积　$V=2(V_2-V_1)=2\left(18\pi-\dfrac{46}{15}\pi\right)=\dfrac{448}{15}\pi$.

思考　把曲线表示成 $y=3-|x^2-1|=\begin{cases}x^2+2, & 0\leqslant x\leqslant 1\\ 4-x^2, & 1\leqslant x\leqslant 2\end{cases}$，那么所求体积可以表示成哪两部分体积之和的两倍？试用这种方法求旋转体的体积.

第五节　反常积分

一、教学目标

理解无穷限反常积分的概念及其几何意义，会求无穷限的反常积分. 了解无界函数反常积分的概念，会求无界函数的反常积分.

二、考点题型

无穷限反常积分的计算；无界函数反常积分的计算；带参数的无穷限反常积分和无界函数反常积分敛散性的讨论.

三、例题分析

例 6.5.1　计算反常积分 $\displaystyle\int_{\frac{1}{2}}^{\frac{3}{2}}\frac{1}{\sqrt{|x-x^2|}}dx$.

分析　这是区间内含有瑕点 $x=1$ 的反常积分，且被积函数含有绝对值，应先去掉绝对值.

解　
$$\begin{aligned}
\text{原式}&=\int_{\frac{1}{2}}^{1}\frac{1}{\sqrt{x-x^2}}dx+\int_1^{3/2}\frac{1}{\sqrt{x^2-x}}dx\\
&=\int_{\frac{1}{2}}^{1}\frac{1}{\sqrt{\frac{1}{4}-\left(x-\frac{1}{2}\right)^2}}dx+\int_1^{3/2}\frac{1}{\sqrt{\left(x-\frac{1}{2}\right)^2-\frac{1}{4}}}dx\\
&=\int_{\frac{1}{2}}^{1}\frac{1}{\sqrt{1-(2x-1)^2}}d(2x-1)+\int_1^{3/2}\frac{1}{\sqrt{(2x-1)^2-1}}d(2x-1)\\
&=[\arcsin(2x-1)]_{\frac{1}{2}}^{1}+\ln[(2x-1)+\sqrt{(2x-1)^2-1}]\Big|_1^{\frac{3}{2}}\\
&=\lim_{x\to 1^-}\arcsin(2x-1)-\arcsin 0+\ln(2+\sqrt{3})\\
&\quad-\lim_{x\to 1^+}\ln[(2x-1)+\sqrt{(2x-1)^2-1}]
\end{aligned}$$

$$=\frac{\pi}{2}+\ln(2+\sqrt{3}).$$

思考 计算反常积分 $\int_{-1}^{\frac{1}{2}}\frac{1}{\sqrt{|x-x^2|}}dx$，$\int_{-1}^{\frac{3}{2}}\frac{1}{\sqrt{|x-x^2|}}dx$.

注 因为两函数 $\arcsin(2x-1)$，$\ln[(2x-1)+\sqrt{(2x-1)^2-1}]$ 在 $x=1$ 均连续，所以解答过程中的两个极限可以用两个相应的函数值代替，从而简化求解的过程.

例 6.5.2 计算反常积分 $\int_2^6\frac{1}{(6-x)\sqrt{x-2}}dx$.

分析 因为 $x=2$，6 都是被积函数的瑕点，故该积分是两端点均为无界函数的反常积分. 解题方法与一端点为无界函数的反常积分是一样的.

解 令 $\sqrt{x-2}=t$，则 $x=t^2+2$，$dx=2t\,dt$，且当 $x:2\sim6$ 时，$t:0\sim2$. 于是

$$原式=\int_0^2\frac{2t}{t(4-t^2)}dt=\int_0^2\frac{2}{4-t^2}dt=\frac{1}{2}\int_0^2\left(\frac{1}{2-t}+\frac{1}{2+t}\right)dt$$

$$=\frac{1}{2}\left[\ln\left|\frac{2+t}{2-t}\right|\right]_0^2=\frac{1}{2}\lim_{t\to2^-}\ln\left|\frac{2+t}{2-t}\right|=+\infty,$$

故反常积分 $\int_2^{+\infty}\frac{1}{(6-x)\sqrt{x-2}}dx$ 发散.

思考 若反常积分为 $\int_2^6\frac{1}{\sqrt{6-x}\sqrt{x-2}}dx$，结果如何？为 $\int_2^6\frac{1}{(3-x)\sqrt{x-2}}dx$ 或 $\int_2^3\frac{1}{\sqrt{3-x}\sqrt{x-2}}dx$ 呢？

例 6.5.3 计算反常积分 $\int_2^{+\infty}\frac{1}{(7+x)\sqrt{x-2}}dx$.

分析 因为 $x=2$ 是被积函数的瑕点，故该积分是无界函数与无穷区间的混合型反常积分. 被积函数是无理函数，用换元法转化成有理函数的积分.

解 令 $\sqrt{x-2}=t$，则 $x=t^2+2$，$dx=2t\,dt$，且当 $x:2\sim+\infty$ 时，$t:0\sim+\infty$. 于是

$$\int_2^{+\infty}\frac{1}{(7+x)\sqrt{x-2}}dx=\int_0^{+\infty}\frac{2t}{t(9+t^2)}dt=\int_0^{+\infty}\frac{2}{9+t^2}dt=\frac{2}{3}\left[\arctan\frac{t}{3}\right]_0^{+\infty}$$

$$=\frac{2}{3}\left(\lim_{t\to+\infty}\arctan\frac{t}{3}-\lim_{t\to0^+}\arctan\frac{t}{3}\right)=\frac{2}{3}\left(\frac{\pi}{2}-0\right)=\frac{\pi}{3}.$$

思考 尝试用替换 $\sqrt{x-2}=\frac{1}{t}$ 求解.

例 6.5.4 计算反常积分 $\int_{-\infty}^0\frac{\arctan x}{x^2}dx$.

分析 因为 $x=0$ 是被积函数的瑕点，故该积分是无界函数与无穷区间的混合型反常积分. 被积函数是反三角函数与幂函数之积，应用分部积分，凑幂函数.

解 $原式=-\int_{-\infty}^0\arctan x\,d\left(\frac{1}{x}\right)=-\left[\frac{1}{x}\arctan x\right]_{-\infty}^0+\int_{-\infty}^0\frac{1}{x}d(\arctan x)$

$$=\lim_{x\to-\infty}\frac{\arctan x}{x}-\lim_{x\to0^-}\frac{\arctan x}{x}+\int_{-\infty}^0\frac{1}{x(1+x^2)}dx$$

$$=0-\lim_{x\to0^-}\frac{1}{1+x^2}+\int_{-\infty}^0\left(\frac{1}{x}-\frac{x}{1+x^2}\right)dx=-1+\frac{1}{2}\left[\ln\frac{x^2}{1+x^2}\right]_{-\infty}^0$$

$$=-1+\frac{1}{2}\left[\lim_{x\to 0^-}\ln\frac{x^2}{1+x^2}-\lim_{x\to-\infty}\ln\frac{x^2}{1+x^2}\right]=-1+\frac{1}{2}\lim_{x\to 0^-}\ln\frac{x^2}{1+x^2}.$$

因为 $\lim\limits_{x\to 0^-}\ln\dfrac{x^2}{1+x^2}=-\infty$，故反常积分 $\int_{-\infty}^{0}\dfrac{\arctan x}{x^2}dx$ 发散.

思考　将该反常积分分解成无穷区间的反常积分与无界函数的反常积分的和，判断这两个反常积分的敛散性，并指出该该反常积分发散是由什么引起的.

例 6.5.5　计算反常积分 $I=\int_0^{\frac{\pi}{2}}\ln\sin x\,dx$.

分析　直接求出被积函数的原函数较难，根据正弦函数的特性及诱导公式，多次用换元法求解.

解　令 $x=\dfrac{\pi}{2}-u$，则 $dx=-du$，且当 $x:0\sim\dfrac{\pi}{2}$ 时，$u:\dfrac{\pi}{2}\sim 0$. 于是

$$I=-\int_{\frac{\pi}{2}}^{0}\ln\sin\left(\frac{\pi}{2}-u\right)du=\int_0^{\frac{\pi}{2}}\ln\cos u\,du=\int_0^{\frac{\pi}{2}}\ln\cos x\,dx,$$

所以
$$I=\frac{1}{2}\left(\int_0^{\frac{\pi}{2}}\ln\sin x\,dx+\int_0^{\frac{\pi}{2}}\ln\cos x\,dx\right)=\frac{1}{2}\int_0^{\frac{\pi}{2}}\ln\sin x\cos x\,dx=\frac{1}{2}\int_0^{\frac{\pi}{2}}\ln\frac{\sin 2x}{2}dx$$
$$=\frac{1}{2}\int_0^{\frac{\pi}{2}}\ln\sin 2x\,dx-\frac{1}{2}\int_0^{\frac{\pi}{2}}\ln 2\,dx=\frac{1}{2}\int_0^{\frac{\pi}{2}}\ln\sin 2x\,dx-\frac{\pi}{4}\ln 2$$
$$=\frac{1}{4}\int_0^{\frac{\pi}{2}}\ln\sin 2x\,d(2x)-\frac{\pi}{4}\ln 2=\frac{1}{4}\int_0^{\pi}\ln\sin t\,dt-\frac{\pi}{4}\ln 2$$
$$=\frac{1}{4}\int_0^{\frac{\pi}{2}}\ln\sin t\,dt+\frac{1}{4}\int_{\frac{\pi}{2}}^{\pi}\ln\sin t\,dt-\frac{\pi}{4}\ln 2=\frac{1}{4}I+\frac{1}{4}\int_{\frac{\pi}{2}}^{\pi}\ln\sin t\,dt-\frac{\pi}{4}\ln 2.$$

又令 $t=\pi-v$，则 $dx=-dv$，且当 $t:\dfrac{\pi}{2}\sim\pi$ 时，$v:\dfrac{\pi}{2}\sim 0$. 于是

$$\int_{\frac{\pi}{2}}^{\pi}\ln\sin t\,dt=-\int_{\frac{\pi}{2}}^{0}\ln\sin(\pi-v)dv=\int_0^{\frac{\pi}{2}}\ln\sin v\,dv=I,$$

所以
$$I=\frac{1}{4}I+\frac{1}{4}I-\frac{\pi}{4}\ln 2\Rightarrow I=-\frac{\pi}{2}\ln 2.$$

思考　若反常积分为 $I=\int_0^{\frac{\pi}{2}}\ln\cos x\,dx$，结果如何？若为 $I=\int_0^{\frac{\pi}{2}}\ln\sin x\,dx+\int_0^{\frac{\pi}{2}}\ln\cos x\,dx$ 呢？

例 6.5.6　讨论反常积分 $I_\alpha=\int_2^{+\infty}\dfrac{1}{x(\ln x)^\alpha}dx\,(\alpha>0)$ 的敛散性.

分析　这是无穷限的反常积分，被积函数是幂函数与对数函数之积，除 $\alpha=1$ 外，应用分部积分求其原函数.

解　当 $\alpha=1$ 时，由于

$$I_1=\int_2^{+\infty}\frac{1}{x\ln x}dx=\int_2^{+\infty}\frac{1}{\ln x}d(\ln x)=\ln\ln x\Big]_2^{+\infty}=+\infty,$$

反常积分发散；

当 $\alpha\neq 1$ 时，

$$I_\alpha=\int_2^{+\infty}(\ln x)^{-\alpha}d(\ln x)=\frac{1}{1-\alpha}(\ln x)^{1-\alpha}\Big|_2^{+\infty}=\frac{(\ln 2)^{1-\alpha}}{\alpha-1}+\frac{1}{1-\alpha}\lim_{x\to+\infty}(\ln x)^{1-\alpha},$$

于是当 $\alpha>1$ 时，$I_\alpha=\dfrac{(\ln 2)^{1-\alpha}}{\alpha-1}$，反常积分收敛；当 $\alpha<1$ 时，$I_\alpha=+\infty$，反常积分发散.

综上所述，当 $\alpha>1$ 时，反常积分收敛，且 $I_\alpha=\int_2^{+\infty}\frac{1}{x(\ln x)^\alpha}\mathrm{d}x=\frac{(\ln 2)^{1-\alpha}}{\alpha-1}$；当 $\alpha\leqslant 1$ 时反常积分 $I_\alpha=\int_2^{+\infty}\frac{1}{x(\ln x)^\alpha}\mathrm{d}x\ (\alpha>0)$ 发散.

思考 若反常积分为 $I_\alpha=\int_0^1\frac{1}{x(\ln x)^\alpha}\mathrm{d}x\ (\alpha>0)$，结果如何？

第六节 习题课

例 6.6.1 已知 $\lim\limits_{x\to 0}\frac{1}{bx-\sin x}\int_0^x\frac{t^2}{\sqrt{a+t}}\mathrm{d}t=1$，求 a，b 的值.

分析 等式左边的极限是含积分上限函数的 $\frac{0}{0}$ 的极限，故可由洛必达法则求其极限.

解 因为
$$\lim_{x\to 0}\frac{1}{bx-\sin x}\int_0^x\frac{t^2\mathrm{d}t}{\sqrt{a+t}}=\lim_{x\to 0}\frac{\frac{x^2}{\sqrt{a+x}}}{b-\cos x}=1.$$

由于 $\lim\limits_{x\to 0}\frac{x^2}{\sqrt{a+x}}=0$，所以 $\lim\limits_{x\to 0}(b-\cos x)=0$，从而 $b=1$. 故
$$\lim_{x\to 0}\frac{\frac{x^2}{\sqrt{a+x}}}{b-\cos x}=\lim_{x\to 0}\frac{1}{\sqrt{a+x}}\lim_{x\to 0}\frac{x^2}{1-\cos x}=\frac{2}{\sqrt{a}}=1,\quad a=4.$$

思考 若 $\lim\limits_{x\to 0}\frac{1}{bx+\sin x}\int_0^x\frac{t^2}{\sqrt{a+t}}\mathrm{d}t=1$，结果如何？为 $\lim\limits_{x\to 0}\frac{1}{bx+\sin x}\int_0^x\frac{t^2}{\sqrt{a-t}}\mathrm{d}t=1$ 呢？

例 6.6.2 设 $f(x)$ 有连续的导数，且 $f(0)=0$，$F(x)=\begin{cases}\frac{1}{x^2}\int_0^x tf(t)\mathrm{d}t, & x\neq 0\\ C, & x=0\end{cases}$，试确定 C，使 $F(x)$ 连续；求出 $F'(x)$ 的表达式，并问此时，$F'(x)$ 是否连续.

分析 这是含有上限函数的分段函数的连续性和可导性问题，只能用连续和可导的定义讨论分段点处的有关问题.

解 因为 $\lim\limits_{x\to 0}F(x)=\lim\limits_{x\to 0}\frac{\int_0^x tf(t)\mathrm{d}t}{x^2}=\lim\limits_{x\to 0}\frac{xf(x)}{2x}=\frac{1}{2}f(0)=0$，又 $F(0)=C$，所以当 $C=0$ 时，$F(x)$ 连续.

又
$$F'(0)=\lim_{x\to 0}\frac{F(x)-F(0)}{x}=\lim_{x\to 0}\frac{\int_0^x tf(t)\mathrm{d}t}{x^3}=\lim_{x\to 0}\frac{f(x)}{3x}=\frac{f'(0)}{3},$$

而当 $x\neq 0$ 时，$F'(x)=\frac{x^2f(x)-2\int_0^x tf(t)\mathrm{d}t}{x^3}$ 连续，且
$$\lim_{x\to 0}F'(x)=\lim_{x\to 0}\frac{2xf(x)+x^2f'(x)-2xf(x)}{3x^2}=\frac{f'(0)}{3},$$

从而 $\lim\limits_{x\to 0}F'(x)=F'(0)$，故当 $x=0$ 时，$F'(x)$ 也连续. 所以 $F'(x)$ 在定义域内均连续.

思考 若 $F(x)=\begin{cases}\frac{1}{x}\int_0^x f(t)\mathrm{d}t, & x\neq 0\\ C, & x=0\end{cases}$，结果如何？为 $F(x)=\begin{cases}\frac{1}{x^2}\int_0^{x^2} f(t)\mathrm{d}t, & x\neq 0\\ C, & x=0\end{cases}$ 呢？

例 6.6.3　设 $f(x)$ 是连续函数，$\phi(x)=\int_0^x f(t)\mathrm{d}t$. 证明：若 $f(x)$ 是奇函数，则 $\phi(x)$ 是偶函数；若 $f(x)$ 是偶函数，则 $\phi(x)$ 是奇函数.

分析　因为 $\phi(-x)=\int_0^{-x} f(u)\mathrm{d}u$，因此根据奇偶函数的定义，要把积分上限中的 $-x$，变换成 x，用换元法.

证明　令 $u=-v$，则 $\mathrm{d}u=-\mathrm{d}v$，且当 $u=0$ 时，$v=0$；当 $u=-x$ 时，$v=x$，于是

$$\phi(-x)=\int_0^{-x} f(u)\mathrm{d}u=\int_0^x f(-v)(-\mathrm{d}v)=-\int_0^x f(-v)\mathrm{d}v.$$

故当 $f(x)$ 是奇函数时，$f(-v)=-f(v)$，因此

$$\phi(-x)=\int_0^x f(v)\mathrm{d}v=\int_0^x f(u)\mathrm{d}u=\phi(x),$$

即 $\phi(x)$ 是偶函数；当 $f(x)$ 是偶函数时，$f(-v)=f(v)$，从而

$$\phi(-x)=-\int_0^x f(v)\mathrm{d}v=-\int_0^x f(u)\mathrm{d}u=-\phi(x),$$

即 $\phi(x)$ 是奇函数.

思考　(i) 若 $\phi(x)=\int_0^{2x} f(t)\mathrm{d}t$ 或 $\phi(x)=\int_0^{-x} f(t)\mathrm{d}t$，本题结论还成立吗？(ii) 若 $\Phi(x)=\int_0^{x^2} f(t)\mathrm{d}t$，结论如何？

例 6.6.4　证明：$\int_0^1 x^m(1-x)^n\mathrm{d}x=\int_0^1 x^n(1-x)^m\mathrm{d}x$，并求此积分的值.

分析　两被积函数中 x 和 $1-x$ 的次数正好互置，应用换元法证明；注意到积分变量 x 及 $1-x$ 均在 $[0, 1]$ 上变化，包含在正余弦函数的值域 $[-1, 1]$ 之内，因此可以转化成正余弦函数的积分来求.

证明　令 $x=1-t$，则 $\mathrm{d}x=-\mathrm{d}t$，且当 $x:0\sim1$ 时，$t:1\sim0$. 于是

$$\int_0^1 x^m(1-x)^n\mathrm{d}x=\int_1^0(1-t)^m t^n(-\mathrm{d}t)=\int_0^1(1-t)^m t^n\mathrm{d}t=\int_0^1 x^n(1-x)^m\mathrm{d}x.$$

又令 $x=\sin^2 t$，$t\in[0, \pi]$，则 $\mathrm{d}x=2\sin t\cos t\mathrm{d}t$，且当 $x:0\sim1$ 时，$t:0\sim\frac{\pi}{2}$. 于是

$$\begin{aligned}
\int_0^1 x^m(1-x)^n\mathrm{d}x&=\int_0^{\frac{\pi}{2}}\sin^{2m}t(1-\sin^2 t)^n 2\sin t\cos t\mathrm{d}t=2\int_0^{\frac{\pi}{2}}\sin^{2m+1}t(1-\sin^2 t)^n\cos t\mathrm{d}t\\
&=2\int_0^{\frac{\pi}{2}}\sin^{2m+1}t\cdot\sum_{k=0}^n(-1)^k C_n^k\cdot1^{n-k}\cdot\sin^{2k}t\cos t\mathrm{d}t\\
&=2\sum_{k=0}^n(-1)^k C_n^k\int_0^{\frac{\pi}{2}}\sin^{2m+2k+1}t\mathrm{d}(\sin t)\\
&=2\sum_{k=0}^n(-1)^k C_n^k\left.\frac{\sin^{2m+2k+1}t}{2m+2k+2}\right|_0^{\frac{\pi}{2}}=\sum_{k=0}^n\frac{(-1)^k C_n^k}{m+k+1}.
\end{aligned}$$

思考　尝试用其他三角函数替换，例如令 $x=\cos^2 t$，$t\in[0, \pi]$ 求解.

例 6.6.5　计算定积分 $I=\int_{\mathrm{e}}^{\mathrm{e}^2}\sin\ln x\mathrm{d}x$.

分析　三角函数与对数函数的复合函数的积分，多次应用分部积分，可产生循环.

解　$I=[x\sin\ln x]_{\mathrm{e}}^{\mathrm{e}^2}-\int_{\mathrm{e}}^{\mathrm{e}^2}x\cos\ln x\cdot\frac{1}{x}\mathrm{d}x=\mathrm{e}^2\sin2-\mathrm{e}\sin1-\int_{\mathrm{e}}^{\mathrm{e}^2}\cos\ln x\mathrm{d}x$

$$=\mathrm{e}^2\sin2-\mathrm{e}\sin1-[x\cos\ln x]_{\mathrm{e}}^{\mathrm{e}^2}-\int_{\mathrm{e}}^{\mathrm{e}^2}x\sin\ln x\cdot\frac{1}{x}\mathrm{d}x$$

$$=e^2\sin 2-e\sin 1-e^2\cos 2+e\cos 1-\int_e^{e^2}\sin\ln x\,dx$$

$$=e^2(\sin 2-\cos 2)-e(\sin 1-\cos 1)-I.$$

所以 $$I=\frac{1}{2}e[e(\sin 2-\cos 2)-(\sin 1-\cos 1)].$$

思考 尝试先用换元法，即令 $x=e^t$，将该积分转化成指数函数与三角函数之积的积分来求解.

例 6.6.6 计算定积分 $\int_{e^{-1}}^{e}\frac{|\ln x|}{\sqrt{x}}dx$.

分析 首先，被积函数中含有绝对值，可找出其零点，用定积分对区间的可加性去掉绝对值；其次，联想到幂函数与对数函数之积的积分，可能尝试取 $u=\ln x$.

解 原式 $$=-\int_{e^{-1}}^{1}\frac{\ln x}{\sqrt{x}}dx+\int_1^e\frac{\ln x}{\sqrt{x}}dx=-2\int_{e^{-1}}^{1}\ln x\,d\sqrt{x}+2\int_1^e\ln x\,d\sqrt{x}$$

$$=-2\left(\sqrt{x}\ln x\,\Big|_{e^{-1}}^{1}-\int_{e^{-1}}^{1}\sqrt{x}\,d\ln x\right)+2\left(\sqrt{x}\ln x\,\Big|_1^e-\int_1^e\sqrt{x}\,d\ln x\right)$$

$$=-2e^{-1/2}+2\int_{e^{-1}}^{1}\frac{\sqrt{x}}{x}dx+2e^{1/2}-2\int_1^e\frac{\sqrt{x}}{x}dx$$

$$=-2e^{-1/2}+4\sqrt{x}\,\Big|_{e^{-1}}^{1}+2e^{1/2}-4\sqrt{x}\,\Big|_1^e=8-6e^{-1/2}-2e^{1/2}.$$

思考 若积分为 $\int_{e^{-1}}^{e}\sqrt{x}\,|\ln x|\,dx$，结果如何？为 $\int_{e^{-1}}^{e}\frac{|\ln x|}{\sqrt[3]{x}}dx$ 或 $\int_{e^{-1}}^{e}\sqrt[3]{x}\,|\ln x|\,dx$ 呢？

例 6.6.7 计算反常积分 $\int_0^1 x^2\sqrt{\frac{x}{1-x}}dx$.

分析 注意到 $x+(1-x)=1$，并根据三角形公式 $\sin^2 t+\cos^2 t=1$，用三角替换 $x=\sin^2 t$ 或 $x=\cos^2 t$ 可转化成三角函数的积分.

解 令 $x=\sin^2 t$，则

$$\text{原式}=\lim_{\varepsilon\to 0^+}\int_0^{1-\varepsilon}x^2\sqrt{\frac{x}{1-x}}dx=\lim_{\varepsilon\to 0^+}\int_0^{\arcsin\sqrt{1-\varepsilon}}\sin^4 t\cdot\frac{\sin t}{\cos t}\cdot 2\sin t\cos t\,dt$$

$$=2\int_0^{\frac{\pi}{2}}\sin^6 t\,dt=2\cdot\frac{5\cdot 3\cdot 1}{6\cdot 4\cdot 2}\cdot\frac{\pi}{2}=\frac{5}{16}\pi.$$

思考 若反常积分为 $\int_0^1 x^3\sqrt{\frac{x}{1-x}}dx$，结果如何？为 $\int_0^1 x^2\sqrt{\frac{1-x}{x}}dx$ 呢？

1. 将区间 [0，1] 均匀地分成 n 个小区间 $\Delta x_i =$ __________ $(i=1, 2, \cdots, n)$，取每个小区间左侧的三分之一分点为 ξ_i，则函数 $f(x)=x$ 在 [0，1] 上的积分和式 $\sum\limits_{i=1}^{n} f(\xi_i)\Delta x_i =$ __________，于是定积分 $\int_0^1 f(x)\mathrm{d}x = \lim\limits_{n\to\infty}\sum\limits_{i=1}^{n} f(\xi_i)\Delta x_i =$ __________.

2. 利用积分中值定理求极限 $\lim\limits_{n\to\infty}\int_n^{n+p} \dfrac{\sin x}{x}\mathrm{d}x =$ __________.

3. 设 $f(x)$ 为连续函数，曲线 $y=f(x)$ 与 x 轴围成三块图形的面积分别是 s_1，s_2，s_3，其中面积为 s_1，s_3 的图形在 x 轴的下方，面积为 s_2 的图形在 x 轴的上方，已知 $s_1-2s_2=-q$，$s_2+s_3=p$ $(p\neq q, p, q>0)$，则 $\int_a^b f(x)\mathrm{d}x =$ (　　).

A. $p+q$；　　B. $p-q$；　　C. $q-p$；　　D. $-p-q$.

4. 设 $\lim\limits_{n\to\infty}\left(\dfrac{1}{n+1}+\dfrac{1}{n+2}+\cdots+\dfrac{1}{n+n}\right)$，则下列各定积分与此极限不相等的是 (　　).

A. $\int_0^1 \dfrac{1}{x}\mathrm{d}x$；　　B. $\int_1^2 \dfrac{1}{x}\mathrm{d}x$；　　C. $\int_0^1 \dfrac{1}{1+x}\mathrm{d}x$；　　D. $\int_2^3 \dfrac{1}{x-1}\mathrm{d}x$.

5. 利用定积分的性质，估计积分 $\int_1^4 (x^2+1)\mathrm{d}x$ 的值.

6. 利用定积分的性质，比较下列积分的大小：

$$I_1=\int_1^2[1-\ln x]\mathrm{d}x\text{；}I_2=\int_1^2[1-\ln x]^2\mathrm{d}x.$$

7. 利用定积分的性质，证明：$\int_0^1 \mathrm{e}^x\mathrm{d}x > \int_0^1 (1+x+x^2/2)\mathrm{d}x$.

1. 设 $F(x)=\int_{\sqrt{x}}^{2}\mathrm{e}^{t^2}\mathrm{d}t$，则 $F'(x)=$＿＿＿＿＿＿.

2. 设 $f(x)$ 在 $[a,b](b>a\geqslant 0)$ 上连续，且在 $[a,b]$ 上 $F'(x)=f(x)$，则 $\int_{\sqrt{a}}^{\sqrt{b}}xf(x^2)\mathrm{d}x=$＿＿＿＿＿＿.

3. 设 $f(x)$ 可导，且 $f(x)=1+\frac{1}{x}\int_1^x f(t)\mathrm{d}t$，则 $f'(x)=$（　　）.

A. $-\frac{1}{x^2}\int_1^x f(t)\mathrm{d}t$；　B. $\frac{1}{x}f(x)$；　C. $\frac{1}{x}$；　D. $\frac{f(x)}{x}-\int_1^x \frac{1}{t^2}f(t)\mathrm{d}t$.

4. 设 $f(x)=\int_0^{\sin x}\sin 2t\,\mathrm{d}t$，$g(x)=\int_0^{2x}\ln(1+t)\mathrm{d}t$，则当 $x\to 0$ 时，$f(x)$ 与 $g(x)$ 相比较是（　　）.

A. 等价无穷小；　B. 同阶但非等价无穷小；　C. 高阶无穷小；　D. 低阶无穷小.

5. 求极限：$\lim\limits_{x\to 0}\dfrac{\int_0^{x^2}\sin^{3/2}t\,\mathrm{d}t}{\int_x^0 t(t-\sin t)\,\mathrm{d}t}$.

6. 求定积分 $\int_0^{\sqrt{3}a}\dfrac{\mathrm{d}x}{a^2+x^2}$.

7. 求定积分 $\int_0^2 f(x)\mathrm{d}x$ ，其中 $f(x)=\begin{cases}x+1, & x\leqslant 1\\ x^2, & x>1\end{cases}$.

1. 定积分 $\int_{-\pi/2}^{\pi/2}(x^5+\sin^2 x)\cos^2 x\,dx=$＿＿＿＿＿＿.

2. 定积分 $\int_0^{\frac{\pi}{2}} x\cos x\,dx=$＿＿＿＿＿＿.

3. 设 $f(x)$ 在 $[-t,\ t]$ 上连续，则 $\int_{-t}^{t} f(-x)dx=$(　　).

A. 0；　　B. $2\int_0^t f(x)dx$；

C. $\int_{-t}^{t} f(x)dx$；　　D. $-\int_{-t}^{t} f(x)dx$.

4. 定积分 $\int_1^2 \frac{\sqrt{4-x^2}}{x^2}dx=$(　　).

A. $\sqrt{3}-\frac{\pi}{3}$；　　B. $\sqrt{3}+\frac{\pi}{3}$；

C. $-\sqrt{3}-\frac{\pi}{3}$；　　D. $-\sqrt{3}+\frac{\pi}{3}$.

5. 求定积分 $\int_0^{2\pi}\sqrt{\sin^2 x-\sin^4 x}\,\mathrm{d}x$.

6. 求定积分 $\int_1^3 \frac{\arctan\sqrt{x}}{\sqrt{x}+\sqrt{x^3}}\mathrm{d}x$.

7. 设 $f(x)=\begin{cases}\frac{1}{1+x}, & x\geqslant 0\\ \frac{1}{1+\mathrm{e}^{-x}}, & x<0\end{cases}$，求 $\int_0^2 f(x-1)\mathrm{d}x$.

1. 曲线 $y=x$ 与 $y=x^2$ 所围成图形的面积 $A=$＿＿＿＿＿＿.

2. 由抛物线 $y^2=x-1$，直线 $y=2$ 及 x 轴，y 轴所围图形绕 x 轴旋转一周所得的立体体积 $V_x=$＿＿＿＿＿＿；绕 y 轴旋转一周所得的立体体积为 $V_y=$＿＿＿＿＿＿.

3. 曲线 $y=x^2$，$y=x^3$ 所围成的图形绕 y 轴旋转一周所得的立体体积为（　　）.

A. $\pi/10$；　B. $\pi/5$；　C. $2\pi/5$；　D. $\pi/2$；

4. 曲线 $y=\ln(2-x)$ 与两坐标轴所围成图形面积为（　　）.

A. $2\ln2-1$；　B. $3\ln3-1$；　C. 2；　D. $3\ln3-2$.

5. 计算由摆线 $x=a(t-\sin t)$，$y=a(1-\cos t)(0\leqslant t\leqslant 2\pi)$ 一拱与横轴所围成图形的面积.

6. 求 $y=\sin x(0\leqslant x\leqslant \pi)$ 分别绕 x 轴旋转一周所成的旋转体体积.

7. 求抛物线 $y^2=2px$ 及其在点 $(p/2, p)$ 处法线所围成的图形的面积.

1. 极限 $\lim\limits_{n\to\infty}\sum\limits_{k=1}^{n}\frac{k}{n^2}\ln\frac{k}{n}=$ ＿＿＿＿＿.

2. 反常积分 $\int_{-\infty}^{+\infty}\frac{1}{x^2+2x+2}\mathrm{d}x=$ ＿＿＿＿＿.

3. 反常积分 $\int_{0}^{+\infty}\frac{\mathrm{e}^x}{(1+\mathrm{e}^x)^2}\mathrm{d}x=$（　　）.

A. $\frac{1}{2}$；　　B. 1；　　C. 2；　　D. $+\infty$.

4. 反常积分 $\int_{0}^{1}\frac{1}{\sqrt{x(1-x)}}\mathrm{d}x=$（　　）.

A. $\pi/3$；　　B. $\pi/2$；　　C. π；　　D. ∞.

5. 求反常积分 $\int_0^3 \frac{1}{\sqrt{x}(1+x)}\mathrm{d}x$.

6. 求反常积分 $\int_1^2 \frac{x\,\mathrm{d}x}{\sqrt{x-1}}$.

7. 讨论反常积分 $I_k=\int_0^{+\infty} x\mathrm{e}^{kx}\,\mathrm{d}x$ 的敛散性.

1. 定积分 $\int_{-1}^{1}(x+\sqrt{4-x^2})^2\mathrm{d}x=$______.

2. 已知 $f(x)$ 为连续函数，且 $f(x)=x+2\int_0^1 f(x)\mathrm{d}x$，则 $f(x)=$______.

3. 函数 $y=\int_0^{x^2}(1+t)\arctan t\,\mathrm{d}t$ 的极小值是（　　）.

A. -1；　　B. 0；　　C. 1；　　D. 2.

4. 定积分 $\int_0^{\frac{\pi}{2}}\frac{\sin x+\sin 2x}{\tan x}\mathrm{d}x=$（　　）.

A. -1；　　B. 1；　　C. $1+\frac{\pi}{2}$；　　D. $1-\frac{\pi}{2}$.

5. 求定积分 $\int_{e^{-2}}^{e^2} \sqrt{x}\,|\ln x|\,\mathrm{d}x$.

6. 设 $F(x)=\begin{cases}\dfrac{1}{x^2}\displaystyle\int_0^x tf(t)\mathrm{d}t, & x\neq 0\\ C, & x=0\end{cases}$，其中 $f(x)$ 有连续的导数，且 $f(0)=2$. 试确定 C，使 $F(x)$ 连续.

7. 设 $I=\int_0^{\pi/2}\dfrac{\sin x}{\sin x+\cos x}\mathrm{d}x$，$J=\int_0^{\pi/2}\dfrac{\cos x}{\sin x+\cos x}\mathrm{d}x$，证明：$I=J$ 并求 I，J 的值.

第七章　无穷级数教学同步指导与训练

第一节　无穷级数的概念与性质

一、教学目标

理解常数项级数的基本概念，级数收敛、发散与数列收敛、发散之间的关系．掌握常数项级数的性质和常数项级数收敛的必要条件．

二、考点题型

级数敛散性的判断——级数概念与性质的利用；级数敛散性的判断*——几何级数和级数收敛必要条件的利用．

三、例题分析

例 7.1.1　讨论级数 $a^{-2}-a^{-4}+a^{-6}-a^{-8}+\cdots+(-1)^{n-1}a^{-2n}+\cdots$ 的敛散性．

分析　这是几何级数敛散性问题．其敛散性取决于公比，和取决于首项和公比，都有现成结论可以套用．

解　首项 $u_1=a^{-2}$，通项 $u_n=(-1)^{n+1}a^{-2n}$，公比 $r=\dfrac{u_{n+1}}{u_n}=\dfrac{(-1)^{n+2}a^{-2(n+1)}}{(-1)^{n+1}a^{-2n}}=-a^{-2}$，故由几何级数的敛散性可知，当 $|r|=a^{-2}<1$，即 $|a|>1$ 时，级数收敛，且其和 $s=\dfrac{a^{-2}}{1-(-a^{-2})}=\dfrac{1}{1+a^2}$；当 $|r|=a^{-2}\geqslant 1$，即 $|a|\leqslant 1$ 时，级数发散．

思考　若级数为 $1-a^{-2}+a^{-4}-a^{-6}+a^{-8}-\cdots+(-1)^{n-1}a^{-2(n-1)}+\cdots$，结果如何？为 $a^{-3}-a^{-6}+a^{-9}-a^{-12}+\cdots+(-1)^{n-1}a^{-3n}+\cdots$ 或 $1-a^{-3}+a^{-6}-a^{-9}+a^{-12}-\cdots+(-1)^{n-1}a^{-3(n-1)}+\cdots$ 呢？

例 7.1.2　根据定义证明级数 $\dfrac{1}{2}+\dfrac{3}{2^2}+\dfrac{5}{2^3}+\cdots+\dfrac{2n-1}{2^n}+\cdots$ 收敛，并求其和．

分析　只需证明其前 n 项和数列 $\{s_n\}$ 极限存在．先利用等差比数列的性质将 s_n 转化成有限项的和，再求其极限即可．

证明　因为

$$s_n=\frac{1}{2}+\frac{3}{2^2}+\frac{5}{2^3}+\cdots+\frac{2n-1}{2^n},$$

于是

$$\frac{1}{2}s_n=\frac{1}{2^2}+\frac{3}{2^3}+\frac{5}{2^4}+\cdots+\frac{2n-1}{2^{n+1}},$$

两式相减，得

$$\frac{1}{2}s_n=\frac{1}{2}+\frac{2}{2^2}+\frac{2}{2^3}+\cdots+\frac{2}{2^n}-\frac{2n-1}{2^{n+1}}=\frac{1}{2}\left(1+1+\frac{1}{2}+\cdots+\frac{1}{2^{n-2}}-\frac{2n-1}{2^n}\right)$$

$$=\frac{1}{2}\left(1+\frac{1-\frac{1}{2^{n-1}}}{1-\frac{1}{2}}-\frac{2n-1}{2^n}\right)=\frac{1}{2}\left(3-\frac{1}{2^{n-2}}-\frac{2n-1}{2^n}\right),$$

故 $\lim\limits_{n\to\infty}s_n=\lim\limits_{n\to\infty}\left(3-\dfrac{1}{2^{n-1}}-\dfrac{2n-1}{2^n}\right)=3$，所以级数收敛，且其和 $s=3$．

思考 (i) 若级数为 $\frac{1}{2}-\frac{3}{2^2}+\frac{5}{2^3}-\cdots+(-1)^{n-1}\frac{2n-1}{2^n}+\cdots$ 或 $\frac{1}{3}+\frac{3}{3^2}+\frac{5}{3^3}+\cdots+\frac{2n-1}{3^n}+\cdots$，结果如何？(ii) 若级数 $\frac{1}{a}+\frac{3}{a^2}+\frac{5}{a^3}+\cdots+\frac{2n-1}{a^n}+\cdots$ 收敛，求 a 的范围.

例 7.1.3 判断级数 $\frac{1}{2}+\frac{1}{3}+\frac{1}{4}+\frac{1}{3^2}+\frac{1}{6}+\frac{1}{3^3}+\cdots+\frac{1}{2n}+\frac{1}{3^n}+\cdots$ 的敛散性.

分析 观察级数的通项，发现其奇、偶项是有规律的，因此应分别考察其奇、偶项分别组成的级数的敛散性，并根据级数的性质作出级数是否收敛的判断.

解 将级数每相邻两项加括号得到的新级数为 $\sum_{n=1}^{\infty}\left(\frac{1}{2n}+\frac{1}{3^n}\right)$，因此该级数可以看成是两级数 $\sum_{n=1}^{\infty}\frac{1}{2n}$，$\sum_{n=1}^{\infty}\frac{1}{3^n}$ 的和.

因为 $\sum_{n=1}^{\infty}\frac{1}{2n}=\frac{1}{2}\sum_{n=1}^{\infty}\frac{1}{n}$，且调和级数 $\sum_{n=1}^{\infty}\frac{1}{n}$ 发散，所以 $\sum_{n=1}^{\infty}\frac{1}{2n}$ 发散；而 $\sum_{n=1}^{\infty}\frac{1}{3^n}$ 是公比为 $\frac{1}{3}<1$ 的几何级数，收敛. 故根据级数的性质，级数

$$\frac{1}{2}+\frac{1}{3}+\frac{1}{4}+\frac{1}{3^2}+\frac{1}{6}+\frac{1}{3^3}+\cdots+\frac{1}{2n}+\frac{1}{3^n}+\cdots$$

发散.

思考 (i) 若级数为 $\frac{1}{2}+\frac{1}{3}+\frac{1}{4}+\frac{1}{3^2}+\frac{1}{8}+\frac{1}{3^3}+\cdots+\frac{1}{2^n}+\frac{1}{3^n}+\cdots$，结果如何？为 $\frac{1}{2}+\frac{1}{3}+\frac{3}{4}+\frac{1}{3^2}+\frac{5}{8}+\frac{1}{3^3}+\cdots+\frac{2n-1}{2^n}+\frac{1}{3^n}+\cdots$ 呢？(ii) 若级数 $\frac{1}{a}+\frac{1}{3}+\frac{3}{a^2}+\frac{1}{3^2}+\frac{5}{a^3}+\frac{1}{3^3}+\cdots+\frac{2n-1}{a^n}+\frac{1}{3^n}+\cdots$ 发散，求 a 的取值范围.

例 7.1.4 判断级数 $\sum_{n=1}^{\infty}n^2\left(1-\cos\frac{1}{n}\right)$ 的敛散性.

分析 判断级数的敛散性，先看其通项的极限是否为零. 若极限不为零，级数发散；若极限为零，应利用级数审法作出判断.

解 这里 $u_n=n^2\left(1-\cos\frac{1}{n}\right)$. 因为

$$\lim_{n\to\infty}u_n=2\lim_{n\to\infty}n^2\sin^2\frac{1}{2n}=2\lim_{n\to\infty}n^2\left(\frac{1}{2n}\right)^2=\frac{1}{2}\neq 0,$$

故由级数收敛的必要条件知级数发散.

思考 (i) 若级数为 $\sum_{n=1}^{\infty}n\left(1-\cos\frac{1}{n}\right)$ 或 $\sum_{n=1}^{\infty}n^2\left(1-\cos\frac{1}{\sqrt{n}}\right)$ 或 $\sum_{n=1}^{\infty}n^3\left(1-\cos\frac{1}{n^2}\right)$，结果如何？(ii) 设 α 为实数，讨论级数 $\sum_{n=1}^{\infty}n^{\alpha}\left(1-\cos\frac{1}{n}\right)$ 和 $\sum_{n=1}^{\infty}n^2\left(1-\cos\frac{1}{n^{\alpha}}\right)$ 的敛散性.

例 7.1.5 已知 $\lim_{n\to\infty}nu_n=0$，级数 $\sum_{n=0}^{\infty}(n+1)(u_{n+1}-u_n)$ 收敛，证明级数 $\sum_{n=0}^{\infty}u_n$ 也收敛.

分析 找出待证明级数前 n 项和与已知级数前 n 项和之间的关系，就可以通过已知级数前 n 项和数列的收敛性得出待证明级数前 n 项和的收敛性.

证明　设 $\sum\limits_{n=0}^{\infty}(n+1)(u_{n+1}-u_n)$ 和 $\sum\limits_{n=0}^{\infty}u_n$ 的前 n 项和分别为 σ_n 和 s_n，于是

$$\sigma_n=\sum_{k=0}^{n-1}(k+1)(u_{k+1}-u_k)=(u_1-u_0)+2(u_2-u_1)+3(u_3-u_2)+\cdots+n(u_n-u_{n-1})$$
$$=nu_n-(u_0+u_1+\cdots+u_{n-1})=nu_n-s_n\Rightarrow\sigma=\lim_{n\to\infty}\sigma_n=\lim_{n\to\infty}(nu_n-s_n)=0-s,$$

即 $s=-\sigma$，故 $\sum\limits_{n=0}^{\infty}(n+1)(u_{n+1}-u_n)$ 收敛.

思考　若已知 $\lim\limits_{n\to\infty}nu_n=c$（常数），该结论是否仍然成立？是，给出证明；否，举出反例.

例 7.1.6　设有两条抛物线 $y=nx^2+\dfrac{1}{n}$ 和 $y=(n+1)x^2+\dfrac{1}{n+1}$，记它们交点的横坐标的绝对值为 a_n.（i）求两抛物线所围成的平面图形的面积 S_n；（ii）求级数 $\sum\limits_{n=1}^{\infty}\dfrac{S_n}{a_n}$ 的和.

分析　要求级数 $\sum\limits_{n=1}^{\infty}\dfrac{S_n}{a_n}$ 的和，先应求出两抛物线的交点的横坐标的绝对值 a_n 和两抛物线所围成的平面图形的面积 S_n.

解　（i）联立两抛物线的方程 $y=nx^2+\dfrac{1}{n}$ 和 $y=(n+1)x^2+\dfrac{1}{n+1}$，求得交点的横坐标为 $x=\pm\dfrac{1}{\sqrt{n(n+1)}}$，于是 $a_n=\dfrac{1}{\sqrt{n(n+1)}}$. 又

$$S_n=\int_{-a_n}^{a_n}\left[nx^2+\frac{1}{n}-(n+1)x^2-\frac{1}{n+1}\right]\mathrm{d}x=\int_{-a_n}^{a_n}\left[\frac{1}{n(n+1)}-x^2\right]\mathrm{d}x$$
$$=2\int_0^{a_n}\left[\frac{1}{n(n+1)}-x^2\right]\mathrm{d}x=\frac{4}{3n(n+1)\sqrt{n(n+1)}}.$$

（ii）由于 $\dfrac{S_n}{a_n}=\dfrac{4}{3n(n+1)}=\dfrac{4}{3}\left(\dfrac{1}{n}-\dfrac{1}{n+1}\right)$，于是级数的前 n 项和为

$$\sum_{k=1}^{n}\frac{S_k}{a_k}=\sum_{k=1}^{n}\frac{4}{3}\left(\frac{1}{k}-\frac{1}{k+1}\right)=\frac{4}{3}\left(1-\frac{1}{n+1}\right),$$

故

$$\sum_{n=1}^{\infty}\frac{S_n}{a_n}=\lim_{n\to\infty}\sum_{k=1}^{n}\frac{S_k}{a_k}=\lim_{n\to\infty}\frac{4}{3}\left(1-\frac{1}{n+1}\right)=\frac{4}{3}.$$

思考　（i）求两抛物线所围成的平面图形绕 x 轴旋转所得旋转体的体积 V_n；（ii）已知 $\sum\limits_{n=1}^{\infty}\dfrac{1}{n^2}=\dfrac{\pi^2}{6}$，求级数 $\sum\limits_{n=1}^{\infty}\dfrac{V_n}{a_n}$ 的和；（iii）证明级数 $\sum\limits_{n=1}^{\infty}\dfrac{V_n}{S_n}$ 发散.

第二节　正项级数

一、教学目标

了解正项级数的概念，理解比较审敛法的思想方法，能用比较审敛法判断一些级数的敛散性. 掌握正项级数的比值审敛法和根值审敛法.

二、考点题型

正项级数敛散性的判断*——比值审敛法和根值审敛法的运用；正项级数敛散性的判

断——比较审敛法的运用.

三、例题分析

例 7.2.1 判断级数 $\sum\limits_{n=1}^{\infty}\frac{1}{1+a^n}$ $(a>0)$ 的敛散性.

分析 由于级数的通项 $\frac{1}{1+a^n}$ 中含有指数函数，可尝试用比值审敛法来判断；而注意到 $\frac{1}{1+a^n}\leqslant\frac{1}{a^n}$，故可利用比较审敛法和几何级数 $\sum\limits_{n=1}^{\infty}\frac{1}{a^n}$ 的收敛性来判断. 注意，级数中含有参数，要对参数进行讨论.

解 当 $0<a\leqslant 1$ 时，$|a|^n\leqslant 1$，通项 $u_n=\frac{1}{1+a^n}=\frac{1}{1+|a|^n}\geqslant\frac{1}{1+1}=\frac{1}{2}$，于是 $\lim\limits_{n\to\infty}u_n\neq 0$ 由级数收敛的必要条件，级数发散.

当 $a>1$ 时，$\frac{1}{1+a^n}\leqslant\frac{1}{a^n}$ 且几何级数 $\sum\limits_{n=1}^{\infty}\frac{1}{a^n}$ 收敛，故由比较审敛法知，此时级数 $\sum\limits_{n=1}^{\infty}\frac{1}{1+a^n}$ 收敛.

思考 (i) 若 $-1<a\leqslant 0$ 或 $a<-1$，结果如何？(ii) 若级数为 $\sum\limits_{n=1}^{\infty}\frac{1}{0.5+a^n}(a>0)$ 或 $\sum\limits_{n=1}^{\infty}\frac{1}{2+a^n}(a>0)$，结果如何？为 $\sum\limits_{n=1}^{\infty}\frac{n}{1+a^n}(a>0)$ 或 $\sum\limits_{n=1}^{\infty}\frac{n^2}{1+a^n}(a>0)$ 呢？

例 7.2.2 判断级数 $\sum\limits_{n=1}^{\infty}\frac{1}{n^p}\sin\frac{\pi}{n}$ $(p\in\mathbf{R})$ 的敛散性.

分析 由于级数的通项 $\frac{1}{n^p}\sin\frac{\pi}{n}\sim\frac{1}{n^p}\cdot\frac{\pi}{n}=\frac{\pi}{n^{p+1}}$，因此可以利用比较审敛法和 p－级数的敛散性来判断.

解 当 $p>0$ 时，由于 $\lim\limits_{n\to\infty}\frac{u_n}{\frac{1}{n^{1+p}}}=\lim\limits_{n\to\infty}\frac{\frac{1}{n^p}\sin\frac{\pi}{n}}{\frac{1}{n^{1+p}}}=\lim\limits_{n\to\infty}\frac{\sin\frac{\pi}{n}}{\frac{1}{n}}=\pi$，且 p－级数 $\sum\limits_{n=1}^{\infty}\frac{1}{n^{1+p}}$ 收敛，故由比较审敛法知原级数收敛；

当 $p=0$ 时，级数 $\sum\limits_{n=1}^{\infty}\frac{1}{n^p}\sin\frac{\pi}{n}=\sum\limits_{n=1}^{\infty}\sin\frac{\pi}{n}$. 因为 $\lim\limits_{n\to\infty}\frac{\sin\frac{\pi}{n}}{\frac{1}{n}}=\pi$，且调和级数 $\sum\limits_{n=1}^{\infty}\frac{1}{n}$ 发散，故由比较审敛法知原级数发散；

当 $p<0$ 时，因为 $\lim\limits_{n\to\infty}\frac{u_n}{\frac{1}{n}}=\lim\limits_{n\to\infty}\frac{\frac{1}{n^p}\sin\frac{\pi}{n}}{\frac{1}{n}}=\lim\limits_{n\to\infty}\frac{\sin\frac{\pi}{n}}{\frac{1}{n}}\cdot\frac{1}{n^p}=\infty$. 由调和级数 $\sum\limits_{n=1}^{\infty}\frac{1}{n}$ 发散，可知原级数发散.

思考 (i) 若级数为 $\sum\limits_{n=1}^{\infty}\frac{1}{n}\sin\frac{\pi}{n^q}$ $(q\in\mathbf{R})$，结果如何？若为 $\sum\limits_{n=1}^{\infty}\frac{1}{n^p}\sin\frac{\pi}{n^q}$ $(p,\ q\in\mathbf{R})$

呢？(ii) 若级数为 $\sum\limits_{n=1}^{\infty}\frac{1}{n^p}\tan\frac{\pi}{n}$ ($p\in\boldsymbol{R}$)，结果又如何？若为 $\sum\limits_{n=1}^{\infty}\frac{1}{n^p}\cos\frac{\pi}{n}$ ($p\in\boldsymbol{R}$) 呢？

例 7.2.3　判断级数 $\frac{2}{1}+\frac{2\cdot5}{1\cdot5}+\frac{2\cdot5\cdot8}{1\cdot5\cdot9}+\cdots+\frac{2\cdot5\cdot8\cdots[2+3(n-1)]}{1\cdot5\cdot9\cdots[1+4(n-1)]}+\cdots$ 的敛散性.

分析　由于级数通项 $u_n=\frac{2\cdot5\cdot8\cdots[2+3(n-1)]}{1\cdot5\cdot9\cdots[1+4(n-1)]}$ 中由多个因子之积的商构成，故适合使用比值审敛法.

解　因为 $$\rho=\lim_{n\to\infty}\frac{u_{n+1}}{u_n}=\lim_{n\to\infty}\frac{2\cdot5\cdot8\cdots[2+3(n+1-1)]}{1\cdot5\cdot9\cdots[1+4(n+1-1)]}\cdot\frac{1\cdot5\cdot9\cdots[1+4(n-1)]}{2\cdot5\cdot8\cdots[2+3(n-1)]}$$

$$=\lim_{n\to\infty}\frac{2+3n}{1+4n}=\frac{3}{4}<1,$$

所以该级数收敛.

思考　(i) 若级数为 $\sum\limits_{n=1}^{\infty}\frac{10\cdot13\cdot16\cdots[10+3(n-1)]}{1\cdot5\cdot9\cdots[1+4(n-1)]}$ 或 $\sum\limits_{n=1}^{\infty}\frac{100\cdot103\cdot106\cdots[100+3(n-1)]}{1\cdot5\cdot9\cdots[1+4(n-1)]}$，结果如何？(ii) 讨论级数 $\sum\limits_{n=1}^{\infty}\frac{2\cdot5\cdot8\cdots[2+3(n-1)]}{1\cdot(1+b)\cdot(1+2b)\cdots[1+b(n-1)]}(b>0)$ 的敛散性.

例 7.2.4　判断级数 $\sum\limits_{n=1}^{\infty}\frac{(n+1)^n}{(2n-1)^n}$ 的敛散性.

分析　级数通项是 n 次幂的形式，比值和根值均适用.

解　因为 $\lim\limits_{n\to\infty}\sqrt[n]{\frac{(n+1)^n}{(2n-1)^n}}=\lim\limits_{n\to\infty}\frac{n+1}{2n-1}=\frac{1}{2}<1$，所以级数 $\sum\limits_{n=1}^{\infty}\frac{(n+1)^n}{(2n-1)^n}$ 收敛.

思考　(i) 若级数为 $\sum\limits_{n=1}^{\infty}\frac{(2n+1)^n}{(2n-1)^n}$ 或 $\sum\limits_{n=1}^{\infty}\frac{(3n+1)^n}{(2n-1)^n}$ 或 $\sum\limits_{n=1}^{\infty}\frac{(2n+1)^n}{(3n-1)^n}$，结果如何？(ii) 用比值审敛法求解以上各题.

例 7.2.5　判断级数 $\sum\limits_{n=1}^{\infty}\frac{1}{2^{n+(-1)^n}}$ 的敛散性.

分析　这是正项级数的判敛问题. 由于级数通项为指数函数的倒数，故可用根值审敛法或比较审敛法，前提是相应的极限存在.

解　因为 $$\rho=\lim_{n\to\infty}\sqrt[n]{u_n}=\lim_{n\to\infty}\sqrt[n]{2^{-[n+(-1)^n]}}=\lim_{n\to\infty}2^{-1+\frac{(-1)^{n+1}}{n}}=\frac{1}{2}<1,$$

所以级数 $\sum\limits_{n=1}^{\infty}\frac{1}{2^{n+(-1)^n}}$ 收敛.

思考　(i) 若级数为 $\sum\limits_{n=1}^{\infty}\frac{1}{2^{\frac{1}{2}n+(-1)^n}}$ 或 $\sum\limits_{n=1}^{\infty}\frac{1}{2^{2n+(-1)^n}}$ 或 $\sum\limits_{n=1}^{\infty}\frac{1}{2^{n-(-1)^n}}$ 或 $\sum\limits_{n=1}^{\infty}\frac{1}{3^{n+(-1)^n}}$，结果如何？(ii) 能否用比值判别法判别以上各题的敛散性？为什么？

例 7.2.6　判断级数 $\sum\limits_{n=1}^{\infty}\frac{3^n\cdot n!}{n^n}$ 的敛散性，并证明 $\lim\limits_{n\to\infty}\sqrt[n]{n!}=\infty$.

分析　级数的通项含有阶乘，适合使用比值审敛法；而要证明 $\lim\limits_{n\to\infty}\sqrt[n]{n!}=\infty$，则应从根值审敛法入手.

解　因为 $$\lim_{n\to\infty}\frac{u_{n+1}}{u_n}=\lim_{n\to\infty}\frac{3^{n+1}\cdot(n+1)!}{(n+1)^{n+1}}\cdot\frac{n^n}{3^n\cdot n!}=3\lim_{n\to\infty}\left(\frac{n}{n+1}\right)^n$$

$$= 3\lim_{n\to\infty}\frac{1}{\left(1+\frac{1}{n}\right)^{n}} = \frac{3}{\mathrm{e}} > 1,$$

故由比值审敛法，知级数 $\sum_{n=1}^{\infty}\frac{3^n\cdot n!}{n^n}$ 发散.

假设 $\lim_{n\to\infty}\sqrt[n]{n!}\neq\infty$，显然该极限必存在，即 $\lim_{n\to\infty}\sqrt[n]{n!}=A$. 于是

$$\lim_{n\to\infty}\sqrt[n]{u_n}=\lim_{n\to\infty}\sqrt[n]{\frac{3^n\cdot n!}{n^n}}=\lim_{n\to\infty}\frac{3}{n}\sqrt[n]{n!}=0<1,$$

故由根值审敛法，知级数 $\sum_{n=1}^{\infty}\frac{3^n\cdot n!}{n^n}$ 收敛，这与知级数 $\sum_{n=1}^{\infty}\frac{3^n\cdot n!}{n^n}$ 发散相矛盾. 因此 $\lim_{n\to\infty}\sqrt[n]{n!}=\infty$.

思考 (i) 若级数为 $\sum_{n=1}^{\infty}\frac{2^n\cdot n!}{n^n}$，结果如何？(ii) 讨论级数 $\sum_{n=1}^{\infty}\frac{a^n\cdot n!}{n^n}$ ($a>0$) 的敛散性.

第三节　任意项级数

一、教学目标

了解交错级数、任意项级数的概念，级数绝对收敛与条件收敛的概念以及它们之间的关系. 掌握交错级数的莱布尼兹审敛法，并能判断交错级数是绝对收敛，还是条件收敛.

二、考点题型

交错级数敛散性的判断*——莱布尼兹定理的运用；任意项级数敛散性的判断*——比值审敛法和根值审敛法的运用.

三、例题分析

例 7.3.1　判断级数 $\sum_{n=1}^{\infty}\frac{\cos nx}{n\sqrt{n}}$ 的敛散性，收敛，问是绝对收敛，还是条件收敛？

分析　这是一般项级数的判敛问题. 通常先判断级数是否绝对收敛，若否再进一步判断其是否条件收敛.

解　级数通项 $u_n=\frac{\cos nx}{n\sqrt{n}}$，且对任意的 x，都有 $|u_n|\leqslant\frac{1}{n\sqrt{n}}=\frac{1}{n^{\frac{3}{2}}}$，而 $\sum_{n=1}^{\infty}\frac{1}{n^{\frac{3}{2}}}$ 是 $p=\frac{3}{2}>1$ 的 $p-$级数，故该级数收敛. 从而级数 $\sum_{n=1}^{\infty}|u_n|$ 收敛，故原级数 $\sum_{n=1}^{\infty}\frac{\cos nx}{n\sqrt{n}}$ 绝对收敛.

思考 (i) 若级数为 $\sum_{n=1}^{\infty}\frac{\cos nx}{n\sqrt[3]{n}}$，结果如何？若为 $\sum_{n=1}^{\infty}\frac{\cos nx}{n\sqrt[k]{n}}(k\in N^{+})$ 呢？(ii) 若级数为 $\sum_{n=1}^{\infty}\frac{\sin nx}{n\sqrt{n}}$，结果怎样？若为 $\sum_{n=1}^{\infty}\frac{\sin nx}{n\sqrt[k]{n}}(k\in N^{+})$ 呢？

例 7.3.2　判断级数 $\sum_{n=1}^{\infty}(-1)^{n+1}\frac{n!}{n^n}$ 的敛散性，若收敛，问是绝对收敛，还是条件收敛？

分析　这是交错级数的判敛问题．一般先判断级数是否绝对收敛，若否需进一步判断其是条件收敛还是发散．

解　因为 $\lim_{n\to\infty}\left|\frac{u_{n+1}}{u_n}\right|=\lim_{n\to\infty}\left|\frac{(n+1)!}{(n+1)^{n+1}}\cdot\frac{n^n}{n!}\right|=\lim_{n\to\infty}\left(\frac{n}{n+1}\right)^n=\mathrm{e}^{-1}<1$，所以级数绝对收敛．

思考　若级数为 $\sum_{n=1}^{\infty}(-1)^{n+1}\frac{(n+1)!}{n^n}$，结果如何？若为 $\sum_{n=1}^{\infty}(-1)^{n+1}\frac{(n+2)!}{n^n}$ 呢？

例 7.3.3　判断级数 $\sum_{n=1}^{\infty}(-1)^n\frac{a^n}{n}$ 的敛散性，收敛，问是绝对收敛，还是条件收敛？

分析　这也是交错级数的判敛问题，除先判断级数是否绝对收敛外，还应注意级数中含有参数，要对参数进行讨论．

解　将 $\sum_{n=1}^{\infty}(-1)^n\frac{a^n}{n}$ 视为一般项级数，其通项 $u_n=(-1)^n\frac{a^n}{n}$．由于

$$\lim_{n\to\infty}\left|\frac{u_{n+1}}{u_n}\right|=\lim_{n\to\infty}\left|\frac{a^{n+1}}{n+1}\cdot\frac{n}{a^n}\right|=\lim_{n\to\infty}\frac{n}{n+1}|a|=|a|,$$

故当 $|a|<1$ 时，级数 $\sum_{i=1}^{\infty}(-1)^n\frac{a^n}{n}$ 绝对收敛；当 $|a|>1$ 时，级数 $\sum_{n=1}^{\infty}(-1)^n\frac{a^n}{n}$ 发散；当 $a=1$ 时，级数 $\sum_{n=1}^{\infty}(-1)^n\frac{a^n}{n}=\sum_{n=1}^{\infty}(-1)^n\frac{1}{n}$，利用莱布尼兹定理可以证明该级数条件收敛；当 $a=-1$ 时，级数 $\sum_{n=1}^{\infty}(-1)^n\frac{a^n}{n}=\sum_{i=1}^{\infty}\frac{1}{n}$，为调和级数，发散．

思考　(i) 若级数为 $\sum_{n=1}^{\infty}(-1)^n\frac{a^n}{n^2}$，结果如何？(ii) 讨论级数 $\sum_{n=1}^{\infty}(-1)^n\frac{a^n}{n^p}(p>0)$ 的敛散性．

例 7.3.4　判断级数 $\sum_{n=1}^{\infty}(-1)^{n+1}\frac{n}{n^2+1}$ 的敛散性，若收敛，问是绝对收敛，还是条件收敛？

分析　若交错级数条件收敛，需判断级数收敛，但不绝对收敛．此时，不管先判断级数收敛，还是不绝对收敛都行．

解　这里 $u_n=\frac{n}{n^2+1}\to 0(n\to+\infty)$，$u_n-u_{n+1}=\frac{n^2+n-1}{(n^2+1)(n^2+2n+2)}>0$，所以 $u_n>u_{n+1}$，因此级数收敛．

又令 $v_n=\frac{1}{n}$，则 $\lim_{n\to+\infty}\frac{u_n}{v_n}=\lim_{n\to+\infty}\frac{n^2}{n^2+1}=1$，且 $\sum_{n=1}^{\infty}\frac{1}{n}$ 发散，故 $\sum_{n=1}^{\infty}u_n$ 发散，从而级数 $\sum_{n=1}^{\infty}(-1)^{n+1}\frac{n}{n^2+1}$ 条件收敛．

思考　若级数为 $\sum_{n=1}^{\infty}(-1)^{n+1}\frac{n+1}{n^2+1}$，结果如何？为 $\sum_{n=1}^{\infty}(-1)^{n+1}\frac{n}{n^2+n+1}$ 或

$\sum_{n=1}^{\infty}(-1)^{n+1}\frac{n+1}{n^2+n+1}$ 呢？

例 7.3.5 判断级数 $\sum_{n=1}^{\infty}(-1)^n\frac{1}{n-\ln n}$ 的敛散性，若收敛，问是绝对收敛，还是条件收敛？

分析 若交错级数条件收敛，不管先判断级数收敛，还是不绝对收敛都行. 注意，若不便用比较或放缩的办法证明莱布尼兹定理中 $u_n=f(n)$ 的单减性，可将其转化成函数 $u(x)=f(x)$，用导数判断其单调性，从而得出所要的结论.

解 因为 $n-\ln n\leqslant n$，所以 $\frac{1}{n-\ln n}>\frac{1}{n}$. 因为调和级数 $\sum_{n=1}^{\infty}\frac{1}{n}$ 发散，故由比较审敛法知级数 $\sum_{n=1}^{\infty}\frac{1}{n-\ln n}$ 发散，从而原级数 $\sum_{n=1}^{\infty}(-1)^n\frac{1}{n-\ln n}$ 非绝对收敛.

这里 $u_n=\frac{1}{n-\ln n}$，令 $f(x)=\frac{1}{x-\ln x}$，由于 $\lim\limits_{x\to+\infty}\frac{\ln x}{x}=\lim\limits_{x\to+\infty}\frac{1}{x}=0$，所以

$$\lim_{x\to+\infty}f(x)=\lim_{x\to+\infty}\frac{1/x}{1-\ln x/x}=\frac{0}{1-0}=0\text{，于是}\lim_{n\to\infty}u_n=\lim_{n\to\infty}\frac{1}{n-\ln n}=0;$$

又当 $x\geqslant 1$ 时，$f'(x)=\frac{-(1-1/x)}{(x-\ln x)^2}=\frac{1-x}{x(x-\ln x)^2}\leqslant 0$，故 $f(x)$ 在 $[1,+\infty)$ 上单调减少，于是 $f(n)\geqslant f(n+1)$，即 $u_n\geqslant u_{n+1}(n=1,2,\cdots)$. 故由莱布尼兹定理知，级数 $\sum_{n=1}^{\infty}(-1)^n\frac{1}{n-\ln n}$ 收敛. 所以级数 $\sum_{n=1}^{\infty}(-1)^n\frac{1}{n-\ln n}$ 条件收敛.

思考 (i) 对条件收敛的级数，若采取与该题解法相反的顺序，即先判断该级数是否收敛，再进一步判断其是否绝对收敛，解答过程有没有实质上的不同？对绝对收敛的级数呢？(ii) 若级数为 $\sum_{n=1}^{\infty}(-1)^n\frac{1}{\sqrt{n}-\ln n}$ 或 $\sum_{n=1}^{\infty}(-1)^n\frac{1}{\sqrt{n^3}-\ln n}$，结果如何？

例 7.3.6 设常数 $\lambda>0$ 时，而级数 $\sum_{n=1}^{\infty}a_n^2$ 收敛，则级数 $\sum_{n=1}^{\infty}(-1)^n\frac{|a_n|}{\sqrt{n^2+\lambda}}$（　　）.

A. 发散；　　B. 条件收敛；　　C. 绝对收敛；　　D. 收敛性与 λ 有关.

分析 该级数一般项取绝对值后为 $\frac{|a_n|}{\sqrt{n^2+\lambda}}$，它可以看成是 $|a_n|$ 与 $\frac{1}{\sqrt{n^2+\lambda}}$ 的积，不大于这两个数平方和 $a_n^2+\frac{1}{n^2+\lambda}$ 的一半，而由 $\sum_{n=1}^{\infty}a_n^2$ 与 $\sum_{n=1}^{\infty}\frac{1}{n^2+\lambda}$ 均收敛易得 $\sum_{n=1}^{\infty}\frac{|a_n|}{\sqrt{n^2+\lambda}}$ 收敛.

解 选 C. 由 $\lambda>0$ 知 $\frac{1}{n^2+\lambda}<\frac{1}{n^2}$，且级数 $\sum_{n=1}^{\infty}\frac{1}{n^2}$ 收敛，故根据比较审敛法易知级数 $\sum_{n=1}^{\infty}\frac{1}{n^2+\lambda}$ 收敛. 又因为级数 $\sum_{n=1}^{\infty}a_n^2$ 收敛，故由收敛级数的性质知 $\sum_{n=1}^{\infty}\left(a_n^2+\frac{1}{n^2+\lambda}\right)$ 收敛. 又由于 $a_n^2+\frac{1}{n^2+\lambda}\geqslant\frac{2|a_n|}{\sqrt{n^2+\lambda}}$，所以级数 $\sum_{n=1}^{\infty}\frac{2|a_n|}{\sqrt{n^2+\lambda}}$ 收敛，从而级数 $\sum_{n=1}^{\infty}\frac{|a_n|}{\sqrt{n^2+\lambda}}$ 收敛，于是级数 $\sum_{n=1}^{\infty}(-1)^n\frac{|a_n|}{\sqrt{n^2+\lambda}}$ 绝对收敛，故选择 C.

思考 (i) 若级数为 $\sum_{n=1}^{\infty}(-1)^n\frac{|a_n|}{\sqrt{n^2+n+\lambda}}$，结论如何？(ii) 用排除法求解以上两题；

(iii) 当 $\lambda=0$ 时，以上两题结果如何？

第四节　幂级数

一、教学目标

知道函数项级数的概念. 了解幂级数、幂级数的收敛域及收敛半径的概念，幂级数敛散性与数项级数敛散性之间的区别与联系. 掌握幂级数收敛半径、收敛区间和收敛域的求法.

二、考点题型

幂级数收敛半径、收敛区间和收敛域的求解*.

三、例题分析

例 7.4.1　若级数 $\sum\limits_{n=0}^{\infty}a_n(x-2)^n$ 在 $x=-2$ 处收敛，判断该级数在 $x=5$ 处的敛散性.

分析　这类问题通常用阿贝尔定理来判断.

解　设该级数的收敛半径为 R，由 $\sum\limits_{n=0}^{\infty}a_n(x-2)^n$ 在 $x=-2$ 处收敛，则当 x 满足

$$-R+2<-2\leqslant x<R+2$$

时，级数绝对收敛. 由 $-R+2<-2$ 可得 $R>4$，于是 $R+2>6$，可见 $x=5$ 适合以上条件，因此级数 $\sum\limits_{n=0}^{\infty}a_n(x-2)^n$ 在 $x=5$ 处绝对收敛.

思考　(i) 能否判断级数 $\sum\limits_{n=0}^{\infty}a_n(x-2)^n$ 在 $x=6$ 的敛散性？(ii) 能否判断级数 $\sum\limits_{n=0}^{\infty}a_n(x-2)^n$ 在 $[-2,6)$ 内收敛？若能，是绝对收敛吗？(iii) 利用该幂级数的收敛区间关于 $x=2$ 对称求解该题.

例 7.4.2　求幂级数 $\sum\limits_{n=2}^{\infty}\dfrac{(n!)^2}{(n-1)(n+1)}x^n$ 的收敛半径及收敛域.

分析　此题是幂级数的 $\sum\limits_{n=0}^{\infty}a_nx^n$ 标准形式，可直接用公式 $R=\dfrac{1}{\rho}$ 求解. 由于通项系数由阶乘和两各一次因式构成，宜采用用比值法求 ρ.

解　这里 $a_n=\dfrac{(n!)^2}{(n-1)(n+1)}>0$，于是

$$\rho=\lim_{n\to\infty}\frac{a_{n+1}}{a_n}=\lim_{n\to\infty}\frac{[(n+1)!]^2}{n(n+2)}\cdot\frac{(n-1)(n+1)}{(n!)^2}=\lim_{n\to\infty}\frac{(n-1)(n+1)^3}{n(n+2)}=+\infty,$$

因此幂级数 $\sum\limits_{n=2}^{\infty}\dfrac{(n!)^2}{(n-1)(n+1)}x^n$ 的收敛半径 $R=\dfrac{1}{\rho}=0$，即该级数仅在 $x=0$ 收敛.

思考　(i) 若幂级数为 $\sum\limits_{n=2}^{\infty}\dfrac{n!}{(n-1)(n+1)}x^n$ 或 $\sum\limits_{n=2}^{\infty}\dfrac{(n!)^2}{(n-1)!(n+1)!}x^n$，结果如何？(ii) 若欲使幂级数 $\sum\limits_{n=2}^{\infty}\dfrac{(n!)^\alpha}{(n-1)(n+1)}x^n(\alpha\in\mathbf{R})$ 的收敛半径为 $R>0$，求 α.

例 7.4.3 求幂级数 $\sum_{n=1}^{\infty}\frac{n}{2^{2n+(-1)^n}}x^n$ 的收敛半径及收敛域.

分析 此题也是幂级数的 $\sum_{n=0}^{\infty}a_nx^n$ 标准形式，可直接用公式 $R=\frac{1}{\rho}$ 求解. 尽管通项系数是 n 与 2 指数之商，但由于 2 的幂 $2n+(-1)^n$ 是奇、偶有别的，故宜采用用根值法求 ρ.

解 这里 $a_n=\frac{n}{2^{2n+(-1)^n}}>0$，于是

$$\rho=\lim_{n\to\infty}\sqrt[n]{a_n}=\lim_{n\to\infty}\sqrt[n]{\frac{n}{2^{2n+(-1)^n}}}=\lim_{n\to\infty}\frac{\sqrt[n]{n}}{2^{\frac{2n+(-1)^n}{n}}}=\frac{1}{2^2}=\frac{1}{4},$$

因此幂级数 $\sum_{n=1}^{\infty}\frac{n}{2^{2n+(-1)^n}}x^n$ 的收敛半径 $R=\frac{1}{\rho}=4$.

又当 $x=\pm 4$ 时，相应的级数分别为 $\sum_{n=1}^{\infty}\frac{n}{2^{2n+(-1)^n}}(\pm 4)^n$，两级数通项的绝对值均为 $\frac{n}{2^{2n+(-1)^n}}\cdot 4^n\to\infty(n\to\infty)$，故由级数收敛的必要条件，易知两级数均发散.

故级数 $\sum_{n=1}^{\infty}\frac{n}{2^{2n+(-1)^n}}x^n$ 的收敛域为 $(-4,4)$.

思考 (i) 若幂级数为 $\sum_{n=1}^{\infty}(-1)^n\frac{n}{2^{2n+(-1)^n}}x^n$ 或 $\sum_{n=1}^{\infty}\frac{1}{n\cdot 2^{2n+(-1)^n}}x^n$，结果如何？若为 $\sum_{n=1}^{\infty}\frac{(-1)^n}{n\cdot 2^{2n+(-1)^n}}x^n$ 呢？(ii) 能否用比值法求以上各题的收敛半径？为什么？

例 7.4.4 求幂级数 $\sum_{n=1}^{\infty}\frac{(-1)^{n-1}}{3^n+(-2)^n}x^n$ 的收敛半径及收敛域.

分析 此题也是幂级数的 $\sum_{n=0}^{\infty}a_nx^n$ 标准形式，可直接用公式 $R=1/\rho$ 求解. 用比值法和根值法求 ρ 均可.

解 因为 $\rho=\lim_{n\to\infty}\left|\frac{a_{n+1}}{a_n}\right|=\lim_{n\to\infty}\frac{3^n+(-2)^n}{3^{n+1}+(-2)^{n+1}}=\frac{1}{3}\lim_{n\to\infty}\frac{1+(-2/3)^n}{1+(-2/3)^{n+1}}=\frac{1}{3}$，所以幂级数的收敛半径 $R=1/\rho=3$.

又当 $x=\pm 3$ 时，相应的级数分别为 $\sum_{n=1}^{\infty}(-1)^{n-1}\frac{3^n}{3^n+(-2)^n}$，$-\sum_{n=1}^{\infty}\frac{3^n}{3^n+(-2)^n}$，两级数通项的绝对值均为 $\frac{3^n}{3^n+(-2)^n}\to 1(n\to\infty)$，故由级数收敛的必要条件知两级数均发散. 故级数 $\sum_{n=1}^{\infty}\frac{(-1)^{n-1}}{3^n+(-2)^n}x^n$ 的收敛域为 $(-3,3)$.

思考 (i) 若幂级数为 $\sum_{n=1}^{\infty}\frac{(-2)^{n-1}}{3^n+(-2)^n}x^n$ 或 $\sum_{n=1}^{\infty}\frac{(-1)^{n-1}}{(-3)^n+2^n}x^n$，结果如何？为 $\sum_{n=1}^{\infty}\frac{(-2)^{n-1}}{(-3)^n+2^n}x^n$ 呢？(ii) 用根值法求解以上各题.

例 7.4.5 求级数 $\sum_{n=1}^{\infty}\frac{1}{n^2}(x-3)^n$ 的收敛域.

分析　此题不是标准的幂级数 $\sum_{n=0}^{\infty} a_n x^n$ 的形式，但通过变量替换 $z=x-3$ 可将其转化成标准的幂级数 $\sum_{n=0}^{\infty} a_n z^n$ 的形式，从而由 $\sum_{n=0}^{\infty} a_n z^n$ 的收敛域求出该幂级数的收敛域.

解　令 $z=x-3$，则原级数化为 $\sum_{n=0}^{\infty} \frac{1}{n^2} z^n$ ，现用比值法求该幂级数的收敛半径. 因为

$$\rho=\lim_{n\to\infty}\frac{a_{n+1}}{a_n}=\lim_{n\to\infty}\frac{n^2}{(n+1)^2}=1,$$

所以 $\sum_{n=0}^{\infty} \frac{1}{n^2} z^n$ 的收敛经 $R=1$. 而当 $z=1$ 时，级数 $\sum_{n=0}^{\infty} \frac{1}{n^2}$ 收敛；当 $z=-1$ 时，级数 $\sum_{n=0}^{\infty} \frac{(-1)^n}{n^2}$ 也收敛，故其收敛域为 $-1\leqslant z\leqslant 1$.

由 $-1\leqslant x-3\leqslant 1$，解得 $2\leqslant x\leqslant 4$，所以级数 $\sum_{n=1}^{\infty} \frac{1}{n^2}(x-3)^n$ 的收敛域为 $[2,4]$.

思考　若幂级数为 $\sum_{n=1}^{\infty} \frac{1}{n^2}(x+3)^n$ 或 $\sum_{n=1}^{\infty} \frac{1}{n^2}(2x-3)^n$ ，结果如何？为 $\sum_{n=1}^{\infty} \frac{1}{n^2}(ax+b)^n\ (a\neq 0)$ 呢？

例 7.4.6　求级数 $\sum_{n=1}^{\infty} \frac{(-1)^n}{n\cdot 4^n} x^{2n-1}$ 的收敛域.

分析　此题均不是标准的幂级数 $\sum_{n=0}^{\infty} a_n x^n$ 的形式，用变量替换也不易转化成标准的幂级数的形式. 为此，把它视为带参变量的 x 数项级数，从而直接用常数项级数的比值法或根值法求解.

解　因为 $\lim_{n\to\infty}\sqrt[n]{|u_n(x)|}=\lim_{n\to\infty}\sqrt[n]{\left|\frac{(-1)^n}{n\cdot 4^n}x^{2n-1}\right|}=\frac{1}{4}\lim_{n\to\infty}\frac{x^{2-\frac{1}{n}}}{\sqrt[n]{n}}=\frac{1}{4}x^2$，故当 $\frac{1}{4}x^2<1$，即 $|x|<2$ 时，幂级数 $\sum_{n=1}^{\infty} \frac{(-1)^n}{n\cdot 4^n} x^{2n-1}$ 绝对收敛；当 $|x|>2$ 时，幂级数 $\sum_{n=1}^{\infty} \frac{(-1)^n}{n\cdot 4^n} x^{2n-1}$ 发散.

而当 $x=\pm 2$ 时，原级幂数为 $\pm\sum_{n=1}^{\infty} \frac{(-1)^n}{2n}$ ，由莱布尼兹定理，可知级数收敛. 故幂级数的收敛域为 $[-2,2]$.

思考　(i) 若幂级数为 $\sum_{n=1}^{\infty} \frac{(-1)^n}{n\cdot 4^{n+(-1)^n}} x^{2n+1}$ 或 $\sum_{n=1}^{\infty} \frac{(-1)^n}{n\cdot 3^{n+(-1)^n}} x^{2n-1}$，结果如何？能否用比值法求解这类问题？(ii) 用比值法求解以上各题.

第五节　幂级数的性质、泰勒公式与泰勒级数

一、教学目标

掌握幂级数的性质，会求一些幂级数的和函数. 了解泰勒公式和泰勒级数的概念和泰勒

级数收敛的条件，会求一些函数的泰勒公式和麦克劳林公式.

二、考点题型

幂级数和函数的求解*；一些简单函数泰勒公式和麦克劳林公式的求解.

三、例题分析

例 7.5.1 求幂级数 $\sum_{n=1}^{\infty}(-3)^{n-1}x^{2n}+\sum_{n=1}^{\infty}\frac{x^{n-1}}{2^n}$ 的收敛半径及和函数.

分析 这是两个幂级数之和的收敛半径与和函数的求解问题，可以按幂级数代数和的性质来解. 注意，由于两级数通项中的系数都是常数的 n 次幂，放入 x 的 n 次幂之中，就可以把它们转化成系数都是常数的几何级数，从而用几何级数的结论求解.

解 $s_1(x)=\sum_{n=1}^{\infty}(-3)^{n-1}x^{2n}=x^2\sum_{n=1}^{\infty}(-3x^2)^{n-1}=\frac{x^2}{1-(-3x^2)}=\frac{x^2}{1+3x^2}$，

其中 $|-3x^2|<1$，即 $|x|<1/\sqrt{3}$；

$s_2(x)=\sum_{n=1}^{\infty}\frac{x^{n-1}}{2^n}=\frac{1}{2}\sum_{n=1}^{\infty}\left(\frac{x}{2}\right)^{n-1}=\frac{1}{2}\cdot\frac{1}{1-x/2}=\frac{1}{2-x}$，其中 $\left|\frac{x}{2}\right|<1$，即 $|x|<2$，

所以 $\sum_{n=1}^{\infty}(-3)^{n-1}x^{2n}+\sum_{n=1}^{\infty}\frac{x^{n-1}}{2^n}$ 的收敛半径 $R=\min\{1/\sqrt{3},\ 2\}=1/\sqrt{3}$，且其和函数

$$s(x)=s_1(x)+s_2(x)=\frac{x^2}{1+3x^2}+\frac{1}{2-x}=\frac{1+5x^2-x^3}{(2-x)(1+3x^2)},\ |x|<\frac{1}{\sqrt{3}}.$$

思考 若级数为 $\sum_{n=1}^{\infty}3^{n-1}x^{2n}+\sum_{n=1}^{\infty}(-1)^{n-1}\frac{x^{n-1}}{2^n}$，结果如何？

例 7.5.2 求幂级数 $1+x+\frac{x^3}{3}+\frac{x^5}{5}+\cdots+\frac{x^{2n+1}}{2n+1}+\cdots$ 的和函数.

分析 通项系数是 n 的一次多项式 $2n+1$ 的倒数，通常利用幂级数和函数的逐项求导的性质将分母消除，从而利用一些已知函数的幂级数展开式求和，再通过定积分求出其和函数. 注意，幂级数求导后可能会丢失收敛区间端点的收敛性，因此当求导之后的幂级数在收敛区间端点发散时，应另外判断原级数在这样的点是否收敛.

解 令 $s(x)=1+x+\frac{x^3}{3}+\frac{x^5}{5}+\cdots+\frac{x^{2n+1}}{2n+1}+\cdots=1+\sum_{n=0}^{\infty}\frac{x^{2n+1}}{2n+1}=1+s_1(x)$，则 $s_1(0)=0$. 又对 $s_1(x)$ 求导，得

$$s'_1(x)=\left[\sum_{n=0}^{\infty}\frac{x^{2n+1}}{2n+1}\right]'=\sum_{n=0}^{\infty}\left[\frac{x^{2n+1}}{2n+1}\right]'=\sum_{n=0}^{\infty}x^{2n}=\frac{1}{1-x^2},$$

其中根据几何级数的收敛性知 $x^2<1$，解得 $-1<x<1$.

上式两边同时求积分，得

$$\int_0^x s'_1(x)\mathrm{d}x=\int_0^x\frac{1}{1-x^2}\mathrm{d}x=\frac{1}{2}\int_0^x\left[\frac{1}{1+x}+\frac{1}{1-x}\right]\mathrm{d}x,$$

于是 $s_1(x)-s_1(0)=\frac{1}{2}\ln(1+x)-\frac{1}{2}\ln(1-x)$，即 $s_1(x)=\frac{1}{2}\ln\frac{1+x}{1-x}$，$|x|<1$，

又显然，当 $x=\pm1$ 时，原级数分别为 $1\pm\frac{1}{3}\pm\frac{1}{5}\pm\cdots\pm\frac{1}{2n+1}\pm\cdots$，均发散. 所以

$$s(x)=1+s_1(x)=1+\frac{1}{2}\ln\frac{1+x}{1-x},\ |x|<1.$$

思考　(i) 用以上方法求幂级数 $x+\frac{x^5}{5}+\frac{x^9}{9}+\cdots+\frac{x^{4n+1}}{4n+1}+\cdots$ 的和函数；(ii) 直接用本题结果求该幂级数的和函数.

例 7.5.3　求幂级数 $\sum\limits_{n=1}^{\infty}\frac{n+1}{3^n}x^n$ 的和函数.

分析　因为通项系数中的分母 3^n 可以放到 x^n 之中，因此只要消除通项系数中的分子 $n+1$ 即可转化成几何级数，为此应对幂级数积分.

解　令 $s(x)=\sum\limits_{n=1}^{\infty}\frac{n+1}{3^n}x^n$，则

$$\int_0^x s(x)\mathrm{d}x=\sum_{n=1}^{\infty}\int_0^x\frac{n+1}{3^n}x^n\mathrm{d}x=\sum_{n=1}^{\infty}\frac{1}{3^n}x^{n+1}=x\sum_{n=1}^{\infty}\left(\frac{x}{3}\right)^n=x\frac{x/3}{1-x/3}=\frac{x^2}{3-x},$$

其中根据几何级数的收敛性知 $|x/3|<1$，即 $-3<x<3$. 由于求导不会扩大所得级数在收敛区间端点处的收敛性，因此原级数的收敛域亦为 $-3<x<3$. 故级数的和函数为

$$s(x)=\frac{6x-x^2}{(3-x)^2}\quad(-3<x<3).$$

思考　若级数为 $\sum\limits_{n=1}^{\infty}\frac{n}{3^n}x^{n-1}$，结果如何？为 $\sum\limits_{n=1}^{\infty}\frac{n+1}{2^n}x^n$ 或 $\sum\limits_{n=1}^{\infty}\frac{n}{2^n}x^{n-1}$ 呢？

例 7.5.4　将函数 $f(x)=(x^2-x+1)^3$ 展开成 x 的多项式.

分析　因为 $f(x)$ 六阶以上的导数为零，所以 $f(x)$ 的六阶麦克劳林公式的余项为零，因此将其展开成六阶麦克劳林公式即可.

解　因为 $f(0)=(x^2-x+1)^3|_{x=0}=1$；$f'(0)=3(2x-1)(x^2-x+1)^2|_{x=0}=-3$；

$f''(0)=[6(x^2-x+1)^2+6(2x-1)^2(x^2-x+1)]|_{x=0}=12$；

$f'''(0)=[36(2x-1)(x^2-x+1)+6(2x-1)^3]|_{x=0}=-42$；

$f^{(4)}(0)=[72(x^2-x+1)+72(2x-1)^2]|_{x=0}=144$；

$f^{(5)}(0)=360(2x-1)|_{x=0}=-360$；$f^{(6)}(0)=720$.

所以

$$\begin{aligned}f(x)&=f(0)+f'(0)x+\frac{f''(0)}{2!}x^2+\frac{f'''(0)}{3!}x^3+\frac{f^{(4)}(0)}{4!}x^4+\frac{f^{(5)}(0)}{5!}x^5+\frac{f^{(6)}(0)}{6!}x^6\\&=1-3x+\frac{12}{2!}x^2-\frac{42}{3!}x^3+\frac{144}{4!}x^4-\frac{360}{5!}x^5+\frac{720}{6!}x^6\\&=1-3x+6x^2-7x^3+6x^4-3x^5+x^6.\end{aligned}$$

思考　若 $f(x)=x(x^2-x+1)^3$，应如何展开？结果若何？若 $f(x)=(x-1)(x^2-x+1)^3$ 呢？

例 7.5.5　将函数 $g(x)=(x^3-2x^2+2x-1)^2$ 展开成 $x-1$ 的幂的形式.

分析　注意到 $x-1$ 本身就是 $g(x)$ 的底数 x^3-2x^2+2x-1 的一个因式，因此可以先将 $x-1$ 的幂分离出来，再利用上题的方法将乘下的部分按 $x-1$ 的幂展开即可.

解　因为 $x^3-2x^2+2x-1=(x-1)(x^2-x+1)$，所以

$$g(x)=(x-1)^2(x^2-x+1)^2.$$

令 $f(x)=(x^2-x+1)^2$，则 $f(1)=(x^2-x+1)^2|_{x=1}=1$；

$f'(1)=2(2x-1)(x^2-x+1)|_{x=1}=2$；

$f''(1)=[4(x^2-x+1)+2(2x-1)^2]|_{x=1}=6$；

$f'''(1)=12(2x-1)|_{x=1}=12$；$f^{(4)}(1)=24$.

所以
$$f(x)=1+2(x-1)+\frac{6}{2!}(x-1)^2+\frac{12}{3!}(x-1)^3+\frac{24}{4!}(x-1)^4$$

$$=1+2(x-1)+3(x-1)^2+2(x-1)^3+(x-1)^4;$$

$$g(x)=(x-1)^2[1+2(x-1)+3(x-1)^2+2(x-1)^3+(x-1)^4]$$

$$=(x-1)^2+2(x-1)^3+3(x-1)^4+2(x-1)^5+(x-1)^6.$$

思考 若 $g(x)=(x^3-2x^2+2x-1)^3$，结果如何？

例 7.5.6 求函数 $f(x)=\ln(1+x)$ 的 n 阶麦克劳林公式.

分析 求出 $f(x)$ 的前 n 阶导数在 $x=0$ 处的值以及 $f(x)$ 的 $n+1$ 阶导数，代入 n 阶麦克劳林公式即可.

解 $f(0)=\ln(1+x)\,|_{x=0}=0$；$f'(0)=(1+x)^{-1}\,|_{x=0}=1$；

$f''(0)=-(1+x)^{-2}\,|_{x=0}=-1$；

$f'''(0)=(-1)(-2)(1+x)^{-3}\,|_{x=0}=2$，

$f^{(4)}(0)=(-1)(-2)(-3)(1+x)^{-4}\,|_{x=0}=-6$；…；

$f^{(n)}(0)=(-1)^{n-1}(n-1)!\,(1+x)^{-n}\,|_{x=0}=(-1)^{n-1}(n-1)!$；

$f^{(n+1)}(x)=(-1)^n n!\,(1+x)^{-n-1}$.

所以

$$f(x)=f(0)+f'(0)x+\frac{f''(0)}{2!}x^2+\frac{f'''(0)}{3!}x^3+\cdots+\frac{f^{(n)}(0)}{n!}x^n+\frac{f^{(n+1)}(\theta x)}{(n+1)!}x^{n+1}$$

$$=x-\frac{1}{2}x^2+\frac{1}{3}x^3-\cdots+\frac{(-1)^{n-1}}{n}x^n+(-1)^n\frac{1}{(n+1)}\left(\frac{x}{1+\theta x}\right)^{n+1}.$$

思考 若 $f(x)=x\ln(1+x)$，结果如何？为 $f(x)=\ln(2+x)$ 或 $f(x)=x\ln(2+x)$ 呢？

第六节 函数的幂级数展开式

一、教学目标

掌握函数展开成幂级数间接法，熟记几个常用函数的展开式. 了解函数的幂级数展开式在近似计算、级数求和等方面的应用.

二、考点题型

将一些简单的函数展开成幂级数*；利用幂级数求数项级数的和等.

三、例题分析

例 7.6.1 将函数 $f(x)=\ln(1-x-2x^2)$ 展开成 x 幂级数，并指出其收敛区域.

分析 直接展开比较麻烦，宜采用间接展开法. 先将 $1-x-2x^2$ 分解因式，从而根据对数把 $f(x)$ 两个一次因式对数的和，利用对数函数 $\ln(1+x)$ 的展开式得出结果.

解 由 $1-x-2x^2>0$ 求得函数 $f(x)$ 的定义域 $D_f=(-1,1/2)$，于是

$$f(x)=\ln(1-x-2x^2)=\ln(1+x)+\ln(1-2x).$$

根据对数函数的幂级数展开式 $\ln(1+x)=\sum\limits_{n=1}^{\infty}(-1)^{n+1}\frac{x^n}{n}\ (-1<x\leqslant 1)$，并将 $-2x$ 代替 x 得

$$\ln(1-2x)=\sum_{n=1}^{\infty}(-1)^{n+1}\frac{(-2x)^n}{n}(-1<-2x\leqslant 1)=-\sum_{n=1}^{\infty}\frac{2^n}{n}x^n\quad\left[-\frac{1}{2}\leqslant x<\frac{1}{2}\right],$$

所以

$$f(x)=\sum_{n=1}^{\infty}(-1)^{n+1}\frac{x^n}{n}-\sum_{n=1}^{\infty}\frac{2^n}{n}x^n\quad\left[-\frac{1}{2}\leqslant x<\frac{1}{2}\right]$$

$$=-\sum_{n=1}^{\infty}\frac{2^n+(-1)^n}{n}x^n \quad \left(-\frac{1}{2}\leqslant x<\frac{1}{2}\right).$$

思考　(i) 若 $f(x)=\ln(2-x-3x^2)$ 或 $f(x)=\ln(2+x-3x^2)$，结果如何？(ii) 若 $f(x)=\ln(2x^2+x-1)$ 或 $f(x)=\ln(2x^2-x-3)$，结果怎样？(iii) 若将函数展开成 $x-1$ 的幂级数，以上各题的结果如何？

例 7.6.2　将函数 $f(x)=\dfrac{x}{9-x^2}$ 展开成 x 的幂级数.

分析　若容易将一个函数的原函数展开成幂级数，则可先将其原函数展开成幂级数，再通过求导求出此函数幂级数的展开式. 注意，幂级数求导后可能会丢失收敛区间端点的收敛性.

解　根据对数函数的展开式

$$-\ln(1-x)=x+\frac{1}{2}x^2+\frac{1}{3}x^3+\cdots+\frac{1}{n}x^n+\cdots,\quad -1\leqslant x<1,$$

并将 $\dfrac{x^2}{9}$ 代 x 得

$$\int_0^x f(x)\mathrm{d}x=\int_0^x\frac{x}{9-x^2}\mathrm{d}x=-\frac{1}{2}\ln(9-x^2)\Big|_0^x=\frac{1}{2}\ln9-\frac{1}{2}\ln(9-x^2)$$

$$=\frac{1}{2}\ln9-\left[\frac{1}{2}\ln9-\frac{1}{2}\ln\left(1-\frac{x^2}{9}\right)\right]=\frac{1}{2}\ln\left(1-\frac{x^2}{9}\right)$$

$$=-\frac{1}{2}\left[\frac{x^2}{9}+\frac{1}{2}\left(\frac{x^2}{9}\right)^2+\frac{1}{3}\left(\frac{x^2}{9}\right)^3+\cdots+\frac{1}{n}\left(\frac{x^2}{9}\right)^n+\cdots\right],\quad -1\leqslant\frac{x^2}{9}<1$$

$$=-\frac{1}{2}\left(\frac{x^2}{9}+\frac{1}{2}\cdot\frac{x^4}{3^4}+\frac{1}{3}\cdot\frac{x^6}{3^6}+\cdots+\frac{1}{n}\cdot\frac{x^{2n}}{3^{2n}}+\cdots\right),\quad -3\leqslant x<3,$$

上式两边求导，并注意到上式右边的幂级数求导后左端点的敛散性发生改变，可得

$$f(x)=-\frac{x}{3^2}-\frac{x^3}{3^4}-\frac{x^5}{3^6}-\cdots-\frac{x^{2n-1}}{3^{2n}}-\cdots,\quad -3<x<3.$$

思考　(i) 将函数分成分部分式 $f(x)=\dfrac{1}{2}\left(\dfrac{1}{3-x}-\dfrac{1}{3+x}\right)$，从而利用几何级数求解；(ii) 将函数看成是两部分的乘积 $f(x)=x\cdot\dfrac{1}{9-x^2}$，并利用几何级数将 $\dfrac{1}{9-x^2}$ 展开成 x 的幂级数，从而得出结果；(iii) 若 $f(x)=\dfrac{x-1}{9-x^2}$ 或 $f(x)=\dfrac{x-1}{9+x^2}$，结果如何？是否也宜用以上各种方法求解？

例 7.6.3　将函数 $f(x)=\arctan\dfrac{1+x}{1-x}$ 展开成 x 的幂级数.

分析　若容易将一个函数的导数展开成幂级数，则可先将其导数展开成幂级数，再通过积分求出此函数幂级数的展开式. 注意，幂级数积分后可能会获得收敛区间端点的收敛性.

解　因为

$$f'(x)=\frac{1}{1+[(1+x)/(1-x)]^2}\cdot\frac{(1-x)-(1+x)\cdot(-1)}{(1-x)^2}=\frac{1}{1+x^2},$$

根据几何级数 $\dfrac{1}{1-x}=\sum\limits_{n=0}^{\infty}x^n\quad(-1<x<1)$，并将 $-x^2$ 代 x 得

$$f'(x)=\sum_{n=0}^{\infty}(-x^2)^n\quad(-1<-x^2<1)=\sum_{n=0}^{\infty}(-1)^n x^{2n}\quad(-1<x<1),$$

两边积分得 $\int_0^x f'(x)\mathrm{d}x=\int_0^x\sum_{n=0}^{\infty}(-1)^n x^{2n}\mathrm{d}x=\sum_{n=0}^{\infty}(-1)^n\int_0^x x^{2n}\mathrm{d}x\quad(-1<x<1)$，

即 $$f(x)=f(0)+\sum_{n=0}^{\infty}\frac{(-1)^n}{2n+1}x^{2n+1}\quad(-1<x<1),$$

又 $f(0)=\arctan 1=\frac{\pi}{4}$，且当 $x=\pm 1$ 时，级数 $\sum_{n=0}^{\infty}\frac{(-1)^n}{2n+1}x^{2n+1}$ 均收敛，故函数的展开式为

$$f(x)=\frac{\pi}{2}+\sum_{n=0}^{\infty}\frac{(-1)^n}{2n+1}x^{2n+1}\quad(-1\leqslant x\leqslant 1).$$

思考 若 $f(x)=\arctan\frac{1+2x}{1-x}$ 或 $f(x)=\arctan\frac{1+x}{1-2x}$ 或 $f(x)=\arctan\frac{1-x}{1+x}$，结果如何?

例 7.6.4 将函数 $f(x)=x\mathrm{e}^{-x}$ 展开成点 $x_0=1$ 处的泰勒级数.

分析 所谓泰勒级数是形如 $\sum_{n=0}^{\infty}a_n(x-x_0)^n$ 的级数. 显然，若令 $z=x-x_0$，则泰勒级数可以转化成麦克劳林级数 $\sum_{n=0}^{\infty}a_n z^n$；反之亦然. 因此，只要将 $x-x_0$ 视为 x，那么将函数展开成麦克劳林级数的方法，就可以直接应用到本题中来.

解 因为 $\mathrm{e}^x=\sum_{n=0}^{\infty}\frac{1}{n!}x^n\quad(-\infty<x<\infty)$，所以

$$\begin{aligned}f(x)&=[(x-1)+1]\mathrm{e}^{-(x-1)-1}=\frac{1}{\mathrm{e}}[(x-1)+1]\mathrm{e}^{-(x-1)}=\frac{1}{\mathrm{e}}[(x-1)+1]\sum_{n=0}^{\infty}\frac{(-1)^n}{n!}(x-1)^n\\&=\frac{1}{\mathrm{e}}\left[\sum_{n=0}^{\infty}\frac{(-1)^n}{n!}(x-1)^{n+1}+\sum_{n=0}^{\infty}\frac{(-1)^n}{n!}(x-1)^n\right]\\&=\frac{1}{\mathrm{e}}\left[\sum_{n=1}^{\infty}\frac{(-1)^{n-1}}{(n-1)!}(x-1)^n+\sum_{n=1}^{\infty}\frac{(-1)^n}{n!}(x-1)^n+1\right]\\&=\frac{1}{\mathrm{e}}+\frac{1}{\mathrm{e}}\sum_{n=1}^{\infty}(-1)^{n-1}\left[\frac{1}{(n-1)!}-\frac{1}{n!}\right](x-1)^n\\&=\frac{1}{\mathrm{e}}+\frac{1}{\mathrm{e}}\sum_{n=1}^{\infty}(-1)^{n-1}\frac{n-1}{n!}(x-1)^n,\quad-\infty<x<+\infty.\end{aligned}$$

思考 (i) 若 $f(x)=(x+3)\mathrm{e}^{-x}$ 或 $f(x)=x\mathrm{e}^{-2x}$，结果如何? 若 $f(x)=(x+3)\mathrm{e}^{-2x}$ 呢? (ii) 若 $x_0=2$，以上各题结果如何?

例 7.6.5 设 $f(x)=\begin{cases}\sin x/x, & x\neq 0\\ 1, & x=0\end{cases}$，求 $f^{(n)}(0)(n=1,2,\cdots)$.

分析 若一个函数可以展开成麦克劳林级数，则用其麦克劳林级数就可以求出 $f^{(n)}(0)(n=1,2,\cdots)$，因为麦克劳林级数的系数与 $f^{(n)}(0)(n=1,2,\cdots)$ 有关.

解 因为 $\sin x=x-\frac{x^3}{3!}+\frac{x^5}{5!}-\cdots+(-1)^n\frac{x^{2n+1}}{(2n+1)!}+\cdots,\ -\infty<x<+\infty$，所以

$$\frac{\sin x}{x}=1-\frac{x^2}{3!}+\frac{x^4}{5!}-\cdots+(-1)^n\frac{x^{2n}}{(2n+1)!}+\cdots,\quad-\infty<x<+\infty\wedge x\neq 0.$$

又显然，当 $x=0$ 时，幂级数 $1-\frac{x^2}{3!}+\frac{x^4}{5!}-\cdots+(-1)^n\frac{x^{2n}}{(2n+1)!}+\cdots$ 的和为 1，所以

$$f(x)=1-\frac{x^2}{3!}+\frac{x^4}{5!}-\cdots+(-1)^n\frac{x^{2n}}{(2n+1)!}+\cdots,\quad-\infty<x<+\infty.$$

另一方面，根据函数的麦克劳林级数公式，有

$$f(x)=f(0)+\frac{f'(0)}{1!}x+\frac{f''(0)}{2!}x^2+\cdots+\frac{f^{(n)}(0)}{n!}x^n+\cdots,\ -\infty<x<+\infty,$$

两式对比可得

$$\frac{f^{(2k-1)}(0)}{(2k)!}=0,\ \frac{f^{(2k)}(0)}{(2k)!}=\frac{(-1)^k}{(2k+1)!}\Rightarrow f^{(2k-1)}(0)=0,\ f^{(2k)}(0)=\frac{(-1)^k}{2k+1},\ k=1,2,\cdots.$$

思考　若 $f(x)=\begin{cases}\sin 2x/x, & x\neq 0\\ 2, & x=0\end{cases}$，结果如何？若 $f(x)=\begin{cases}\sin kx/x, & x\neq 0\\ k, & x=0\end{cases}$ $(k\neq 0)$ 呢？

例 7.6.6　求数项级数 $\sum\limits_{n=1}^{\infty}\frac{1}{n\cdot 3^n}$ 的和.

分析　这是一个利用幂级数的和函数求常数项级数的和的问题. 我们可以把级数 $\sum\limits_{n=1}^{\infty}\frac{1}{n\cdot 3^n}$ 的和看成是当 $x=\frac{1}{3}$ 时幂级数 $\sum\limits_{n=1}^{\infty}\frac{1}{n}x^n$ 的和，如果幂级数在 $x=\frac{1}{3}$ 处收敛的话.

解　设 $s(x)=\sum\limits_{n=1}^{\infty}\frac{1}{n}x^n$，容易求得该级数的收敛域为 $-1\leqslant x<1$，且 $\frac{1}{3}\in[-1,1)$. 由于 $s(0)=0$，$s'(x)=\sum\limits_{n=1}^{\infty}x^{n-1}=\frac{1}{1-x}$，$-1<x<1$，于是

$$s(x)-s(0)=\int_0^x s'(x)\mathrm{d}x=\int_0^x\frac{1}{1-x}\mathrm{d}x=-\ln(1-x),$$

即

$$s(x)=-\ln(1-x),\ -1\leqslant x<1.$$

故令 $x=\frac{1}{3}$，得 $s\left(\frac{1}{3}\right)=-\ln\left(1-\frac{1}{3}\right)$，即 $\sum\limits_{n=1}^{\infty}\frac{1}{n\cdot 3^n}=\ln\frac{3}{2}$.

思考　(i) 若级数为 $\sum\limits_{n=1}^{\infty}(-1)^n\frac{1}{n\cdot 3^n}$ 或 $\sum\limits_{n=1}^{\infty}\frac{1}{n\cdot 2^n}$ 或 $\sum\limits_{n=1}^{\infty}(-1)^n\frac{1}{n\cdot 2^n}$，结果如何？(ii) 能否用幂级数 $\sum\limits_{n=1}^{\infty}\frac{x^n}{n\cdot 3^n}$ 或 $\sum\limits_{n=1}^{\infty}\frac{x^n}{n\cdot 2^n}$ 求以上数项级数的和？若能，写出求解过程.

第七节　习题课

例 7.7.1　判定级数 $\sum\limits_{n=1}^{\infty}\frac{\ln(n+2)}{(2+1/n)^n}$ 的敛散性.

分析　当一个正项级数比较复杂时，可以将其通项适当地简化放大（缩小），构成一个比较简单的级数，并采用适当的方法判断这个比较简单收敛（发散）. 从而由比较判别法得出原级数收敛（发散）. 注意，运用这种方法之前，初步估计级数一下级数收敛或发散的可能性，那种可能性大就先尝试那种放缩方法.

解　因为 $0<u_n=\frac{\ln(n+2)}{(2+1/n)^n}<\frac{\ln(n+2)}{2^n}=v_n$，且 $\lim\limits_{n\to\infty}\frac{v_{n+1}}{v_n}=\frac{1}{2}\lim\limits_{n\to\infty}\frac{\ln(n+3)}{\ln(n+2)}=\frac{1}{2}<1$，所以 $\sum\limits_{n=1}^{\infty}v_n$ 收敛，于是原级数收敛.

思考　(i) 在以上的放大的过程中，能否将 $\ln(n+2)$ 缩小成 1，为什么？能否将 $\ln(n+2)$

放大成 $n+2$，为什么？(ii) 若级数为 $\sum_{n=1}^{\infty}\frac{[\ln(n+2)]^2}{(2+1/n)^n}$，结果如何？为 $\sum_{n=1}^{\infty}\frac{n+2}{(2+1/n)^n}$ 呢？

例 7.7.2 判别级数 $\sum_{n=2}^{\infty}\frac{1}{\sqrt{n}}\ln\left[1+\frac{(-1)^n}{n}\right]$ 的敛散性.

分析 级数的通项是幂函数和对数函数的乘积，对数部分应用等价无穷小就可以得到与该级数敛散性相同的级数的通项，从而由简化后的级数的敛散性就可以得出原级数的敛散性. 注意，该级数并不是正项级数.

解 因为 $u_n=\frac{1}{\sqrt{n}}\ln\left[1+\frac{(-1)^n}{n}\right]\sim\frac{(-1)^n}{n^{3/2}}$ 且 $\sum_{n=2}^{\infty}\frac{(-1)^n}{n^{3/2}}$ 绝对收敛，所以原级数收敛.

思考 (i) 若级数为 $\sum_{n=2}^{\infty}\frac{1}{\sqrt{n}}\ln\left[1+\frac{(-1)^n}{\sqrt{n}}\right]$，结果如何？(ii) 讨论级数 $\sum_{n=2}^{\infty}\frac{1}{\sqrt{n}}\ln\left[1+\frac{(-1)^n}{n^{\alpha}}\right]$ $(\alpha>0)$ 的敛散性.

例 7.7.3 判别级数 $\sum_{n=1}^{\infty}(-1)^{n-1}\frac{\sqrt{n}}{n+100}$ 的敛散性，若收敛，指出是绝对收敛还是条件收敛.

分析 这是交错级数敛散性问题. 它的一般项的绝对值等价于 n 几阶无穷小？回答了这个问题就可以用交错的 P—级数的结论得出该级数的敛散性，接下来按要求写出解答过程就是了.

解 因为 $u_n=\frac{\sqrt{n}}{n+100}\to0(n\to\infty)$. 令 $f(x)=\frac{\sqrt{x}}{x+100}$，则 $f'(x)=\frac{100-x}{2\sqrt{x}\ (x+100)^2}$，故当 $x>100$ 时，$f'(x)<0$，此时 $f(x)$ 单调减少，所以当 $n>100$ 时，有 $u_n>u_{n+1}$. 于是由莱布尼茨判别法及性质知级数收敛；

又因为 $\lim_{n\to\infty}\frac{|u_n|}{1/\sqrt{n}}=\lim_{n\to\infty}\frac{n}{n+100}=1$ 且 $\sum_{n=1}^{\infty}\frac{1}{\sqrt{n}}$ 发散，所以 $\sum_{n=1}^{\infty}|u_n|$ 发散. 从而该级数条件收敛.

思考 若级数为 $\sum_{n=1}^{\infty}(-1)^{n-1}\frac{\sqrt[3]{n}}{n+100}$，结果如何？为 $\sum_{n=1}^{\infty}(-1)^{n-1}\frac{\sqrt{n}}{n+b}(b>0)$ 或 $\sum_{n=1}^{\infty}(-1)^{n-1}\frac{\sqrt[3]{n}}{n+b}(b>0)$ 呢？

例 7.7.4 设正项数列 $\{a_n\}$ 单调减少，且 $\sum_{n=1}^{\infty}(-1)^n a_n$ 发散，证明：级数 $\sum_{n=1}^{\infty}\left(\frac{1}{1+a_n}\right)^n$ 收敛.

分析 由根值审敛法，只需证明 $\lim_{n\to\infty}\sqrt[n]{\left(\frac{1}{1+a_n}\right)^n}=\lim_{n\to\infty}\frac{1}{1+a_n}=\frac{1}{1+\lim\limits_{n\to\infty}a_n}<1$，即 $\lim\limits_{n\to\infty}a_n>0$.

证明 因为正项数列 $\{a_n\}$ 单调减少，故 $\lim\limits_{n\to\infty}a_n$ 存在. 记 $\lim\limits_{n\to\infty}a_n=a$，则由极限的性质知 $a\geqslant0$. 下面证明 $a\neq0$，假设 $a=0$，则莱布尼茨定理知 $\sum_{n=1}^{\infty}(-1)^n a_n$ 收敛，这与已知条件相矛盾，故 $a>0$. 从而

$$\lim_{n\to\infty}\sqrt[n]{\left(\frac{1}{1+a_n}\right)^n}=\lim_{n\to\infty}\frac{1}{1+a_n}=\frac{1}{1+\lim\limits_{n\to\infty}a_n}=\frac{1}{1+a}<1,$$

故由根值审敛法知，该级数收敛.

思考　若 $\sum_{n=1}^{\infty}(-1)^n a_n$ 收敛，以上结论是否仍然成立？是，给出证明；否，举出反例.

例 7.7.5　设 $a_n=\int_0^{\frac{\pi}{4}}\tan^n x\,\mathrm{d}x$，试证：对任意的常数 $\lambda>0$，级数 $\sum_{n=1}^{\infty}\frac{a_n}{n^{\lambda}}$ 收敛.

分析　级数通项中的分子是一个定积分，很难求出. 但由于在不影响收敛性的前提下，可以对级数的一般项进行适当的放大，因此可以利用定积分的性质简化该积分，从而将该级数的判敛转化成一个比较简单的级数的判敛.

证明　令 $t=\tan x$，则 $0<a_n=\int_0^1\frac{t^n}{1+t^2}\mathrm{d}t<\int_0^1 t^n\,\mathrm{d}t=\frac{1}{n+1}<\frac{1}{n}$，故 $0<\frac{a_n}{n^{\lambda}}<\frac{1}{n^{\lambda+1}}$.

因为 $\sum_{n=1}^{\infty}\frac{1}{n^{\lambda+1}}$ $(\lambda>0)$ 收敛，所以 $\sum_{n=1}^{\infty}\frac{a_n}{n^{\lambda}}$ 收敛.

思考　若 $a_n=\int_0^{\alpha}\tan^n x\,\mathrm{d}x\,(0<\alpha<\pi/2)$，以上结论是否仍然成立？$a_n=\int_0^{\frac{\pi}{4}}\tan^n x\,\mathrm{d}x$ 或 $a_n=\int_0^{\alpha}\tan^{n-1}x\,\mathrm{d}x\,(0<\alpha<\pi/2)$ 呢？是，给出证明；否，举出反例.

例 7.7.6　求幂级数 $\sum_{n=1}^{\infty}\frac{(2x-3)^n}{n\cdot 3^n}$ 的和函数.

分析　若该级数的通项改写成 $u_n(x)=\frac{1}{n}\left(\frac{2x-3}{3}\right)^n$，则此级数就可以看成是分母为 n 的一次多项式的幂级数，可以用求导的方法求解.

解　令 $s(x)=\sum_{n=1}^{\infty}\frac{(2x-3)^n}{n\cdot 3^n}$，则 $s\left(\frac{3}{2}\right)=0$. 而

$$s'(x)=\left[\sum_{n=1}^{\infty}\frac{(2x-3)^n}{n\cdot 3^n}\right]'=\sum_{n=1}^{\infty}\left[\frac{(2x-3)^n}{n\cdot 3^n}\right]'=2\sum_{n=1}^{\infty}\frac{(2x-3)^{n-1}}{3^n}=\frac{2}{3}\sum_{n=1}^{\infty}\left(\frac{2x-3}{3}\right)^{n-1}$$

$$=\frac{2}{3}\cdot\frac{1}{1-(2x-3)/3}=\frac{2}{3-(2x-3)}=\frac{1}{3-x},$$

其中根据几何级数的收敛性知 $\left|\frac{2x-3}{3}\right|<1$，解得 $0<x<3$.

积分得 $\int_{\frac{3}{2}}^{x}s'(x)\mathrm{d}x=\int_{\frac{3}{2}}^{x}\frac{1}{3-x}\mathrm{d}x$，即 $s(x)=\ln\frac{3}{2}-\ln(3-x)$，$0<x<3$.

又显然，当 $x=0$ 时，原级数为 $\sum_{n=1}^{\infty}\frac{(-1)^n}{n}$，收敛；当 $x=3$ 时，原级数为 $\sum_{n=1}^{\infty}\frac{1}{n}$，发散.

所以
$$s(x)=\ln\frac{3}{2}-\ln(3-x),\quad 0\leqslant x<3.$$

思考　(i) 若级数为 $\sum_{n=1}^{\infty}\frac{(2x+3)^n}{n\cdot 3^n}$ 或 $\sum_{n=1}^{\infty}\frac{(2x-3)^n}{n\cdot 2^n}$，结果如何？若为 $\sum_{n=1}^{\infty}\frac{(2x+3)^n}{n\cdot 2^n}$ 呢？(ii) 若级数为 $\sum_{n=0}^{\infty}\frac{(2x-3)^n}{(n+1)\cdot 3^n}$ 或 $\sum_{n=0}^{\infty}\frac{(2x-3)^n}{(n+1)\cdot 2^n}$，结果又如何？

例 7.7.7 求幂级数 $\sum\limits_{n=1}^{\infty}(2n+1)x^n$ 的和函数，并求级数的 $\sum\limits_{n=1}^{\infty}\dfrac{2n+1}{2^n}$ 的和.

分析 对于通项系数为 n 的一次多项式的幂级数，通常利用拆项将其分成几个幂级数的和，而其中每个幂级数又是某个几何级数的导数，从而利用几何级数的和函数和导数求出其和函数.

解 令 $s(x)=\sum\limits_{n=1}^{\infty}(2n+1)x^n$，则

$$\begin{aligned}s(x)&=\sum_{n=1}^{\infty}[(n+1)+n]x^n=\sum_{n=1}^{\infty}(n+1)x^n+\sum_{n=1}^{\infty}nx^n=\sum_{n=1}^{\infty}(n+1)x^n+x\sum_{n=1}^{\infty}nx^{n-1}\\&=\sum_{n=1}^{\infty}(x^{n+1})'+x\sum_{n=1}^{\infty}(x^n)'=\Big(\sum_{n=1}^{\infty}x^{n+1}\Big)'+x\Big(\sum_{n=1}^{\infty}x^n\Big)'=\left(\frac{x^2}{1-x}\right)'+x\cdot\left(\frac{x}{1-x}\right)'\\&=\frac{2x-x^2}{(1-x)^2}+x\cdot\frac{1}{(1-x)^2}=\frac{3x-x^2}{(1-x)^2},\end{aligned}$$

其中根据几何级数的收敛性知 $|x|<1$. 由于求导不会扩大所得级数在收敛区间端点处的收敛性，因此原级数的收敛域亦为 $-1<x<1$. 故级数的和函数为

$$s(x)=\frac{3x-x^2}{(1-x)^2}\quad(-1<x<1).$$

令 $x=\dfrac{1}{2}\in(-1,1)$，得 $\sum\limits_{n=1}^{\infty}\dfrac{2n+1}{2^n}=s\left(\dfrac{1}{2}\right)=\dfrac{3/2-(1/2)^2}{(1-1/2)^2}=5$.

思考 (i) 若级数为 $\sum\limits_{n=1}^{\infty}(3n-2)x^n$，结果如何? $\sum\limits_{n=1}^{\infty}(an+b)x^n$ 呢? (ii) 用两边求定积分的方法求解以上各题.

例 7.7.8 将函数 $f(x)=\sin^4 x+\cos^4 x$ 展开成 x 的幂级数.

分析 初看起来，似乎可以用 $\sin x$ 和 $\cos x$ 的幂级数展开式来做，但麻烦是很难作幂级数的四方. 因此，先用三角公式作降幂处理，再设法展开.

解
$$\begin{aligned}f(x)&=\sin^4 x+\cos^4 x=(\sin^2 x+\cos^2 x)^2-2\sin^2 x\cos^2 x=1-\frac{1}{2}\sin^2 2x\\&=1-\frac{1}{4}(1-\cos 4x)=\frac{3}{4}+\frac{1}{4}\cos 4x,\end{aligned}$$

因为 $\cos x=\sum\limits_{n=0}^{\infty}\dfrac{(-1)^n}{(2n)!}x^{2n}\ (-\infty<x<\infty)$，将 $4x$ 代替 x，得

$$\cos 4x=\sum_{n=0}^{\infty}\frac{(-1)^n}{(2n)!}(4x)^{2n}\quad(-\infty<x<+\infty),$$

所以
$$\begin{aligned}f(x)&=\frac{3}{4}+\frac{1}{4}\cos 4x=\frac{3}{4}+\frac{1}{4}\sum_{n=0}^{\infty}\frac{(-1)^n}{(2n)!}(4x)^{2n}\\&=1+\sum_{n=1}^{\infty}(-1)^n\frac{(4x)^{2n}}{4\cdot(2n)!}\quad(-\infty<x<+\infty).\end{aligned}$$

思考 若 $f(x)=\sin^4 2x+\cos^4 2x$，结果如何? 若 $f(x)=\sin^4 x-\cos^4 x$ 或 $f(x)=\sin^4 2x-\cos^4 2x$ 呢?

1. 级数 $\sum_{n=0}^{\infty}\frac{(-1)^n n!}{3^n}$ 的第五项为＿＿＿，前五项的和为＿＿＿.

2. 级数 $\frac{2}{3}+\left(\frac{3}{7}\right)^2+\left(\frac{4}{11}\right)^3+\left(\frac{5}{15}\right)^4+\cdots$ 的一般项为＿＿.

3. 设级数 $\sum_{n=1}^{\infty}u_n$ 收敛，而 $\sum_{n=1}^{\infty}v_n$ 发散，则级数 $\sum_{n=1}^{\infty}(u_n+v_n)$ 和 $\sum_{n=1}^{\infty}u_n v_n$（　　）.

A. 均是收敛的；　　B. 均是发散的；

C. 分别是发散和敛散性不定的；　　D. 均是敛散性不定的.

4. 级数 $\sum_{n=1}^{\infty}\left(\frac{2}{3^n}-\frac{3}{4^n}\right)$ 的和 $s=$（　　）.

A. -1；　　B. 0；　　C. 1；　　D. 2.

5. 根据收敛与发散的定义判别级数 $\sum_{n=1}^{\infty} \frac{1}{(3n-2)(3n+1)}$ 的敛散性．若收敛，求其和．

6. 根据级数的性质判别级数

$2+2^2+\cdots+2^{100}+\frac{1}{2}+\frac{1}{2^2}+\cdots+\frac{1}{2^n}+\cdots$ 的敛散性．若收敛，求其和 S．

7. 判别级数 $\frac{1}{3}+\frac{1}{\sqrt{3}}+\cdots+\frac{1}{\sqrt[n]{3}}+\cdots$ 的敛散性．

1. 级数 $\sum_{n=1}^{\infty} n^{1-\alpha}(\alpha > 1)$ 当 α ＿＿＿时级数收敛，当 α ＿＿＿时级数发散.

2. 级数 $\sum_{n=1}^{\infty} \frac{n-1}{n^3-n+5}$ 是＿＿＿的，理由是＿＿＿＿＿.

3. 级数 $\sum_{n=1}^{\infty} \frac{n^\alpha}{3^n}(\alpha \in R)$（　　）.

A. 当 $\alpha \geqslant 0$ 时收敛，$\alpha < 0$ 时发散；　　B. 收敛；

C. 当 $\alpha \geqslant 0$ 时发散，$\alpha < 0$ 时收敛；　　D. 发散.

4. 级数 $\sum_{n=1}^{\infty} \left(1-\frac{1}{n}\right)^{n^\alpha}$（　　）.

A. 是收敛的；　　B. 是发散的；

C. 当 $\alpha \leqslant 2$ 时是收敛的；　　D. 当 $\alpha \geqslant 2$ 时是收敛的.

5. 判别级数 $\sum_{n=1}^{\infty} \frac{n^2-6}{n^4+4}$ 的敛散性.

6. 判别级数 $\sum_{n=1}^{\infty} \frac{2^n n!}{n^n}$ 的敛散性.

7. 判别级数 $\sum_{n=1}^{\infty} \frac{7^n}{8^n-6^n}$ 的敛散性.

1. 若 $\sum_{n=1}^{\infty} u_n$ 条件收敛，$\sum_{n=1}^{\infty} v_n$ 绝对收敛，则级数 $\sum_{n=1}^{\infty}(u_n+v_n)$ 是＿＿＿收敛的.

2. 若级数 $\sum_{n=1}^{\infty} u_n$ 收敛，则级数 $\sum_{n=1}^{\infty} |u_n|$ 未必＿＿＿；若级数 $\sum_{n=1}^{\infty} u_n$ 条件收敛，则级数 $\sum_{n=1}^{\infty} |u_n|$ 必定＿＿＿；级数 $\sum_{n=1}^{\infty} |u_n|$ 收敛，则级数 $\sum_{n=1}^{\infty} u_n$ 必定＿＿＿.

3. 若 $\lim\limits_{n\to\infty} b_n=+\infty$，则 $\sum_{n=1}^{\infty}\left(\frac{1}{b_n}-\frac{1}{b_{n-1}}\right)$ 是（　　）.

A. 发散的；　B. 敛散性不定；　C. 收敛于 0；　D. 收敛于 $-1/b_0$.

4. 下列结论正确的是（　　）.

A. 若 $\sum_{n=1}^{\infty} u_n$ 收敛，则 $\sum_{n=1}^{\infty} |u_n|$ 收敛；

B. 若 $\sum_{n=1}^{\infty} |u_n|$ 发散，则 $\sum_{n=1}^{\infty} u_n$ 发散；

C. 若 $\sum_{n=1}^{\infty} |u_n|$ 收敛，则 $\sum_{n=1}^{\infty} u_n^2$ 收敛；

D. 若 $\sum_{n=1}^{\infty} u_n^2$ 收敛，则 $\sum_{n=1}^{\infty} u_n$ 收敛.

5. 判断级数 $\sum_{n=1}^{\infty}(-1)^n \frac{\ln n}{n}$ 敛散性，若收敛，是绝对收敛还是条件收敛？

6. 判别级数 $\sum_{n=1}^{\infty}(-1)^n \frac{n}{4^n}$ 敛散性，若收敛，是绝对收敛还是条件收敛？

7. 判别交错级数 $\sum_{n=2}^{\infty}(-1)^n \frac{1}{\ln(n+1)}$ 是绝对收敛还是条件收敛或者是发散？

1. 若 $\sum_{n=1}^{\infty} a_n x^n$ 在 $x=-2$ 处收敛，则在 $x=\frac{3}{2}$ 处此级数是＿＿＿的；在 $x=-3$ 处级数是＿＿＿的.

2. 幂级数 $\sum_{n=0}^{\infty} e^n x^{n+1}$ 的收敛半径为＿＿＿＿＿.

3. 幂级数 $\sum_{n=1}^{\infty} \frac{n^2 \cdot x^n}{2^n}$ 的收敛域为（　　）.

A. $(-2, 2)$；　B. $[-2, 2]$；　C. $(-2, 2]$；　D. $[-2, 2)$.

4. 幂级数 $\sum_{n=1}^{\infty} \frac{x^n}{3^{n-1}\sqrt{n}}$ 的收敛域为（　　）.

A. $(-3, 3)$；　B. $[-3, 3]$；　C. $(-3, 3]$；　D. $[-3, 3)$.

5. 求幂级数 $\sum_{n=1}^{\infty} \frac{x^n}{2n(n+1)}$ 的收敛区间.

6. 求幂级数 $\sum_{n=1}^{\infty} \frac{(2x+1)^n}{n}$ 的收敛域.

7. 求幂级数 $\sum_{n=0}^{\infty} (-1)^n \frac{x^{2n+1}}{3^n(2n+1)}$ 的收敛半径与收敛域.

1. 函数 $f(x)=\arctan x$ 的一阶泰勒公式中的拉格朗日型余项 $R_1(x)=$＿＿＿＿＿＿.

2. 函数 $f(x)=\mathrm{e}^x$ 的二阶麦克劳林公式是＿＿＿＿＿＿.

3. 设 $f(x)$ 在 $(-\infty,+\infty)$ 存在任意阶导数，则 $f(2x)$ 的麦克劳林级数为（　　）.

A. $\sum\limits_{n=0}^{\infty}\dfrac{f^{(n)}(0)}{2^n}x^n$；　　B. $\sum\limits_{n=0}^{\infty}\dfrac{f^{(n)}(0)}{n!}x^n$；

C. $\sum\limits_{n=0}^{\infty}\dfrac{f^{(n)}(0)}{2^n n!}x^n$；　　D. $\sum\limits_{n=0}^{\infty}\dfrac{2^n f^{(n)}(0)}{n!}x^n$.

4. 积分 $\int_0^x\left[\sum\limits_{n=1}^{\infty}\dfrac{n+1}{2^n}x^n\right]\mathrm{d}x=$（　　）.

A. $\dfrac{x}{2-x}$；　B. $\dfrac{x^2}{2-x}$；　C. $\dfrac{x}{2-x}$，$|x|<2$；　D. $\dfrac{x^2}{2-x}$，$|x|<2$.

5. 按 $x-1$ 的乘幂展开多项式 $P_4(x)=x^4-5x^3+x^2-3x+4$.

6. 求幂级数 $\sum_{n=1}^{\infty} x^n+\sum_{n=1}^{\infty}\left(-\frac{x}{2}\right)^{n-1}$ 的收敛半径及和函数.

7. 求幂级数 $x-\frac{1}{3}x^3+\frac{1}{5}x^5-\frac{1}{7}x^7+\cdots(|x|\leqslant 1)$ 的和函数.

1. 函数 $f(x)=e^x-1$ 展开成麦克劳林级数为________，其收敛区间为________.

2. 函数 $f(x)=\sin 2x$ 展开成麦克劳林级数为__________，其收敛区间为________.

3. 函数 $f(x)=\ln x$ 展开为 $x-2$ 的幂级数为（　　）.

A. $f(x)=\sum_{n=0}^{\infty}(-1)^n\dfrac{x^{n+1}}{n+1}, x\in(-1,1]$；

B. $f(x)=\sum_{n=0}^{\infty}(-1)^n\dfrac{(x-1)^{n+1}}{n+1}, x\in(0,2]$；

C. $f(x)=\ln 2+\sum_{n=0}^{\infty}(-1)^n\dfrac{(x-2)^{n+1}}{n+1}, x\in(1,3]$；

D. $f(x)=\ln 2+\sum_{n=0}^{\infty}(-1)^n\dfrac{(x-2)^{n+1}}{(n+1)2^{n+1}}, x\in(0,4]$.

4. 函数 $f(x)=\dfrac{x}{2-x}$ 关于 x 的幂级数展开式为（　　）.

A. $f(x)=\sum_{n=0}^{\infty}\left(\dfrac{x}{2}\right)^n, x\in\left(-\dfrac{1}{2},\dfrac{1}{2}\right)$；

B. $f(x)=\sum_{n=1}^{\infty}\left(\dfrac{x}{2}\right)^n, x\in\left(-\dfrac{1}{2},\dfrac{1}{2}\right)$；

C. $f(x)=\sum_{n=0}^{\infty}\left(\dfrac{x}{2}\right)^n, x\in(-2,2)$；

D. $f(x)=\sum_{n=1}^{\infty}\left(\dfrac{x}{2}\right)^n, x\in(-2,2)$.

5. 将函数 $f(x)=\dfrac{1}{3-x}$ 展开为 $x-1$ 的幂级数.

6. 将 $f(x)=\dfrac{x}{9+x^2}$ 展开成麦克劳林级数.

7. 将 $f(x)=\dfrac{1}{x^2-x-6}$ 在 $x=1$ 处展开成幂级数.

1. 已知级数 $\sum_{n=1}^{\infty}(-1)^{n-1}a_n=3$，$\sum_{n=1}^{\infty}a_{2n-1}=5$，则级数 $\sum_{n=1}^{\infty}a_n=$__________.

2. 已知 $\sum_{n=1}^{\infty}\frac{1}{n^{\alpha}}\sin\frac{1}{\sqrt{n}}$，则当 α ________时级数收敛，当 α __________时级数发散.

3. 设 $0\leqslant a_n\leqslant\frac{1}{n}$ $(n=1,2,\cdots)$，则下列级数中一定收敛的是（　　）.

A. $\sum_{n=1}^{\infty}(-1)^n na_n^2$；　　B. $\sum_{n=1}^{\infty}(-1)^n\sqrt{a_n}$；

C. $\sum_{n=1}^{\infty}(-1)^n a_n$；　　D. $\sum_{n=1}^{\infty}(-1)^n a_n^2$.

4. 级数 $\sum_{n=1}^{\infty}\frac{(2x-1)^n}{n}$ 的收敛域是（　　）

A. $(0,1)$；　　B. $[0,1)$；　　C. $(0,1]$；　　D. $[0,1]$.

5. 判别级数 $\sum_{n=1}^{\infty} \frac{3+(-1)^n}{3^n}$ 的敛散性.

6. 求幂级数 $3x^2 - \frac{5}{2}x^4 + \frac{7}{3}x^6 - \cdots + (-1)^{n-1} \frac{2n+1}{n} x^{2n} + \cdots$ 的和函数.

7. 将函数 $f(x) = x\mathrm{e}^{-x}$ 展开成 x 的幂级数，并据此证明 $\lim\limits_{n\to\infty} \frac{4^n}{3^n \cdot n!} = 0$.

第八章　多元函数教学同步指导与训练

第一节　空间解析几何简介

一、教学目标

了解空间直角坐标系结构，空间点与坐标的一一对应关系；掌握两点间的距离公式. 知道曲面方程的概念，曲面研究的两个基本问题；了解一些特殊曲面的概念，包括平面、球面、柱面、抛物面和双曲抛物面等.

二、考点题型

两点间距离公式的应用，平面的方程、球面方程等问题的求解，一些曲面图形的描绘等.

三、例题分析

例 8.1.1　求到三点 $A(1, -1, 5)$，$B(3, 4, 4)$ 和 $C(4, 6, 1)$ 的距离相等动点的轨迹.

解　设动点的坐标为 $M(x, y, z)$，于是由 $|AM|=|BM|$ 和 $|BM|=|CM|$ 以及两点间的距离公式,可得

$$\begin{cases}\sqrt{(x-1)^2+(y+1)^2+(z-5)^2}=\sqrt{(x-3)^2+(y-4)^2+(z-4)^2}\\ \sqrt{(x-3)^2+(y-4)^2+(z-4)^2}=\sqrt{(x-4)^2+(y-6)^2+(z-1)^2}\end{cases},$$

即

$$\begin{cases}2x+5y-z=7\\ x+2y-3z=6\end{cases}.$$

思考　(i) 若由 $|AM|=|BM|$ 和 $|AM|=|CM|$，或由 $|AM|=|CM|$ 和 $|BM|=|CM|$，结果如何？若由 $|AM|=|BM|$，$|BM|=|CM|$ 和 $|AM|=|CM|$ 呢？(ii) 以上结果是否相同？为什么？

例 8.1.2　求过三点 $L(1, -1, 0)$，$M(-1, 0, 1)$，$N(0, 2, -1)$ 的平面方程.

分析　由于已知平面过 L，M，N 三个点，故可通过平面的一般式方程来求解.

解　设所求的平面方程为 $Ax+By+Cz+D=0$，将 L，M，N 三个点分别代入上式，得

$$\begin{cases}A\cdot 1+B\cdot(-1)+C\cdot 0+D=0\\ A\cdot(-1)+B\cdot 0+C\cdot 1+D=0\\ A\cdot 0+B\cdot 2+C\cdot(-1)+D=0\end{cases},$$

求得方程组的解为

$$A=4,\ B=3,\ C=5,\ D=-1,$$

于是所求平面方程为

$$4x+3y+5z-1=0.$$

思考　若平面过 $P(1, 0, 0)$，$Q(0, 2, 0)$，$R(0, 0, 3)$ 三点，结果如何？过 $U(1, 2, -1)$，$V(-1, 2, 3)$，$W(6, 0, 5)$ 三点呢？

例 8.1.3　用截痕法研究曲面 $z=1-x^2-4y^2$，并画出曲面的图形.

分析 截痕法是用平行于坐标面的平面去截曲面，并通过截痕（即截出的曲线）去认识曲面的方法. 注意，这里截痕是曲面与平行于坐标面的平面的交线.

解 如图 8.1. 用 $z=c(c\leqslant 1)$ 截取面 $z=1-x^2-4y^2$，截痕的方程为 $\begin{cases}x^2+4y^2=1-c\\ z=c\end{cases}$. 当 $c=1$ 时，截痕为点 $(0,0,1)$；当 $c<1$ 时，截痕为平面 $z=c$ 上的椭圆 $x^2+4y^2=1-c$，即 $\dfrac{x^2}{\sqrt{1-c}^2}+\dfrac{y^2}{(\sqrt{1-c}/2)^2}=1$，椭圆中心的坐标为 $(0,0,c)$，两半轴分别为 $\sqrt{1-c}$，$\sqrt{1-c}/2$；特别地，当 $c=0$ 时，截痕为 xOy 平面上的椭圆 $x^2+4y^2=1$，即 $\dfrac{x^2}{1^2}+\dfrac{y^2}{(1/2)^2}=1$，椭圆中心为坐标原点 $(0,0,0)$，两半轴分别为 1，1/2.

用 $x=a$ 截取面 $z=1-x^2-4y^2$，截痕的方程为 $\begin{cases}z=1-a^2-4y^2\\ x=a\end{cases}$. 截痕为平面 $x=a$ 上的抛物线 $z=1-a^2-4y^2$，顶点的坐标为 $(a,0,1-a^2)$；特别地，当 $a=0$ 时，截痕为 yOz 平面上的抛物线 $z=1-4y^2$，顶点的坐标为 $(0,0,1)$，开口均朝下.

用 $y=b$ 截取面 $z=1-x^2-4y^2$，截痕的方程为 $\begin{cases}z=1-4b^2-x^2\\ y=b\end{cases}$. 截痕为平面 $y=b$ 上的抛物线 $z=1-4b^2-x^2$，顶点的坐标为 $(0,b,1-4b^2)$；特别地，当 $b=0$ 时，截痕为 xOz 平面上的抛物线 $z=1-x^2$，顶点的坐标为 $(0,0,1)$，开口均朝下.

思考 用截痕法研究曲面 $z=1+x^2-4y^2$ 和 $z=1-x^2+4y^2$，并画出曲面的图形.

例 8.1.4 设一个圆柱面的母线平行于 z 轴，准线 C 是在 xOy 坐标面上的以 $P_0(0,R)$ 为圆心，R 为半径的圆，求此圆柱面方程.

分析 根据曲面方程的定义求该曲面方程.

解 如图 8.2. 准线 C 的方程为

$$C:\begin{cases}x^2+(y-R)^2=R^2\\ z=0\end{cases}\Rightarrow C:\begin{cases}x^2+y^2=2Ry\\ z=0\end{cases}.$$

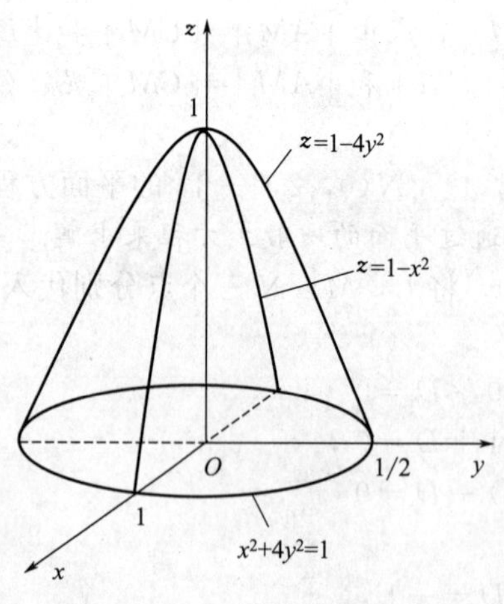

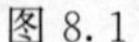

图 8.1

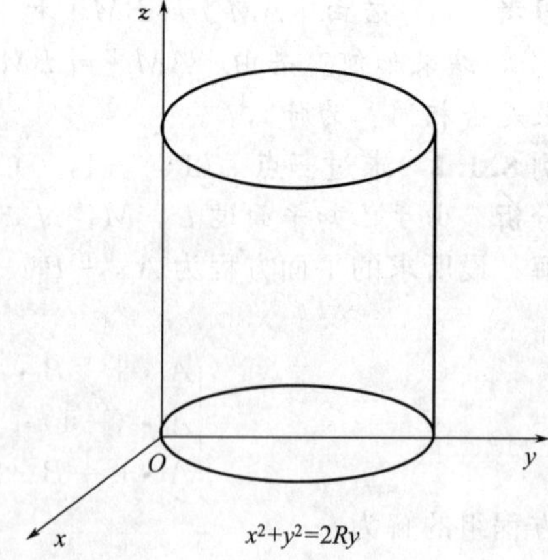

图 8.2

在圆柱面上任取一点 $P(x,y,z)$，过点 $P(x,y,z)$ 的母线与 xOy 坐标面的交点 $P_1(x,y,0)$ 一定在准线 C 上，所以不论点 $P(x,y,z)$ 的坐标中的 z 取什么值，它的横坐标 x 和纵坐标 y 都一定满足方程 $x^2+y^2=2Ry$；

反过来，不在这个圆柱面上的点，点 $P(x, y, z)$ 的坐标不满足方程 $x^2+y^2=2Ry$，所以所求的柱面方程为

$$x^2+y^2=2Ry .$$

思考　求母线平行于 z 轴，准线 C 是在 xOy 坐标面上顶点为坐标原点，焦点分别为 $(\pm 4, 0)$ 的抛物线的柱面方程.

例 8.1.5　在空间直角坐标系下，下列方程的图形是什么？

(i) $x^2+4y^2-4=0$；(ii) $y^2+z^2=-z$；(iii) $z=x^2-2x+1$；(iv) $x-y=1$.

分析　由各曲面特点及"截面法"即可知方程的图形.

解 (i) $x^2+4y^2-4=0$ 是缺少 z 的方程，所以它表示以 $\begin{cases}x^2+4y^2=4\\z=0\end{cases}$ 为准线，母线平行于 z 轴的椭圆柱面；

(ii) $y^2+z^2=-z$ 是缺少 x 的方程，所以它表示以 $\begin{cases}y^2+z^2=-z\\x=0\end{cases}$ 为准线，母线平行于 x 轴的圆柱面.

(iii) $z=x^2-2x+1$ 是缺少 y 的方程，所以它表示以 $\begin{cases}z=x^2-2x+1\\y=0\end{cases}$ 为准线，母线平行于 y 轴的抛物柱面.

(iv) $x-y=1$ 是缺少 z 的一次方程，所以在空间中，它表示平行于 z 轴的平面. 同时，可以理解为以直线 $\begin{cases}x-y=1\\z=0\end{cases}$ 为准线，母线平行于 z 轴柱面.

思考　(i) 将以上柱面的准线分别向右移动 a 个单位，求相应的柱面；(ii) 将以上柱面的准线分别向下移动 b 个单位，求相应的柱面；(iii) 将以上柱面的准线分别同时向右移动 a 个单位、向下移动 b 个单位，求相应的柱面.

例 8.1.6　已知球面经过点 $(0, -3, 1)$，且与 xOy 平面交成圆周 $\begin{cases}x^2+y^2=16\\z=0\end{cases}$，试求该球面方程.

分析　首先给出空间球面的一般方程 $(x-a)^2+(y-b)^2+(z-c)^2=R^2$，然后由题中所给条件联立方程组，求出其中的未知量（圆心坐标和半径）即可.

解　空间中的球面方程可以写成

$$(x-a)^2+(y-b)^2+(z-c)^2=R^2 ,$$

其中 (a, b, c) 为球心坐标，R 是球半径. 它与 xOy 平面的交线为

$$\begin{cases}(x-a)^2+(y-b)^2+(z-c)^2=R^2\\z=0\end{cases}，即\begin{cases}(x-a)^2+(y-b)^2+c^2=R^2\\z=0\end{cases},$$

由题设可得 $x^2+y^2-16=(x-a)^2+(y-b)^2+c^2-R^2$，比较系数可得

$$\begin{cases}a=b=0\\c^2-R^2=-16\end{cases}.$$

又已知点 $(0, -3, 1)$ 在球面上，所以有

$$(-3)^2+(1-c)^2=R^2 ,\quad 即\ c^2-R^2=-10+2c .$$

与 $c^2-R^2=-16$ 联立，可解得 $c=-3$，而当 $c=-3$ 时，$R^2=25$，于是所求的球面方程为

$$x^2+y^2+(z+3)^2=25 .$$

思考　(i) 若与 yOz 平面交成圆周 $\begin{cases}y^2+z^2=16\\x=0\end{cases}$，结果如何？(ii) 若与 zOx 平面交成

圆周 $\begin{cases} z^2+x^2=16 \\ y=0 \end{cases}$，结果又如何？

第二节　多元函数的概念、二元函数的极限与连续

一、教学目标

了解多元函数的基本概念，会求二元函数的定义域，会作二元函数的图形. 了解多元函数极限的概念，知道二元函数极限的运算法则，会求一些二元函数的极限. 了解多元函数连续的概念，知道闭区域上二元连续函数的基本性质，会求一些二元函数的连续性.

二、考点题型

二元函数的定义域*、对应法则*和值域的求解；二元函数极限的求解*；二元函数连续性与间断点的讨论或求解*.

三、例题分析

例 8.2.1　求下列函数的定义域，并判断它们是否为同一函数：

(i) $z_1=\ln[(1-x^2)(1-y^2)]$；(ii) $z_2=\ln[(1-x)(1+y)]+\ln[(1+x)(1-y)]$.

分析　判断两个函数是否为同一函数，只要看它们的两个要素——定义域与对应法则是否相同.

证明　(i) 由 $(1-x^2)(1-y^2)>0$，即 $\begin{cases} 1-x^2>0 \\ 1-y^2>0 \end{cases}$ 或 $\begin{cases} 1-x^2<0 \\ 1-y^2<0 \end{cases}$，求得函数 z_1 的定义域 $D_1=\{(x,y)\mid |x|<1,\ |y|<1 \lor |x|>1,\ |y|>1\}$（如图 8.3）；

(ii) 由 $\begin{cases} (1-x)(1+y)>0 \\ (1+x)(1-y)>0 \end{cases}$，即 $\begin{cases} 1-x>0 \\ 1+y>0 \\ 1+x>0 \\ 1-y>0 \end{cases}$ 或 $\begin{cases} 1-x<0 \\ 1+y<0 \\ 1+x>0 \\ 1-y>0 \end{cases}$ 或 $\begin{cases} 1-x>0 \\ 1+y>0 \\ 1+x<0 \\ 1-y<0 \end{cases}$ 或 $\begin{cases} 1-x<0 \\ 1+y<0 \\ 1+x<0 \\ 1-y<0 \end{cases}$ 求得函数 z_2 的定义域 $D_2=\{(x,\ y)\mid |x|<1,\ |y|<1 \lor x<-1,\ y>1 \lor x>1,\ y<-1\}$（如图 8.4）.

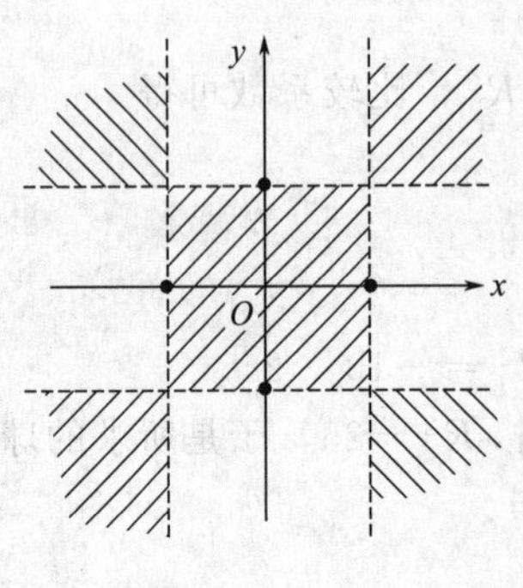

图 8.3

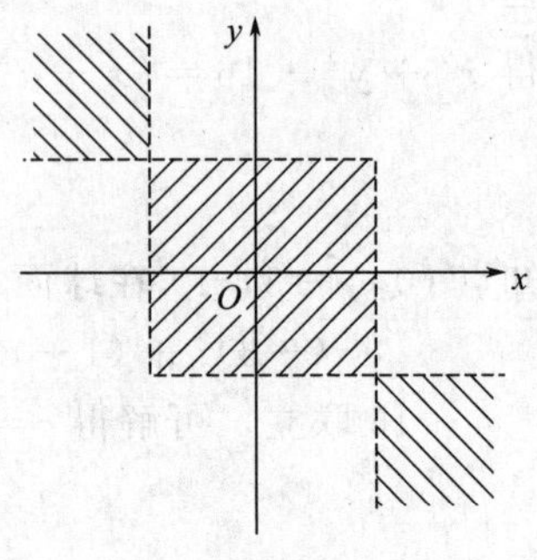

图 8.4

由于 D_2 仅是 D_1 的一部分，所以 z_1，z_2 不是同一函数.

思考　求下列函数的定义域，并判断它们及以上函数是否为同一函数

$$z_3=\ln[(1-x)(1-y)]+\ln[(1+x)(1+y)],$$
$$z_4=\ln[(1+x)(1-y)]+\ln[(1-x)(1+y)].$$

例 8.2.2　设 $F(x,y)=f\left(x+y,\frac{y}{x}\right)-f\left(x-y,\frac{x}{y}\right)-2xy$，且 $f(x+y,x-y)=x^2+y^2-xy$，求 $F(x,y)$.

分析　先求出函数 $f(x,y)$ 的表达式，再利用 $F(x,y)$ 与 $f(x,y)$ 之间的关系求出 $F(x,y)$.

解　令 $\begin{cases}x+y=u\\x-y=v\end{cases}$，则 $\begin{cases}x=\dfrac{u+v}{2}\\y=\dfrac{u-v}{2}\end{cases}$. 于是

$$f(u,v)=\left(\frac{u+v}{2}\right)^2+\left(\frac{u-v}{2}\right)^2-\frac{u+v}{2}\cdot\frac{u-v}{2}=\frac{1}{4}(u^2+3v^2)\Rightarrow f(x,y)=\frac{1}{4}(x^2+3y^2).$$

故 $F(x,y)=f\left(x+y,\dfrac{y}{x}\right)-f\left(x-y,\dfrac{x}{y}\right)-2xy$

$$=\frac{1}{4}\left[(x+y)^2+3\left(\frac{y}{x}\right)^2\right]-\frac{1}{4}\left[(x-y)^2+3\left(\frac{x}{y}\right)^2\right]-2xy=\frac{3}{4}\left(\frac{y^2}{x^2}-\frac{x^2}{y^2}\right)-xy.$$

思考　若 $f\left(\dfrac{y}{x},xy\right)=x^2-y^2$ 或 $f\left(\dfrac{x}{y},xy\right)=x^2-y^2$ 或 $f(x+y,x-y)=\dfrac{y}{x}+\dfrac{x}{y}-xy$ 或 $f(x+y,x-y)=\left(\dfrac{y}{x}\right)^2+\left(\dfrac{x}{y}\right)^2-xy$ 或，结果如何？

例 8.2.3　证明：极限 $\lim\limits_{(x,y)\to(0,0)}\dfrac{x^2+y^2-xy}{\sqrt{x^2+y^2}}=0$.

分析　对 $|f(x,y)-0|$ 进行适当的放缩，得出含 $\sqrt{x^2+y^2}$ 方幂的函数 $\varphi(\sqrt{x^2+y^2})$，对任意给定的 $\varepsilon>0$，由 $\varphi(\sqrt{x^2+y^2})<\varepsilon$ 解得 $\sqrt{x^2+y^2}<\delta(\varepsilon)$，使之成为 $|f(x,y)-0|<\varepsilon$ 的充分条件即可.

证明　因为

$$|x|^2+|y|^2\geqslant 2|x||y|\Rightarrow\frac{x^2+y^2}{2}\geqslant|xy|\Rightarrow\frac{\sqrt{x^2+y^2}}{2}\geqslant\frac{|xy|}{\sqrt{x^2+y^2}},$$

所以

$$|f(x,y)-0|=\frac{|x^2+y^2-xy|}{\sqrt{x^2+y^2}}\leqslant\frac{|x^2+y^2|+|xy|}{\sqrt{x^2+y^2}}$$
$$\leqslant\sqrt{x^2+y^2}+\frac{\sqrt{x^2+y^2}}{2}=\frac{3\sqrt{x^2+y^2}}{2}.$$

$\forall\varepsilon>0$，要 $|f(x,y)-0|<\varepsilon$，只要 $\dfrac{3\sqrt{x^2+y^2}}{2}<\varepsilon$，即要 $\sqrt{x^2+y^2}<\dfrac{2}{3}\varepsilon$. 取 $\delta=\dfrac{2}{3}\varepsilon$，则当 $0<|P_0P|=\sqrt{(x-0)^2+(y-0)^2}=\sqrt{x^2+y^2}<\delta$ 时，恒有 $|f(x,y)-0|<\varepsilon$，故

$$\lim_{(x,y)\to(0,0)}\frac{x^2+y^2-xy}{\sqrt{x^2+y^2}}=0.$$

思考 证明：$\lim\limits_{(x,y)\to(0,0)}\dfrac{x^2+y^2-xy}{\sqrt{x^2+ay^2}}=0(a\in R^+)$，$\lim\limits_{(x,y)\to(0,0)}\dfrac{x^2+y^2+bxy}{\sqrt{x^2+y^2}}=0(b\in R)$.

例 8.2.4 求函数的极限 $\lim\limits_{(x,y)\to(0,1)}(1+x)^{\frac{1-xy+y2}{x+xy}}$.

分析 这是 1^∞ 型的极限，可以利用 $\lim\limits_{x\to\infty}\left(1+\dfrac{1}{x}\right)^x=\mathrm{e}$ 求解.

解 原式 $=\lim\limits_{(x,y)\to(0,1)}\left[(1+x)^{\frac{1}{x}}\right]^{\frac{1-xy+y2}{1+y}}=\left[\lim\limits_{(x,y)\to(0,1)}(1+x)^{\frac{1}{x}}\right]^{\lim\limits_{(x,y)\to(0,1)}\frac{1-xy+y2}{1+y}}=\mathrm{e}^{\frac{1-0\cdot1+1^2}{1+1}}=\mathrm{e}.$

思考 若极限为 $\lim\limits_{(x,y)\to(0,1)}(1+x+x^2y)^{\frac{1-xy+y2}{x+xy}}$，结果如何？若为 $\lim\limits_{(x,y)\to(0,1)}(1+x+2x^2y)^{\frac{1-xy+y2}{x+xy}}$ 呢？

例 8.2.5 求函数的极限 $\lim\limits_{(x,y)\to(\infty,\infty)}\dfrac{x+y}{x^2-xy+y^2}$.

分析 当函数的极限存在时，取函数的绝对值，并其将分子适当地放大、分母适当地缩小，从而把一个较难求极限的函数转化成一个较易求极限的函数，再用夹逼准则得出结果.

解 由 $x^2-xy+y^2=\dfrac{1}{2}(x^2+y^2)+\dfrac{1}{2}(x^2-2xy+y^2)=\dfrac{1}{2}(x^2+y^2)+\dfrac{1}{2}(x-y)^2$

$$\Rightarrow x^2-xy+y^2\geqslant\frac{1}{2}(x^2+y^2),$$

$$0\leqslant(x-y)^2\Rightarrow 2xy\leqslant x^2+y^2\Rightarrow(x+y)^2\leqslant 2(x^2+y^2)\Rightarrow|x+y|\leqslant\sqrt{2(x^2+y^2)},$$

所以
$$\left|\frac{x+y}{x^2-xy+y^2}\right|\leqslant\frac{\sqrt{2(x^2+y^2)}}{(x^2+y^2)/2}=\frac{2\sqrt{2}}{\sqrt{x^2+y^2}},$$

而 $\lim\limits_{(x,y)\to(\infty,\infty)}\dfrac{2\sqrt{2}}{\sqrt{x^2+y^2}}=0$，故由夹逼准则知 $\lim\limits_{(x,y)\to(\infty,\infty)}\dfrac{x+y}{x^2-xy+y^2}=0$.

思考 (i) 求函数 $\lim\limits_{(x,y)\to(\infty,\infty)}\dfrac{x+2y}{x^2-2xy+4y^2}$ 的极限；(ii) 是否能用以上方法求函数的极限：$\lim\limits_{(x,y)\to(\infty,\infty)}\dfrac{x+y}{x^2+xy+y^2}$，$\lim\limits_{(x,y)\to(\infty,\infty)}\dfrac{x-y}{x^2+xy+y^2}$？能，写出求解过程；否，说明理由.

例 8.2.6 讨论函数 $f(x,y)=\begin{cases}\dfrac{1-\cos(xy)}{\sqrt{x^2y+1}-1}, & xy\neq 0\\ 2, & xy=0\end{cases}$ 的连续性.

分析 这是分段函数连续性问题. 分段函数在分段点处的连续性要用定义来讨论.

解 函数在全平面上有定义，函数的分段点为 $\{(x,y)\mid x=0\vee y=0\}$. 当 $xy\neq0$ 时，$f(x,y)=\dfrac{1-\cos(xy)}{\sqrt{x^2y+1}-1}$ 是初等函数，连续. 在分段点 $(0,b)$ 处，由于

$$\lim_{(x,y)\to(0,b)}f(x,y)=\lim_{(x,y)\to(0,b)}\frac{1-\cos(xy)}{\sqrt{x^2y+1}-1}=\lim_{(x,y)\to(0,b)}\frac{(xy)^2/2}{x^2y/2}=\lim_{(x,y)\to(0,b)}y=b,$$

故当 $b=2$ 时，$\lim\limits_{(x,y)\to(0,2)}f(x,y)=2=f(0,2)$，所以函数在分段点 $(0,2)$ 处连续；当 $b\neq2$ 时，$\lim\limits_{(x,y)\to(0,b)}f(x,y)=b\neq f(0,2)$，所以函数在分段点 $(0,b)(b\neq2)$ 处不连续.

在分段点 $(a,0)$ 处，由于

$$\lim_{(x,y)\to(a,0)}f(x,y)=\lim_{(x,y)\to(a,0)}\frac{1-\cos(xy)}{\sqrt{x^2y+1}-1}=\lim_{(x,y)\to(a,0)}y=0\neq2=f(a,0),$$

所以函数在分段点 $(a,\ 0)$ 处不连续.

思考　若函数为 $f(x,y)=\begin{cases}\dfrac{1-\cos(xy)}{\sqrt{x^2y+1}-1}, & xy\neq 0\\ 0, & xy=0\end{cases}$ 或 $f(x,y)=\begin{cases}\dfrac{1-\cos(xy)}{\sqrt{x^2y+1}-1}, & xy\neq 0\\ 1, & xy=0\end{cases}$，结果如何？若为 $f(x,y)=\begin{cases}\dfrac{1-\cos(xy)}{\sqrt{x^2y+1}-1}, & xy\neq 0\\ c, & xy=0\end{cases}$ 呢？

第三节　偏导数与全微分

一、教学目标

理解偏导数的概念，了解偏导数的几何意义以及偏导数与导数的区别与联系. 掌握偏导数的运算性质与运算法则，偏导数的计算方法. 了解高阶偏导数的概念，会求函数的二阶偏导数；知道二阶混合偏导数相等的充分条件. 了解全微分的基本概念，函数可微的必要条件和函数可微的充分条件. 知道全微分的叠加原理，会求函数全微分.

二、考点题型

偏导数的求解*，全微分的求解；二阶偏导数的求解；分段函数在分段点可导性的讨论.

三、例题分析

例 8.3.1　设 $z=e^{x+y}(x\cos y+y\sin x)$，求 $\dfrac{\partial z}{\partial x},\dfrac{\partial z}{\partial y}$.

分析　把 x 或 y 看成常数，则 z 是单变量 y 或 x 的函数，利用一元函数和与积的运算法则求解.

解
$$\begin{aligned}\frac{\partial z}{\partial x}&=(x\cos y+y\sin x)\frac{\partial}{\partial x}(e^{x+y})+e^{x+y}\frac{\partial}{\partial x}(x\cos y+y\sin x)\\&=(x\cos y+y\sin x)e^{x+y}\frac{\partial}{\partial x}(x+y)+e^{x+y}\cos y\frac{\partial}{\partial x}(x)+y\frac{\partial}{\partial x}(\sin x)\\&=(x\cos y+y\sin x)e^{x+y}+e^{x+y}\cos y+y\cos x\\&=e^{x+y}[(x+1)\cos y+y(\sin x+\cos x)],\end{aligned}$$
$$\begin{aligned}\frac{\partial z}{\partial y}&=(x\cos y+y\sin x)\frac{\partial}{\partial y}(e^{x+y})+e^{x+y}\frac{\partial}{\partial y}(x\cos y+y\sin x)\\&=(x\cos y+y\sin x)e^{x+y}\frac{\partial}{\partial y}(x+y)+e^{x+y}\left[x\frac{\partial}{\partial y}(\cos y)+\sin x\frac{\partial}{\partial y}(y)\right]\\&=(x\cos y+y\sin x)e^{x+y}+e^{x+y}(-x\sin y+\sin x)\\&=e^{x+y}[x(\cos y-\sin y)+(y+1)\sin x].\end{aligned}$$

思考　若 $z=e^{x+y}(x^2\cos y+y\sin x)$ 或 $z=e^{x+y}(x\cos y-y^2\sin x)$，结果如何？若 $z=e^{x+y}(x\cos 3y+y\sin x)$ 或 $z=e^{x+y}(x\cos 3y-y\sin 2x)$ 呢？

例 8.3.2　求函数 $z=\sin\dfrac{x-y}{x+y}$ 的偏导数与全微分.

分析　把 y 或 x 看成常数，则函数可以看成是两个一元函数 $z=\sin u$ 与函数 $u=\dfrac{x-y}{x+y}$

的复合函数，因此可以根据一元复合函数的求导法则求解．但使用该方法时，应注意当一个二元函数看成是其中某个变量的一元函数并对该变量求导时，应使用偏导数的记号．

解 令 $u=\dfrac{x-y}{x+y}$，则 $z=\sin u$．把 y 或 x 看成常数，$u=\dfrac{x-y}{x+y}$ 分别对 x 和 y 求偏导数，得

$$\frac{\partial u}{\partial x}=\frac{\partial}{\partial x}\left(\frac{x-y}{x+y}\right)=\frac{(x+y)\dfrac{\partial}{\partial x}(x-y)-(x-y)\dfrac{\partial}{\partial x}(x+y)}{(x+y)^2}$$

$$=\frac{(x+y)-(x-y)}{(x+y)^2}=\frac{2y}{(x+y)^2},$$

$$\frac{\partial u}{\partial y}=\frac{\partial}{\partial y}\left(\frac{x-y}{x+y}\right)=\frac{(x+y)\dfrac{\partial}{\partial y}(x-y)-(x-y)\dfrac{\partial}{\partial y}(x+y)}{(x+y)^2}$$

$$=\frac{-(x+y)-(x-y)}{(x+y)^2}=\frac{-2x}{(x+y)^2}.$$

于是根据一元复合函数的求导法则和全微分公式，有

$$\frac{\partial z}{\partial x}=\frac{\mathrm{d}}{\mathrm{d}u}(\sin u)\cdot\frac{\partial u}{\partial x}=\cos u\cdot\frac{2y}{(x+y)^2}=\frac{2y}{(x+y)^2}\cos\frac{x-y}{x+y};$$

$$\frac{\partial z}{\partial y}=\frac{\mathrm{d}}{\mathrm{d}u}(\sin u)\cdot\frac{\partial u}{\partial y}=\cos u\cdot\frac{-2x}{(x+y)^2}=\frac{-2x}{(x+y)^2}\cos\frac{x-y}{x+y};$$

$$\mathrm{d}z=\frac{\partial z}{\partial x}\mathrm{d}x+\frac{\partial z}{\partial y}\mathrm{d}y=\frac{2}{(x+y)^2}\cos\frac{x-y}{x+y}(y\mathrm{d}x-x\mathrm{d}y).$$

思考 (i) 若 $z=\cos\dfrac{x-y}{x+y}$，结果如何？(ii) 若 $z=\sin\dfrac{ax+by}{cx+dy}$ $(ad\neq bc)$，结果如何？(iii) 不写出中间变量，直接利用复合函数求导公式写出以上求解过程．

例 8.3.3 设 $f(x,y)=\begin{cases}\arctan\dfrac{y}{x}, & x\neq 0\\ 0, & x=0\end{cases}$，证明：$f(x,y)$ 在原点 $(0,0)$ 处不连续，但两个偏导数 $f_x(0,0)$，$f_y(0,0)$ 均存在．

分析 这是分段函数在分段点处的连续性与可导性问题，要用连续与可导的定义来讨论．

解 在原点 $(0,0)$ 处，当 (x,y) 沿直线 $y=\pm x$ 趋近于 $(0,0)$ 时，

$$\lim_{\substack{x\to 0\\ y=\pm x}} f(x,y)=\lim_{\substack{x\to 0\\ y=\pm x}}\arctan\frac{y}{x}=\lim_{x\to 0}\arctan\frac{\pm x}{x}=\pm\frac{\pi}{4},$$

因此 $\lim\limits_{(x,y)\to(0,0)} f(x,y)$ 不存在，所以 $f(x,y)$ 在坐标原点 $(0,0)$ 不连续；而

$$f_x(0,0)=\lim_{x\to 0}\frac{f(x,0)-f(0,0)}{x-0}=\lim_{x\to 0}\frac{\arctan 0-0}{x}=0,$$

$$f_y(0,0)=\lim_{y\to 0}\frac{f(0,y)-f(0,0)}{y-0}=\lim_{y\to 0}\frac{0-0}{y}=0.$$

思考 若 $f(x,y)=\begin{cases}\arctan\dfrac{y}{x}, & x\neq 0\\ 1, & x=0\end{cases}$，结果如何？若 $f(x,y)=\begin{cases}\arctan\dfrac{1}{xy}, & xy\neq 0\\ 0, & xy=0\end{cases}$ 呢？

例 8.3.4 设函数 $u=\mathrm{e}^{\frac{x}{y}}+\mathrm{e}^{-\frac{z}{y}}$，求：(i) 函数的全微分 $\mathrm{d}u$；(ii) 函数在点 (1，1，

$-2)$ 处的全微分 $du|_{(1,1,-2)}$；(iii) 当 $\Delta x=0.05$，$\Delta y=-0.04$，$\Delta z=-0.02$ 时，函数在点 $(1,1,-2)$ 处的全微分 $du|_{(1,1,-2)}$.

分析　当函数的偏导数连续时求函数的全微分，通常先求出函数的各个偏导数，再按全微分的写出即可；而一点的全微分和自变量增量已知时的全微分，可将相应的值代入求出.

解　(i) 因为 $\dfrac{\partial u}{\partial x}=\dfrac{\partial}{\partial x}(e^{\frac{x}{y}})+\dfrac{\partial}{\partial x}(e^{-\frac{z}{y}})=e^{\frac{x}{y}}\dfrac{\partial}{\partial x}\left(\dfrac{x}{y}\right)=\dfrac{1}{y}e^{\frac{x}{y}}$，

$$\frac{\partial u}{\partial y}=\frac{\partial}{\partial y}(e^{\frac{x}{y}})+\frac{\partial}{\partial y}(e^{-\frac{z}{y}})=e^{\frac{x}{y}}\frac{\partial}{\partial y}\left(\frac{x}{y}\right)+e^{-\frac{z}{y}}\frac{\partial}{\partial y}\left(-\frac{z}{y}\right)=\frac{1}{y^2}(-xe^{\frac{x}{y}}+ze^{-\frac{z}{y}}),$$

$$\frac{\partial u}{\partial z}=\frac{\partial}{\partial z}(e^{\frac{x}{y}})+\frac{\partial}{\partial z}(e^{-\frac{z}{y}})=e^{-\frac{z}{y}}\frac{\partial}{\partial z}\left(-\frac{z}{y}\right)=-\frac{1}{y}e^{-\frac{z}{y}},$$

所以　$du=\dfrac{\partial u}{\partial x}dx+\dfrac{\partial u}{\partial y}dy+\dfrac{\partial u}{\partial z}dz=\dfrac{1}{y}e^{\frac{x}{y}}dx+\dfrac{1}{y^2}(-xe^{\frac{x}{y}}+ze^{-\frac{z}{y}})dy-\dfrac{1}{y}e^{-\frac{z}{y}}dz$.

(ii) 将 $x=1$，$y=1$，$z=-2$ 代入函数全微分表达式，得

$$du|_{(1,1,-2)}=\frac{1}{y}e^{\frac{x}{y}}|_{(1,1,-2)}dx+\frac{1}{y^2}(-xe^{\frac{x}{y}}+ze^{-\frac{z}{y}})|_{(1,1,-2)}dy-\frac{1}{y}e^{-\frac{z}{y}}|_{(1,1,-2)}dz$$
$$=edx-e(1+2e)dy-e^2dz;$$

(iii) 当 $\Delta x=0.05$，$\Delta y=-0.04$，$\Delta z=-0.02$ 时，函数在点 $(1,1,-2)$ 处的全微分

$$du|_{(1,1,-2)}=e\cdot(0.05)-e(1+2e)\cdot(-0.04)-e^2\cdot(-0.02)=0.09e+0.1e^2.$$

思考　若 $u=e^{-\frac{x}{y}}+e^{\frac{z}{y}}$，结果如何？若 $u=e^{\frac{x}{y}}+e^{-\frac{z}{y}}$ 或 $u=e^{\frac{x}{y}}+e^{-\frac{y}{z}}+e^{\frac{z}{x}}$ 呢？

例 8.3.5　设 $z=x\ln(xy)$，求 $\dfrac{\partial^2 z}{\partial x^2},\dfrac{\partial^2 z}{\partial y\partial x},\dfrac{\partial^2 z}{\partial y^2}$.

分析　先求一阶偏导数，再按定义求二阶偏导数. 注意将积的对数化为对数之和，可以简化运算.

解　因为 $z=x(\ln|x|+\ln|y|)=x\ln|x|+x\ln|y|\ (xy>0)$，所以

$$\frac{\partial z}{\partial x}=\frac{\partial}{\partial x}(x\ln|x|+x\ln|y|)=\frac{\partial}{\partial x}(x\ln|x|)+\frac{\partial}{\partial x}(x\ln|y|)$$
$$=\ln|x|\frac{\partial}{\partial x}(x)+x\frac{\partial}{\partial x}(\ln|x|)+\ln|y|\frac{\partial}{\partial x}(x)=\ln|x|+\ln|y|+1\quad(xy>0),$$

$$\frac{\partial z}{\partial y}=\frac{\partial}{\partial y}(x\ln|x|+x\ln|y|)=0+x\frac{\partial}{\partial y}(\ln|y|)=\frac{x}{y}\quad(xy>0),$$

于是　$\dfrac{\partial^2 z}{\partial x^2}=\dfrac{\partial}{\partial x}\left(\dfrac{\partial z}{\partial x}\right)=\dfrac{\partial}{\partial x}(\ln|x|+\ln|y|+1)=\dfrac{1}{x}$,

$$\frac{\partial^2 z}{\partial y\partial x}=\frac{\partial}{\partial x}\left(\frac{\partial z}{\partial y}\right)=\frac{\partial}{\partial x}\left(\frac{x}{y}\right)=\frac{1}{y},\ \frac{\partial^2 z}{\partial y^2}=\frac{\partial}{\partial y}\left(\frac{\partial z}{\partial y}\right)=\frac{\partial}{\partial y}\left(\frac{x}{y}\right)=-\frac{x}{y^2}\quad(xy>0).$$

思考　(i) 函数 $z=x\ln(xy)$ 与 $z=x(\ln|x|+\ln|y|)$ 是否是同一函数？$z=x\ln(xy)$ 与 $z=x(\ln x+\ln y)$ 呢？(ii) 不用对数的性质化简，直接求解；(iii) 若 $z=x\ln(x/y)$，结果如何？

例 8.3.6　设函数 $z=\dfrac{x^2}{2y}+\dfrac{x}{2}+\dfrac{1}{x}-\dfrac{1}{y}$，证明：$x^2\dfrac{\partial z}{\partial x}+y^2\dfrac{\partial z}{\partial y}=\dfrac{x^3}{y}$.

分析　这种问题实质上还是求偏导数的问题. 先求出各个偏导数，分别再代入各方程左边、化简，与其右边相等即可.

解 将函数 $z=z(x,y)$ 中的一个变量看成常数，利用导数的四则运算法则，得

$$\frac{\partial z}{\partial x}=\frac{\partial}{\partial x}\left(\frac{x^2}{2y}\right)+\frac{\partial}{\partial x}\left(\frac{x}{2}+\frac{1}{x}\right)-\frac{\partial}{\partial x}\left(\frac{1}{y}\right)=\frac{1}{2y}\frac{\mathrm{d}}{\mathrm{d}x}(x^2)+\frac{\mathrm{d}}{\mathrm{d}x}\left(\frac{x}{2}+\frac{1}{x}\right)-\frac{\mathrm{d}}{\mathrm{d}x}\left(\frac{1}{y}\right)$$

$$=\frac{x}{y}+\frac{1}{2}-\frac{1}{x^2},$$

$$\frac{\partial z}{\partial y}=\frac{\partial}{\partial y}\left(\frac{x^2}{2y}\right)+\frac{\partial}{\partial y}\left(\frac{x}{2}+\frac{1}{x}\right)-\frac{\partial}{\partial y}\left(\frac{1}{y}\right)=\frac{x^2}{2}\frac{\mathrm{d}}{\mathrm{d}y}\left(\frac{1}{y}\right)+\frac{\mathrm{d}}{\mathrm{d}y}\left(\frac{x}{2}+\frac{1}{x}\right)-\frac{\mathrm{d}}{\mathrm{d}y}\left(\frac{1}{y}\right)$$

$$=-\frac{x^2}{2y^2}+\frac{1}{y^2},$$

于是
$$x^2\frac{\partial z}{\partial x}+y^2\frac{\partial z}{\partial y}=x^2\left(\frac{x}{y}+\frac{1}{2}-\frac{1}{x^2}\right)+y^2\left(-\frac{x^2}{2y^2}+\frac{1}{y^2}\right)=\frac{x^3}{y}.$$

思考 若 $z=\frac{x^2}{2y}+\frac{x}{2}+\frac{a}{x}-\frac{b}{y}$，且 $x^2\frac{\partial z}{\partial x}+y^2\frac{\partial z}{\partial y}=\frac{x^3}{y}$，则 a，b 之间的关系如何？

第四节 复合函数与隐函数微分法

一、教学目标

知道多元复合函数求导法则的条件与证明，掌握多元复合函数的求导法则. 了解多元函数全微分形式的不变性，会用全微分形式的不变性解题. 知道单个方程所确定的隐函数存在的前提条件，掌握隐函数求导公式及其推导方法.

二、考点题型

全导数与偏导数的求解*——二元复合函数求导法则和全微分形式的不变性；隐函数偏导数的求解*.

三、例题分析

例 8.4.1 设 $z=\frac{uv}{u^2-v^2}+\tan 2t$，其中 $u=\mathrm{e}^t\cos t$，$v=\mathrm{e}^t\sin t$，求 $\frac{\mathrm{d}z}{\mathrm{d}t}$.

分析 该函数可以看成是三元函数 $z=f(u,v,t)=\frac{uv}{u^2-v^2}+\tan 2t$ 与一元函数 $u=\mathrm{e}^t\cos t$，$v=\mathrm{e}^t\sin t$，$t=t$ 的复合函数，因此可以根据全导数公式求解. 注意 $z=f(u,v,t)$ 中的变量 t 就是复合函数 $z(t)$ 的变量，此时 z 到 t 的路径是直接的，它在此条路径的导数就是 z 对 t 的偏导数.

解 z 对 t 的复合关系如图 8.5 所示，

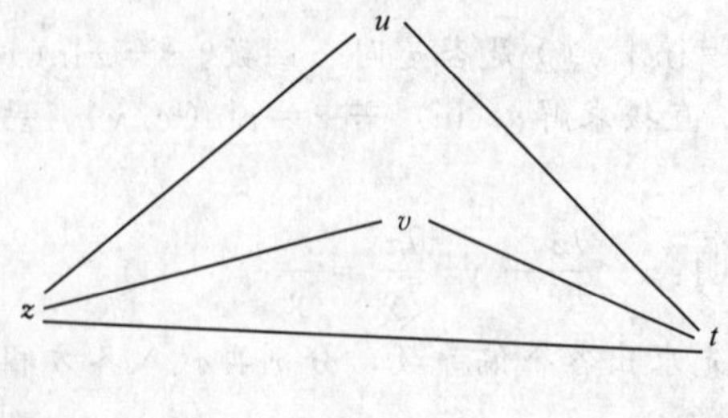

图 8.5

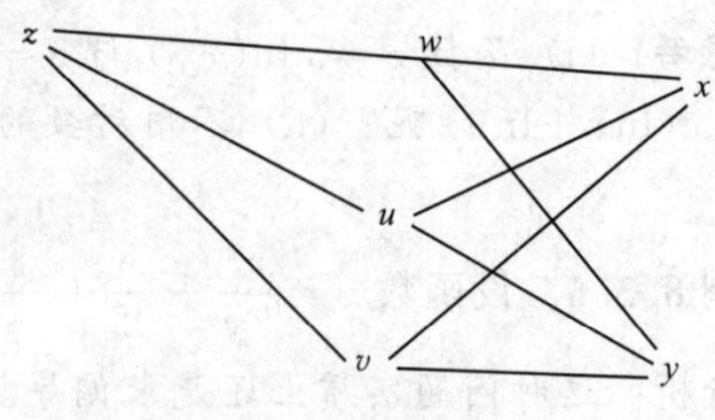

图 8.6

于是由全导数公式，有

$$\frac{dz}{dt}=\frac{\partial z}{\partial u}\frac{du}{dt}+\frac{\partial z}{\partial v}\frac{dv}{dt}+\frac{\partial z}{\partial t}$$

$$=v\cdot\frac{(u^2-v^2)-2u^2}{(u^2-v^2)^2}\cdot e^t(\cos t-\sin t)+u\cdot\frac{(u^2-v^2)+2v^2}{(u^2-v^2)^2}\cdot e^t(\cos t+\sin t)+2\sec^2 2t$$

$$=\frac{u^2+v^2}{(u^2-v^2)^2}\cdot e^t[-v(\cos t-\sin t)+u(\cos t+\sin t)+2\sec^2 2t$$

$$=\frac{e^{2t}}{e^{4t}\cos^2 2t}\cdot e^{2t}[-\sin t(\cos t-\sin t)+\cos t(\cos t+\sin t)+2\sec^2 2t$$

$$=\sec^2 2t+2\sec^2 2t=3\sec^2 2t\ .$$

思考　若 $z=\frac{uv}{u^2+v^2}+\tan 2t$，结果如何？$z=\frac{u+v}{u^2-v^2}+\tan 2t$ 或 $z=\frac{u+v}{u^2+v^2}+\tan 2t$ 呢？

例 8.4.2　设 $z=uv+vw+wu$，$u=xy$，$v=\frac{y}{x}$，$w=x-y$，求 $\frac{\partial z}{\partial x},\frac{\partial z}{\partial y}$.

分析　这是三元函数与二元函数的复合函数，可直接利用复合函数求导法则求解.

解　函数 z 对 x，y 的复合关系如图 8.6 所示.

$$\frac{\partial z}{\partial x}=\frac{\partial z}{\partial u}\frac{\partial u}{\partial x}+\frac{\partial z}{\partial v}\frac{\partial v}{\partial x}+\frac{\partial z}{\partial w}\frac{\partial w}{\partial x}=(v+w)\cdot y+(u+w)\cdot\left(-\frac{y}{x^2}\right)+(u+v)\cdot 1$$

$$=\left(\frac{y}{x}+x-y\right)\cdot y+(xy+x-y)\cdot\left(-\frac{y}{x^2}\right)+\left(xy+\frac{y}{x}\right)=2xy-y^2+\frac{y^2}{x^2}\ ;$$

$$\frac{\partial z}{\partial y}=\frac{\partial z}{\partial u}\frac{\partial u}{\partial y}+\frac{\partial z}{\partial v}\frac{\partial v}{\partial y}+\frac{\partial z}{\partial w}\frac{\partial w}{\partial y}=(v+w)\cdot x+(u+w)\cdot\frac{1}{x}+(u+v)\cdot(-1)$$

$$=\left(\frac{y}{x}+x-y\right)\cdot x+(xy+x-y)\cdot\frac{1}{x}-\left(xy+\frac{y}{x}\right)=2y+x^2-2xy+1.$$

思考　(i) 若其中 $w=x^y$ 或 $w=y^x$，结果如何？(ii) 若其中 $z=u^v+v^w+w^u$，结果又如何？(iii) 求以上各题的 $\frac{\partial^2 z}{\partial x^2},\frac{\partial^2 z}{\partial y^2}$.

例 8.4.3　设 $z=(x^2+y^2)^{xy}$，求 $\frac{\partial z}{\partial x},\frac{\partial z}{\partial y}$.

分析　该题未给出复合关系，先确定一个容易求偏导的复合关系，再利用复合函数求导公式求解.

解　令 $u=x^2+y^2$，$v=xy$，则 $z=u^v$. 由于

$$\frac{\partial z}{\partial u}=vu^{v-1},\ \frac{\partial z}{\partial v}=u^v\ln u;\ \frac{\partial u}{\partial x}=2x,\ \frac{\partial u}{\partial y}=2y;\ \frac{\partial v}{\partial x}=y,\ \frac{\partial v}{\partial y}=x\ .$$

所以

$$\frac{\partial z}{\partial x}=\frac{\partial z}{\partial u}\frac{\partial u}{\partial x}+\frac{\partial z}{\partial v}\frac{\partial v}{\partial x}=vu^{v-1}\cdot 2x+u^v\ln u\cdot y$$

$$=(x^2+y^2)^{xy-1}[2x^2y+y(x^2+y^2)\ln(x^2+y^2)]\ ;$$

$$\frac{\partial z}{\partial y}=\frac{\partial z}{\partial u}\frac{\partial u}{\partial y}+\frac{\partial z}{\partial v}\frac{\partial v}{\partial y}=vu^{v-1}\cdot 2y+u^v\ln u\cdot x$$

$$=(x^2+y^2)^{xy-1}[2xy^2+x(x^2+y^2)\ln(x^2+y^2)]\ .$$

思考　若 $z=(x^2+y^2)^{y/x}$，结果如何？若为 $z=(x^2+y^2)^{x/y}$ 呢？

例 8.4.4　设 $z=f(u,v)$，$u=x^2-y^2$，$v=xy$，其中 f 具有二阶连续偏导数，求 $\frac{\partial^2 z}{\partial x^2},\frac{\partial^2 z}{\partial x\partial y}$.

分析 这是抽象复合函数的高阶导数问题，应注意抽象复合函数的各阶导数，仍然是原中间变量的复合函数. 因此，根据其某阶偏导数求高一阶偏导数时，仍要用复合函数求导公式，否则，会产生漏项的错误.

解 $f(u, v)$，$f_u(u, v)$，$f_v(u, v)$ 的复合关系如图 8.7 所示.

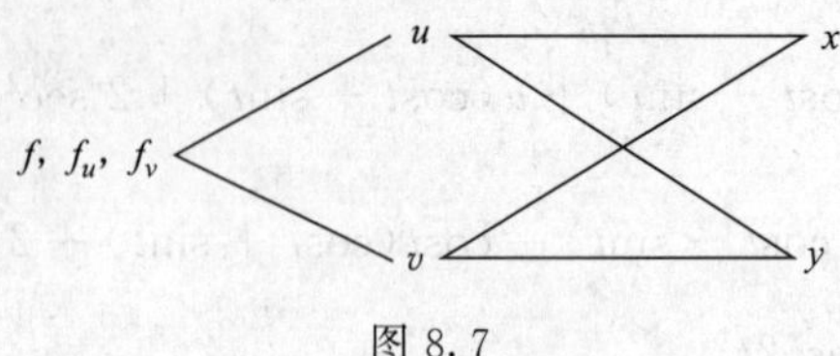

图 8.7

于是
$$\frac{\partial z}{\partial x}=\frac{\partial f}{\partial u}\frac{\partial u}{\partial x}+\frac{\partial f}{\partial v}\frac{\partial v}{\partial x}=2xf_u+yf_v,$$
$$\begin{aligned}\frac{\partial^2 z}{\partial x^2}&=\frac{\partial}{\partial x}\left(\frac{\partial z}{\partial x}\right)=\frac{\partial}{\partial x}(2xf_u+yf_v)=2f_u+2x\frac{\partial}{\partial x}(f_u)+y\frac{\partial}{\partial x}(f_v)\\&=2f_u+2x\left(f_{uu}\frac{\partial u}{\partial x}+f_{uv}\frac{\partial v}{\partial x}\right)+y\left(f_{vu}\frac{\partial u}{\partial x}+f_{vv}\frac{\partial v}{\partial x}\right)\\&=2f_u+2x(2xf_{uu}+yf_{uv})+y(2xf_{uv}+yf_{vv})\\&=2f_u+4x^2f_{uu}+4xyf_{uv}+y^2f_{vv},\end{aligned}$$
$$\begin{aligned}\frac{\partial^2 z}{\partial x\partial y}&=\frac{\partial}{\partial y}\left(\frac{\partial z}{\partial x}\right)=\frac{\partial}{\partial y}(2xf_u+yf_v)=2x\frac{\partial}{\partial y}(f_u)+f_v+y\frac{\partial}{\partial y}(f_v)\\&=f_v+2x\left(f_{uu}\frac{\partial u}{\partial y}+f_{uv}\frac{\partial v}{\partial y}\right)+y\left(f_{vu}\frac{\partial u}{\partial y}+f_{vv}\frac{\partial v}{\partial y}\right)\\&=f_v+2x(-2yf_{uu}+xf_{uv})+y(-2yf_{uv}+xf_{vv})\\&=f_v-4xyf_{uu}+2(x^2-y^2)f_{uv}+xyf_{vv}.\end{aligned}$$

思考 (i) 若 $u=xy$，$v=x^2-y^2$ 或 $u=x^2-y^2$，$v=\frac{y}{x}$ 或 $u=x^2-y^2$，$v=\frac{x}{y}$ 或 $u=x^2+y^2$，$v=\frac{y}{x}$，结果如何？(ii) 若其中 f 具有二阶偏导数，以上各题结果如何？(iii) 求以上各题的 $\frac{\partial^2 z}{\partial y^2}$.

例 8.4.5 用复合函数求导法求方程 $e^{-3z}+\sin(x+y-2z)+xy=yz+zx$ 所确定的隐函数 $z=z(x, y)$ 的偏导数 $\frac{\partial z}{\partial x}$，$\frac{\partial z}{\partial y}$.

分析 把方程中的变量 z 看成是变量 x，y 的函数，用复合函数法对方程两边求偏导数，得到关于这个偏导数的一个方程，从中解出这个偏导数即可. 求导时切记 z 是 x，y 的函数，否则会产生漏项的错误.

解 把 z 看成是 x，y 的函数，方程两边对 x 求偏导，得
$$e^{-3z}\cdot\frac{\partial}{\partial x}(-3z)+\cos(x+y-2z)\cdot\frac{\partial}{\partial x}(x+y-2z)+y=y\frac{\partial z}{\partial x}+x\frac{\partial z}{\partial x}+z,$$
即
$$-3e^{-3z}\frac{\partial z}{\partial x}+\cos(x+y-2z)\cdot\left(1-2\frac{\partial z}{\partial x}\right)+y=y\frac{\partial z}{\partial x}+x\frac{\partial z}{\partial x}+z,$$
即
$$[x+y+3e^{-3z}+2\cos(x+y-2z)]\frac{\partial z}{\partial x}=y+\cos(x+y-2z)-z,$$

于是 $$\frac{\partial z}{\partial x}=\frac{y+\cos(x+y-2z)-z}{x+y+3\mathrm{e}^{-3z}+2\cos(x+y-2z)};$$

类似地 $$\frac{\partial z}{\partial y}=\frac{x+\cos(x+y-2z)-z}{x+y+3\mathrm{e}^{-3z}+2\cos(x+y-2z)}.$$

思考　(i) 若 $\mathrm{e}^{-3z}+\cos(x+y-2z)+xy=yz+zx$ 或 $\mathrm{e}^{-3z}+\tan(x+y-2z)+xy=yz+zx$，结果如何？(ii) 分别求以上方程所确定的隐函数 $x=x(y,z)$ 和 $y=y(z,x)$ 的偏导数 $\frac{\partial x}{\partial y},\frac{\partial x}{\partial z}$ 和 $\frac{\partial y}{\partial z},\frac{\partial y}{\partial x}$；(iii) 用公式法和全微分法求解以上各题.

例 8.4.6　用公式法求方程 $x^2+y^2+z^2=y\varphi\left(\frac{z}{y}\right)$ 所确定的隐函数 $z=z(x,y)$ 的偏导数 $\frac{\partial z}{\partial x},\frac{\partial z}{\partial y}$，其中 φ 是可导函数.

分析　把所有非零的项移到方程的一边，得出公式法中所需要的三元函数 $F(x,y,z)$，再求该函数对各个变量的偏导数，最后代入偏导数公式并化简即可. 注意，不要漏掉偏导数公式中负号，并防止公式中分子分母倒置.

解　把所有非零的项移到方程的左边，令

$$F(x,y,z)=x^2+y^2+z^2-y\varphi\left(\frac{z}{y}\right),$$

于是

$$F_x=2x,\ F_y=2y-\varphi-y\varphi'\cdot\left(-\frac{z}{y^2}\right)=2y-\varphi+\frac{z}{y}\varphi',\ F_z=2z-y\varphi'\cdot\frac{1}{y}=2z-\varphi',$$

代入偏导数公式，得

$$\frac{\partial z}{\partial x}=-\frac{F_x}{F_z}=-\frac{2x}{2z-\varphi'},\qquad \frac{\partial z}{\partial y}=-\frac{F_y}{F_z}=-\frac{2y-\varphi+\frac{z}{y}\varphi'}{2z-\varphi'}=-\frac{2y^2-y\varphi+z\varphi'}{(2z-\varphi')y}.$$

思考　(i) 若 $x^2+y^2+z^2=x\varphi\left(\frac{z}{x}\right)$ 或 $x^2+y^2+z^2=y\varphi\left(\frac{z}{x}\right)$ 或 $x^2+y^2+z^2=x\varphi\left(\frac{z}{y}\right)$，结果如何？(ii) 分别求以上方程所确定的隐函数 $x=x(y,z)$ 和 $y=y(z,x)$ 的偏导数 $\frac{\partial x}{\partial y},\frac{\partial x}{\partial z}$ 和 $\frac{\partial y}{\partial z},\frac{\partial y}{\partial x}$；(iii) 用复合函数求导法和全微分法求解以上各题.

第五节　多元函数极值

一、教学目标

了解二元函数极值和最值的概念，知道二元函数极值和最值的之间的关系. 了解二元函数取得极值的充分条件，会求二元函数的极值和一些实际问题的最值.

二、考点题型

二元函数极值的判断；二元函数极值与最值的求解*.

三、例题分析

例 8.5.1　求函数 $z=x^2y+y^3-3y$ 的极值.

分析 这是二阶可微函数的无条件极值问题. 可用函数极值的必要条件求驻点，再用函数极值的充分条件判断函数在驻点是否取得极值，是极大值还是极小值.

解由 $\begin{cases} z_x = 2xy = 0 \\ z_y = x^2 + 3y^2 - 3 = 0 \end{cases}$，求得驻点 $\begin{cases} x = 0 \\ y = \pm 1 \end{cases}$，$\begin{cases} x = \pm\sqrt{3} \\ y = 0 \end{cases}$.

又 $$A = z_{xx} = 2y,\ B = z_{xy} = 2x,\ C = z_{yy} = 6y.$$

在 $(0, \pm 1)$ 处，$A(0, \pm 1) = \pm 2$，$B(0, \pm 1) = 0$，$C(0, \pm 1) = \pm 6$，$B^2 - AC = -12 < 0$. 故在 $(0, 1)$ 处，$A > 0$，函数有极小值 $f(0, 1) = -2$；在 $(0, -1)$ 处，$A < 0$，函数有极大值 $f(0, -1) = 2$.

而在 $(\pm\sqrt{3}, 0)$ 处，由于 $A(\pm\sqrt{3}, 0) = 0$，$B(\pm\sqrt{3}, 0) = \pm 2\sqrt{3}$，$C(\pm\sqrt{3}, 0) = 0$，$B^2 - AC = 12 > 0$，所以函数无极值.

思考 若函数为 $z = x^2y + x^3 - 3y$，结果如何?

例 8.5.2 求函数 $f(x, y) = 1 - \sin(x^2 + y^2)$ 的极值.

分析 这是二阶可微函数的无条件极值问题. 可用函数极值的必要条件求驻点，再用函数极值的充分条件判断函数在驻点是否取得极值，是极大值还是极小值. 注意，对函数极值充分条件判断失效的点，要用极值的定义来判断.

解 由 $\begin{cases} f_x = -2x\cos(x^2 + y^2) = 0 \\ f_y = -2y\cos(x^2 + y^2) = 0 \end{cases}$，求得函数的驻点

$$x = 0,\ y = 0 \text{ 和 } x^2 + y^2 = k\pi + \frac{\pi}{2} \quad (k = 0, 1, 2, \cdots).$$

又 $$f_{xx} = -2\cos(x^2 + y^2) + 4x^2\sin(x^2 + y^2),\ f_{xy} = 4xy\sin(x^2 + y^2),$$
$$f_{yy} = -2\cos(x^2 + y^2) + 4y^2\sin(x^2 + y^2).$$

在 $(0, 0)$ 处，$A = f_{xx}(0, 0) = -2$，$B = f_{xy}(0, 0) = 0$，$C = f_{yy}(0, 0) = -2$. 由于 $B^2 - AC = -4 < 0$ 且 $A < 0$，所以 $f(0, 0) = 1$ 为极大值.

当 $x^2 + y^2 = 2k\pi + \frac{\pi}{2}$ 时，$A = 4x^2$，$B = 4xy$，$C = 4y^2$. 由于 $B^2 - AC = 0$，所以判别法失效，需根据极值定义来判断.

若 (x_0, y_0) 是圆 $x^2 + y^2 = 2k\pi + \frac{\pi}{2}$ 上任意点处，则 $f(x_0, y_0) = 1 - \sin\frac{\pi}{2} = 0$. 显然，在 (x_0, y_0) 的任何领域内，均含有该圆周上异于 (x_0, y_0) 的点，使该点的函数值为零. 因此，由函数极值的定义知，$f(x, y)$ 在 (x_0, y_0) 处无极值. 所以，当 $x^2 + y^2 = 2k\pi + \frac{\pi}{2}$ 时，函数 $f(x, y)$ 无极值。

同理，当 $x^2 + y^2 = 2k\pi + \frac{3\pi}{2}$ 时，函数 $f(x, y)$ 无极值.

思考 (i) 若函数为 $f(x,y) = 1 - \cos(x^2 + y^2)$ 或 $f(x,y) = 1 - \sin^2(x^2 + y^2)$，结果如何? 若为 $f(x, y) = 1 - \cos^2(x^2 + y^2)$ 呢? (ii) 求函数 $f(x, y) = 1 - \sin\sqrt{x^2 + y^2}$ 的极值.

例 8.5.3 求函数 $u = xy^2z^3$ 在条件 $x + y + z = a(a, x, y, z \in R^+)$ 下的条件极值.

分析 这是条件极值问题. 通常用拉格朗日乘数法来求解，但由于从所给条件中很容易用其中两个变量表示另一个变量，所以也可以将其转化成无条件极值来解.

解 令 $F(x,y,z) = xy^2z^3 + \lambda(x + y + z - a) \quad (x,y,z,a \in R^+)$，

于是由 $\begin{cases} F_x = y^2z^3 + \lambda = 0 \\ F_y = 2xyz^3 + \lambda = 0 \\ F_z = 3xy^2z^2 + \lambda = 0 \\ x + y + z = a \end{cases}$　解得 $\begin{cases} x = a/6 \\ y = a/3. \\ z = a/2 \end{cases}$

由问题的实际意义，知 $x = \dfrac{a}{6}$，$y = \dfrac{a}{3}$，$z = \dfrac{a}{2}$ 时，函数取得极大值 $u\left(\dfrac{a}{6}, \dfrac{a}{3}, \dfrac{a}{2}\right) = \dfrac{a^6}{432}$.

思考　(i) 若 $(x, y, z, a \in R^-)$，结果如何？(ii) 若函数为 $u = x^3y^2z$ 或 $u = x^2yz^3$，结果又如何？若为 $u = xy^2z^2$ 呢？(iii) 若条件为 $x + 2y + 3z = a(a, x, y, z \in R^+)$，以上各题的结果如何？

例 8.5.4　在平面 xOy 上求一点，使它到 $x = 0$，$y = 0$ 及 $x + 2y - 16 = 0$ 三直线的距离的平方和最小.

分析　先用点到直线的距离公式，求出目标函数；再求目标函数的最值. 注意，若实际问题在唯一驻点处的极值，就是相应的最值.

解　设所求点为 $P(x, y)$，则该点到三直线的距离分别为 $|y|$，$|x|$，$\dfrac{|x + 2y - 6|}{\sqrt{5}}$，三距离的平方和为 $z(x, y) = x^2 + y^2 + \dfrac{1}{5}(x + 2y - 6)^2$，由

$$\begin{cases} \dfrac{\partial z}{\partial x} = 2x + \dfrac{2}{5}(x + 2y - 6) = 0 \\ \dfrac{\partial z}{\partial y} = 2y + \dfrac{4}{5}(x + 2y - 6) = 0 \end{cases} \Rightarrow \begin{cases} x = \dfrac{8}{5} \\ y = \dfrac{16}{5} \end{cases},$$

故所求点为 $\left(\dfrac{8}{5}, \dfrac{16}{5}\right)$.

思考　在该问题中，三距离和的最小值与三距离平方和的最小值是否等价？若在平面 xOy 上求一点，使它到 $x = 0$，$y = 0$ 及 $x + 2y - 16 = 0$ 三直线的距离的和为最小，结果如何？

例 8.5.5　求两曲面 $z = x^2 + 2y^2$ 和 $z = 4 + y^2$ 的交线 Γ 的竖坐标 z 的最大值和最小值.

分析　因为交线 Γ 上的点既在抛物面 $z = x^2 + 2y^2$ 上，也在柱面 $z = 4 + y^2$ 上，因此问题可转化为函数 $z = x^2 + 2y^2$ 或 $z = 4 + y^2$ 在一定条件下的极值问题. 注意，实际问题的极大值（极小值），就是相应的最大值（最小值）.

解　由两曲面的方程 $z = x^2 + 2y^2$ 和 $z = 4 + y^2$ 可得 $x^2 + 2y^2 = 4 + y^2$，即 $x^2 + y^2 = 4$，这就是交线 Γ 上的点 $P(x, y, z)$ 应满足的条件. 因此，问题转化成函数 $z = x^2 + 2y^2$ 在 $x^2 + y^2 = 4$ 条件下的极值问题.

令 $F(x, y) = x^2 + 2y^2 + \lambda(x^2 + y^2 - 4)$，于是由

$$\begin{cases} \dfrac{\partial F}{\partial x} = 2x + 2\lambda x = 0 \\ \dfrac{\partial F}{\partial y} = 4y + 2\lambda y = 0 \\ x^2 + y^2 = 4 \end{cases} \Rightarrow \begin{cases} x = \pm 2 \\ y = 0 \\ \lambda = -1 \end{cases}, \begin{cases} x = 0 \\ y = \pm 2 \\ \lambda = -2 \end{cases}.$$

根据问题的实际意义，可知 $x = \pm 2$，$y = 0$ 时，z 有最小值 $z(\pm 2, 0) = 4$；当 $x = 0$，$y = \pm 2$ 时，z 有最大值 $z(0, \pm 2) = 8$.

思考　若求曲面 $z = x^2 + 2y^2$ 和平面 $3x - 2y + z = 1$ 的交线 Γ 的竖坐标 z 的最大值和最小值，结果如何？

例 8.5.6　某养殖场饲养两种鱼，若甲种鱼放养 x（万尾），乙种鱼放养 y（万尾），收获时两种鱼的收获量分别为 $(3 - \alpha x - \beta y)x$ 和 $(4 - \beta x - 2\alpha y)y(\alpha > \beta > 0)$，求使产鱼总量

最大的收获量.

分析 这是实际问题的最值（极值）问题，先应求出目标函数——鱼总产量函数，再求此函数的极值. 注意，若实际问题的目标函数只有一个极值，则该极值就是相应的最值.

解 鱼的总产量 $z=3x+4y-\alpha x^2-2\alpha y^2-2\beta xy$. 由极值的必要条件得二元一次方程组

$$\begin{cases}\dfrac{\partial z}{\partial x}=3-2\alpha x-2\beta y=0\\ \dfrac{\partial z}{\partial y}=4-4\alpha y-2\beta x=0\end{cases},$$

由于 $\alpha>\beta>0$，故其系数行列式 $D=4(2\alpha^2-\beta^2)>0$，从而方程组有唯一解

$$x_0=\frac{3\alpha-2\beta}{2\alpha^2-\beta^2},\quad y_0=\frac{4\alpha-3\beta}{2(2\alpha^2-\beta^2)}.$$

在 (x_0, y_0) 处，$A=\dfrac{\partial^2 z}{\partial x^2}=-2\alpha, B=\dfrac{\partial^2 z}{\partial x\partial y}=-2\beta, C=\dfrac{\partial^2 z}{\partial y^2}=-4\alpha$. 由于

$$B^2-AC=4\beta^2-8\alpha^2=-4(2\alpha^2-\beta^2)<0,\quad A<0,$$

故 z 在 (x_0, y_0) 处有极大值，即最大值，且所求收获量分别为

$$(3-\alpha x_0-\beta y_0)x_0=\frac{3x_0}{2},\quad (4-\beta x_0-2\alpha y_0)y_0=2y_0.$$

思考 (i) 若 $\alpha=\beta>0$，结果如何？(ii) 若仅已知 α，$\beta>0$，则当 α，β 满足什么关系时，该问题有最大值？(iii) 若两种鱼的收获量分别为 $(3-\alpha x-\beta y)y$ 和 $(4-\beta x-2\alpha y)x(\alpha, \beta>0)$，则当 α，β 满足什么关系时，该问题有最大值？并分别求出两种鱼的收获量.

第六节　二重积分的概念、性质与在直角坐标系下的计算

一、教学目标

了解二重积分的概念与性质，会用二重积分进行二重积分的估值与大小比较，会用二重积分的几何意义简化二重积分的计算，掌握二重积分在直角坐标系下的计算方法.

二、考点题型

二重积分的计算*——二重积分性质与几何意义的运用，直角坐标系下的计算与积分次序的选择等.

三、例题分析

例 8.6.1 求二重积分 $\iint\limits_D f(x)f(y-x)\mathrm{d}x\mathrm{d}y$，其中 $f(x)=\begin{cases}a, & 0\leqslant x\leqslant 1\\ 0, & \text{其他}\end{cases}$ 且 $a>0$，D 表示全平面.

分析 $f(y-x)$ 是 $f(x)$ 的复合函数. 先求出该复合函数的表达式，才能得出被积函数. 此外，常数函数积分时，注意应用二重积分的几何意义简化运算.

解 如图 8.8. 因为 $f(y-x)=\begin{cases}a, & 0\leqslant y-x\leqslant 1\\ 0, & \text{其他}\end{cases}=\begin{cases}a, & x\leqslant y\leqslant x+1\\ 0, & \text{其他}\end{cases}$，所以

$f(x)f(y-x)=\begin{cases}a^2,(x,y)\in D_1\\0,\ 其他\end{cases}$，其中 $D_1=\{(x,y)\mid 0\leqslant x\leqslant 1,x\leqslant y\leqslant x+1\}$.

于是 $$\iint\limits_D f(x)f(y-x)\mathrm{d}x\mathrm{d}y=\iint\limits_{D_1}a^2\mathrm{d}x\mathrm{d}y=a^2\iint\limits_{D_1}\mathrm{d}x\mathrm{d}y=a^2S_{D_1}=a^2\cdot 1=a^2.$$

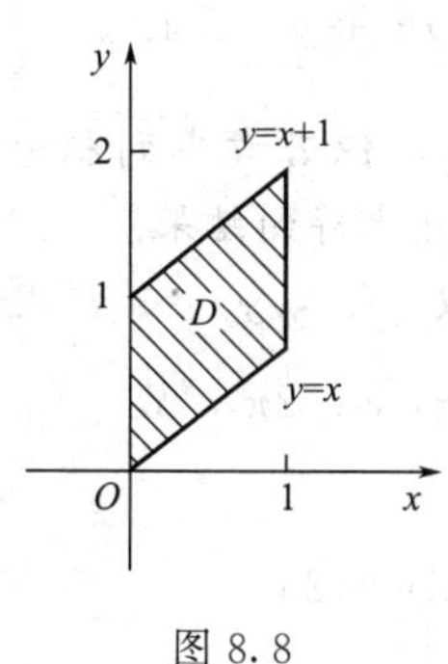

图 8.8

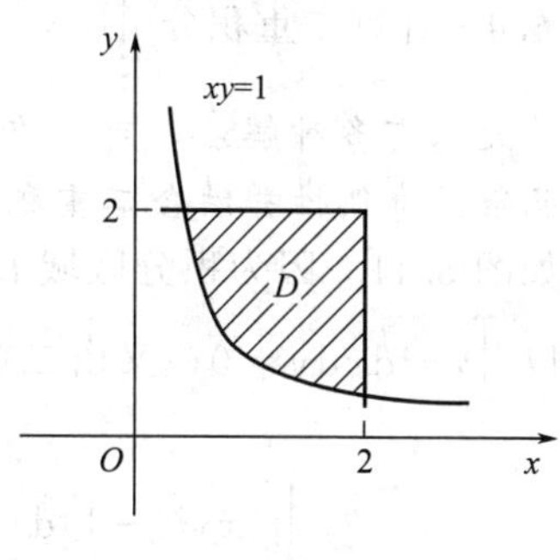

图 8.9

思考　若二重积分为 $\iint\limits_D f(x)f(y-2x)\mathrm{d}x\mathrm{d}y$，结果如何？若为 $\iint\limits_D f(x)f(y+x)\mathrm{d}x\mathrm{d}y$ 或 $\iint\limits_D f(x)f(y+2x)\mathrm{d}x\mathrm{d}y$ 呢？

例 8.6.2　计算二重积分 $\iint\limits_D y\mathrm{e}^{xy}\mathrm{d}x\mathrm{d}y$，其中 D 为双曲线 $xy=1$ 及直线 $x=2$，$y=2$ 所围成的第一象限内的区域.

分析　D 既是 X- 型积分区域，也是 Y- 型积分区域，表示成哪种类型的区域都可以. 但若用 X- 型积分区域计算，被积函数先应对 y 积分，显然比较难. 因此，采用 Y- 型积分区域计算.

解　如图 8.9. 积分区域 D_Y：$\begin{cases}1/2\leqslant y\leqslant 2\\1/y\leqslant x\leqslant 2\end{cases}$，于是

$$\iint\limits_D y\mathrm{e}^{xy}\mathrm{d}x\mathrm{d}y=\int_{\frac{1}{2}}^{2}\mathrm{d}y\int_{\frac{1}{y}}^{2}\mathrm{e}^{xy}\mathrm{d}(xy)=\int_{\frac{1}{2}}^{2}\mathrm{e}^{xy}\Big|_{x=\frac{1}{y}}^{2}\mathrm{d}y=\int_{\frac{1}{2}}^{2}(\mathrm{e}^{2y}-\mathrm{e})\mathrm{d}y$$
$$=\left(\frac{1}{2}\mathrm{e}^{2y}-\mathrm{e}y\right)\Big|_{\frac{1}{2}}^{2}=\frac{1}{2}\mathrm{e}^4-2\mathrm{e}-\frac{1}{2}\mathrm{e}+\frac{1}{2}\mathrm{e}=\frac{1}{2}\mathrm{e}^4-2\mathrm{e}.$$

思考　若二重积分为 $\iint\limits_D y^2\mathrm{e}^{xy}\mathrm{d}x\mathrm{d}y$，结果如何？为 $\iint\limits_D x\mathrm{e}^{xy}\mathrm{d}x\mathrm{d}y$ 或 $\iint\limits_D x^2\mathrm{e}^{xy}\mathrm{d}x\mathrm{d}y$ 呢？

例 8.6.3　计算二重积分 $\iint\limits_D xy\mathrm{d}x\mathrm{d}y$，其中 D 是由抛物线 $y^2=x$ 与直线 $y=x-2$ 围成的闭区域.

分析　由于平行于 y 轴的直线穿过积分区域时，边界曲线的方程不同，故若先对 y 积分必须将区域分块，而先对 x 积分不必分块，因此利用后者计算较为简单.

解　如图 8.10. 为确定积分限，需要求出两曲线的交点. 由 $\begin{cases}y^2=x\\y=x-2\end{cases}$，求得两曲线的交点为 (4，2)，(1，−1)，故 D_Y：$\begin{cases}-1\leqslant y\leqslant 2\\y^2\leqslant x\leqslant y+2\end{cases}$. 于是

$$\iint\limits_D xy\mathrm{d}x\mathrm{d}y=\int_{-1}^{2}\mathrm{d}y\int_{y^2}^{y+2}xy\mathrm{d}x=\frac{1}{2}\int_{-1}^{2}(-y^5+y^3+4y^2+4y)\mathrm{d}y=\frac{45}{8}.$$

思考 (i) 若积分为 $\iint\limits_D (x+y)\mathrm{d}x\mathrm{d}y$ ，结果如何？(ii) 若 D 是由抛物线 $y^2=x$ 与直线 $y=kx-b(k>0,\ b\geqslant 0)$ 围成的区域，以上两题结果如何？D 是由抛物线 $y^2=x$ 与直线 $x+y=a(a>0)$ 围成的区域呢？(iii) 利用先对 y、后对 x 的积分次序计算以上各题.

例 8.6.4 计算二重积分 $\iint\limits_D (xy^2+1)\mathrm{d}x\mathrm{d}y$ ，其中 D：$4x^2+y^2\leqslant 4$.

分析 此题有多种解法，可以在直角坐标系下直接计算，但若考虑到积分区域的对称性、被积函数的奇偶性并结合二重积分的几何意义，可很方便地得到结果.

解 如图 8.11. 因为积分区域 D 关于 y 轴对称，而函数 $f(x,\ y)=xy^2$ 是关于 x 的奇函数，所以 $\iint\limits_D xy^2\mathrm{d}x\mathrm{d}y=0$；又由二重积分的几何意义知 $\iint\limits_D \mathrm{d}x\mathrm{d}y=2\pi$ ，故

$$\iint\limits_D (xy^2+1)\mathrm{d}x\mathrm{d}y=\iint\limits_D xy^2\mathrm{d}x\mathrm{d}y+\iint\limits_D \mathrm{d}x\mathrm{d}y=2\pi.$$

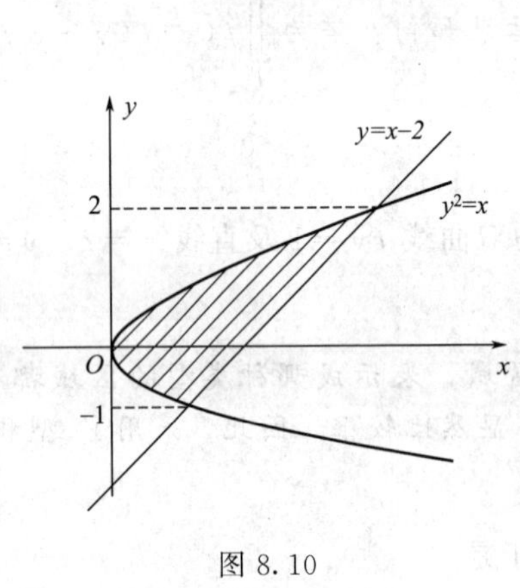

图 8.10

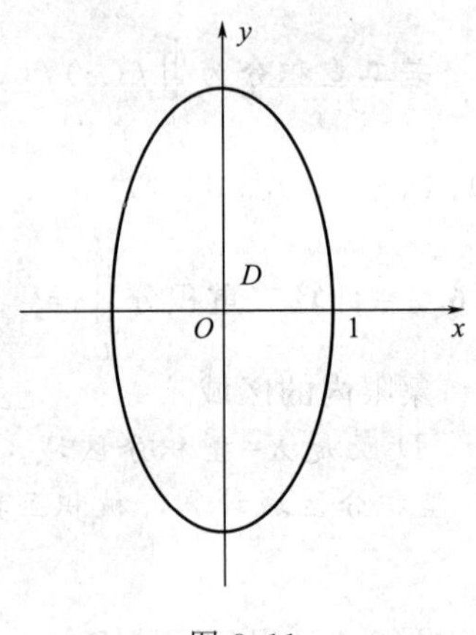

图 8.11

思考 (i) 若积分区域为 D：$2|x|+|y|\leqslant 1$，结果如何？若为 D：$a|x|+b|y|\leqslant 1(a>0,\ b>0)$ 呢？(ii) 在直角坐标系下直接计算以上各题.

例 8.6.5 设 $f(x,\ y)$ 为连续函数，且 $f(x,\ y)=xy+\iint\limits_D f(u,\ v)\mathrm{d}u\mathrm{d}v$ ，其中 D 是由 $y=0$，$y=x^2$ 与 $x=1$ 围成的区域，求 $f(x,\ y)$.

分析 由于在给定区域上的二重积分是一个常数，与积分变量无关，因此在同一个区域上，对等式两边作二重积分，即可得到关于这个常数的一个方程，从而求出该常数.

解 如图 8.12. 积分区域 D_X：$\begin{cases}0\leqslant x\leqslant 1\\ 0\leqslant y\leqslant x^2\end{cases}$. 设 $A=\iint\limits_D f(x,\ y)\mathrm{d}x\mathrm{d}y$ ，则

$$f(x,y)=xy+A.$$

于是上式两边在区域 D 积分得

$$A=\iint\limits_D xy\mathrm{d}x\mathrm{d}y+A\iint\limits_D \mathrm{d}x\mathrm{d}y=\int_0^1\mathrm{d}x\int_0^{x^2}xy\mathrm{d}y+A\int_0^1\mathrm{d}x\int_0^{x^2}\mathrm{d}y=\frac{1}{12}+\frac{1}{3}A,$$

即 $A=\dfrac{1}{12}+\dfrac{1}{3}A$ ，解得 $A=\dfrac{1}{8}$ ，从而 $f(x,y)=xy+\dfrac{1}{8}$.

思考　(i)若 $f(x,y)=x+y+\iint\limits_D f(u,v)\mathrm{d}u\mathrm{d}v$，结果如何？(ii)若 D 是由 $y=0$，$y=x$ 与 $x=1$ 围成，以上两题的结果如何？(iii)若 $f(x,y)=xy+a\iint\limits_D f(u,v)\mathrm{d}u\mathrm{d}v$ 或 $f(x,y)=x+y+a\iint\limits_D f(u,v)\mathrm{d}u\mathrm{d}v$，则 a 分别为何值时，以上问题有解？a 分别为何值时，以上问题无解？并在有解时求出其解.

例 8.6.6　计算二重积分 $\iint\limits_D(|x|+|y|)\mathrm{d}x\mathrm{d}y$，其中 D：$|x|+|y|\leqslant 1$.

分析　被积函数 $|x|+|y|$ 含有绝对值，是分段函数，要去掉绝对值才能计算. 注意，利用积分区域的对称性及被积函数的奇偶性可以简化计算.

解　如图 8.13. 记 D_1 为区域 D 在第一象限的部分，则 D_{1X}：$\begin{cases}0\leqslant x\leqslant 1\\ 0\leqslant y\leqslant 1-x\end{cases}$. 由于积分区域关于坐标原点对称，而被积函数 $|x|+|y|$ 又是关于 x、y 的偶函数，故

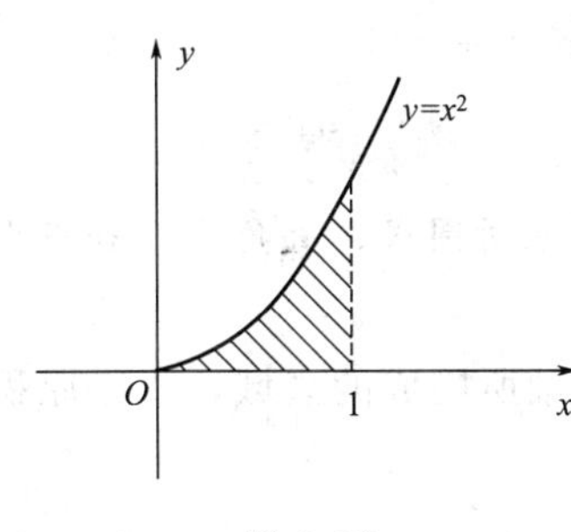

图 8.12

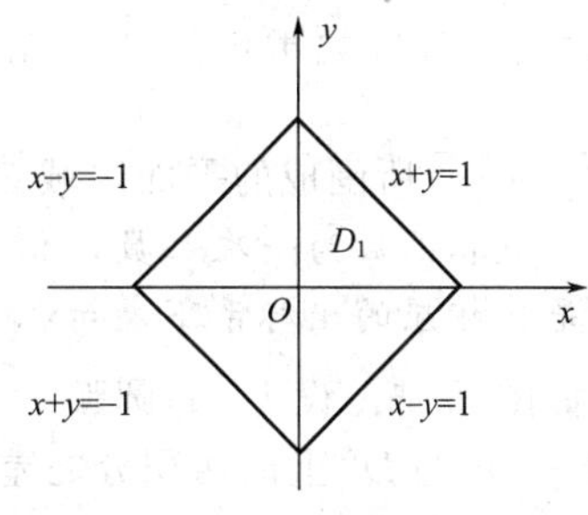

图 8.13

$$\iint\limits_D(|x|+|y|)\mathrm{d}x\mathrm{d}y=4\iint\limits_{D_1}(|x|+|y|)\mathrm{d}x\mathrm{d}y=4\int_0^1\mathrm{d}x\int_0^{1-x}(x+y)\mathrm{d}y=\frac{4}{3}.$$

思考　(i) 若二重积分为 $\iint\limits_D|x|\mathrm{d}x\mathrm{d}y$ 或 $\iint\limits_D|xy|\mathrm{d}x\mathrm{d}y$，结果如何？$\iint\limits_D(a|x|+b|y|)\mathrm{d}x\mathrm{d}y$ 呢？(ii) 若积分区域为 D：$x^2+y^2\leqslant 1$，以上各题结果如何？

第七节　二重积分在极坐标系下的计算与交换积分次序

一、教学目标

掌握二重积分在极坐标系下的计算方法以及交换积分次序的方法.

二、考点题型

二重积分的计算* ——极坐标系下的计算与积分次序的交换，坐标系的选择与转化等.

三、例题分析

例 8.7.1　计算二重积分 $\iint\limits_D\mathrm{e}^{-(x^2+y^2-\pi)}\sin(x^2+y^2)\mathrm{d}x\mathrm{d}y$，其中 $D=\{(x,y)\,|\,x^2+y^2\leqslant\pi\}$.

分析 被积函数含 x^2+y^2，积分区域为圆域，宜用极坐标计算．注意被积函数中含有一个常因数，可以提到积分符号的外边来．

解 如图 8.14．由于 $D=\begin{cases}0\leqslant\theta\leqslant 2\pi\\0\leqslant r\leqslant\sqrt{\pi}\end{cases}$，故

$$\text{原式}=\mathrm{e}^{\pi}\iint_D \mathrm{e}^{-(x^2+y^2)}\sin(x^2+y^2)\,\mathrm{d}x\,\mathrm{d}y=\mathrm{e}^{\pi}\int_0^{2\pi}d\theta\int_0^{\sqrt{\pi}}\mathrm{e}^{-r^2}\sin r^2\cdot r\,\mathrm{d}r$$

$$=\frac{1}{2}\mathrm{e}^{\pi}\int_0^{2\pi}\mathrm{d}\theta\int_0^{\pi}\mathrm{e}^{-t}\sin t\,\mathrm{d}t=\pi\mathrm{e}^{\pi}\int_0^{\pi}\mathrm{e}^{-t}\sin t\,\mathrm{d}t=\frac{\pi}{2}(1+\mathrm{e}^{\pi}).$$

思考 (i) 若二重积分为 $\iint\limits_D \mathrm{e}^{-(x^2+y^2-\pi)}\mathrm{d}x\,\mathrm{d}y$，结果如何？(ii) 利用本例及 (i) 中结果，计算 $\iint\limits_D \mathrm{e}^{-(x^2+y^2-\pi)}\cos(x^2+y^2)\,\mathrm{d}x\,\mathrm{d}y$；(iii) 若积分区域 D 为圆 $x^2+y^2\leqslant\pi$ 的上半部分或其在第一象限的部分，结果如何？

例 8.7.2 计算二重积分 $\iint\limits_D y\,\mathrm{d}x\,\mathrm{d}y$，其中 D 是由直线 $x=-2$，$y=0$，$y=2$ 及曲线 $x=-\sqrt{2y-y^2}$ 所围成的平面区域．

分析 被积函数为一次函数，积分区域由直线段和圆弧所围成，直角坐标和极坐标均可用，关键是在相应的坐标系下表示积分区域．

解 如图 8.15．设 D' 是圆弧 $x=-\sqrt{2y-y^2}$ 与 y 轴所围成的区域，于是原积分可以表示成 $D+D'$ 与 D' 上的两积分之差．由于

$$D+D'：\begin{cases}-2\leqslant x\leqslant 0\\0\leqslant y\leqslant 2\end{cases}，\quad D'：\begin{cases}\dfrac{\pi}{2}\leqslant\theta\leqslant\pi\\0\leqslant r\leqslant 2\sin\theta\end{cases}，$$

故
$$\text{原式}=\iint\limits_{D+D'}y\,\mathrm{d}x\,\mathrm{d}y-\iint\limits_{D'}y\,\mathrm{d}x\,\mathrm{d}y=\int_{-2}^{0}\mathrm{d}x\int_0^2 y\,\mathrm{d}y-\int_{\frac{\pi}{2}}^{\pi}\sin\theta\,\mathrm{d}\theta\int_0^{2\sin\theta}r^2\,\mathrm{d}r$$

$$=4-\frac{8}{3}\int_{\frac{\pi}{2}}^{\pi}\sin^4\theta\,\mathrm{d}\theta\xlongequal[\mathrm{d}\theta=\mathrm{d}t]{\theta=\pi/2+t}4-\frac{8}{3}\int_0^{\frac{\pi}{2}}\cos^4 t\,\mathrm{d}t=4-\frac{8}{3}\cdot\frac{3}{4}\cdot\frac{1}{2}\cdot\frac{\pi}{2}=4-\frac{\pi}{2}.$$

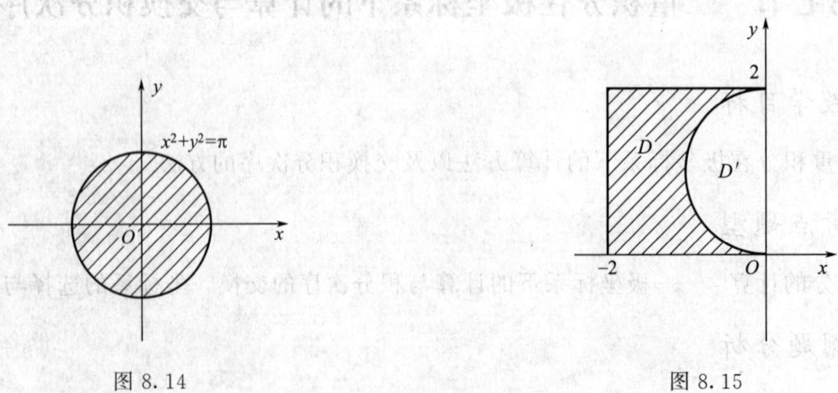

图 8.14　　　　图 8.15

思考 (i) 将积分区域 D 分成直线 $x+y=0$ 上、下两部分，用极坐标计算；(ii) 若二

重积分为$\iint\limits_D x\mathrm{d}x\mathrm{d}y$或$\iint\limits_D xy\mathrm{d}x\mathrm{d}y$，结果如何？(iii) 若$D$是由直线$x=-2$，$y=0$，$y=2$及曲线$x=\sqrt{2y-y^2}$所围成的平面区域，以上各题结果如何？

例 8.7.3 计算二重积分$\iint\limits_D \frac{\sqrt{x^2+y^2}}{\sqrt{4a^2-x^2-y^2}}\mathrm{d}\sigma$，其中$D$是由曲线$y=-a+\sqrt{a^2-x^2}$与直线$y=-x$围成的区域（其中$a>0$）.

分析 曲线$y=-a+\sqrt{a^2-x^2}$是圆$x^2+(y+a)^2=a^2$的上半圆周. 由于积分区域是圆的一部分，且被积函数含x^2+y^2，宜用极坐标，因而要将边界曲线方程改写为极坐标形式，再确定积分限.

解 如图 8.16. 将$x=r\cos\theta$，$y=r\sin\theta$代入圆

$$y=-a+\sqrt{a^2-x^2}$$

的方程，得其极坐标方程$r=-2a\sin\theta$，而$y=-x$的极坐标方程为$\theta=-\frac{\pi}{4}$. 于是

$$D=\begin{cases}-\frac{\pi}{4}\leqslant\theta\leqslant 0\\ 0\leqslant r\leqslant -2a\sin\theta\end{cases},$$

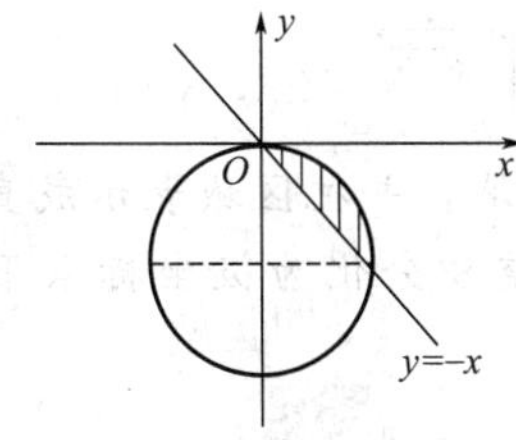

图 8.16

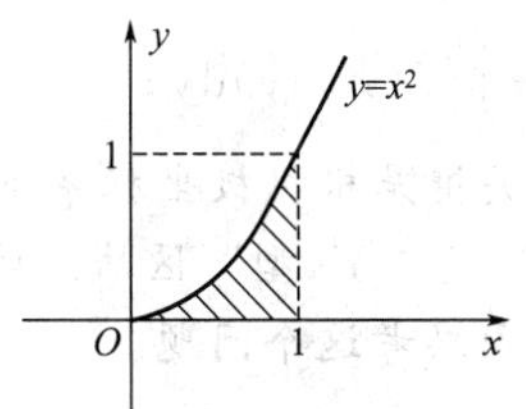

图 8.17

$$\text{原式}=\int_{-\frac{\pi}{4}}^{0}\mathrm{d}\theta\int_0^{-2a\sin\theta}\frac{r}{\sqrt{4a^2-r^2}}\cdot r\mathrm{d}r$$

$$\overset{r=2a\sin t}{=}\int_{-\frac{\pi}{4}}^{0}\mathrm{d}\theta\int_0^{-\theta}2a^2(1-\cos 2t)\mathrm{d}t=a^2\int_{-\frac{\pi}{4}}^{0}(\sin 2\theta-2\theta)\mathrm{d}t=a^2\left(\frac{\pi^2}{16}-\frac{1}{2}\right).$$

思考 (i) 若区域D是整个圆域$x^2+(y+a)^2\leqslant a^2$，结果如何？(ii) 若D是圆域$x^2+(y+a)^2\leqslant a^2$（$a>0$）在直线$y=-x$下方的部分，试用以上两题结果计算；(iii) 在以上三种情形下计算两二重积分$\iint\limits_D \frac{\sqrt{4a^2-x^2-y^2}}{\sqrt{x^2+y^2}}\mathrm{d}\sigma$和$\iint\limits_D \frac{\sqrt{a^2-x^2-y^2}}{\sqrt{x^2+y^2}}\mathrm{d}\sigma$.

例 8.7.4 将直角坐标系下的二次积分$\int_0^1\mathrm{d}x\int_0^{x^2}f(x,y)\mathrm{d}y$化为极坐标系下的二次积分.

分析 本题为二重积分的变量替换. 首先要确定二次积分（二重积分）的积分区域，作出草图. 其次将积分区域的边界曲线方程改写为极坐标系下的形式，确定积分限，最后写出积分在极坐标系下的表达式.

解 根据累次积分限，写出积分区域

$$D_X:\begin{cases}0\leqslant x\leqslant 1\\ 0\leqslant y\leqslant x^2\end{cases},$$

并据此画出积分区域图（如图 8.17）.

分别将 $x=r\cos\theta$，$y=r\sin\theta$ 代入积分区域边界方程，得出相应的区域边界的极坐标方程

$$y=0\Rightarrow\theta=0\ ;\ x=1\Rightarrow r\cos\theta=1\Rightarrow r=\sec\theta\ ;$$
$$y=x^2\Rightarrow r\sin\theta=r^2\cos^2\theta\Rightarrow r=\tan\theta\sec\theta.$$

又积分区域最高点（1，1）对应的极角 $\theta=\dfrac{\pi}{4}$，于是得积分区域在极坐标下的表达式

$$D:\begin{cases}0\leqslant\theta\leqslant\dfrac{\pi}{4}\\ \sec\theta\leqslant r\leqslant\tan\theta\sec\theta\end{cases},$$

故 $$\int_0^1 dx\int_0^{x^2}f(x,y)dy=\int_0^{\frac{\pi}{4}}d\theta\int_{\tan\theta\sec\theta}^{\sec\theta}f(r\cos\theta,r\sin\theta)r\,dr.$$

思考 (i) 若二次积分为 $\int_0^1 dx\int_0^x f(x,\ y)dy$，结果如何？(ii) 若 $f(x,\ y)=\sin(x^2+y^2)$ 或 $f(x,\ y)=e^{x^2+y^2}$，分别求出以上两题的结果.

例 8.7.5 累次积分 $\int_0^{\frac{\pi}{2}}d\theta\int_0^{\cos\theta}f(r\cos\theta,\ r\sin\theta)r\,dr$ 可以写成（　　）.

A. $\int_0^1 dy\int_0^{\sqrt{y-y^2}}f(x,\ y)dx$；　　B. $\int_0^1 dy\int_0^{\sqrt{1-y^2}}f(x,\ y)dx$；

C. $\int_0^1 dx\int_0^1 f(x,\ y)dy$；　　D. $\int_0^1 dx\int_0^{\sqrt{x-x^2}}f(x,\ y)dy$；

分析 关键是根据极坐标系下的累次积分限画出积分区域，并把区域表示成直角坐标下的"X-型"或"Y-型"区域. 注意回想一下是怎样将二重积分化为极坐标系下的累次积分的，并逆向思考这个问题.

解 选 D. 根据累次积分限可以得出积分区域 D：$\begin{cases}0\leqslant\theta\leqslant\dfrac{\pi}{2}\\ 0\leqslant r\leqslant\cos\theta\end{cases}$. 由 $r=\cos\theta$，即 $r^2=r\cos\theta$，即 $x^2+y^2=x$，再根据 θ 的范围易知积分区域是圆 $x^2+y^2=x$ 在第一象限的部分（如图 8.18）. 其在直角坐标下可表示成 D_X：$\begin{cases}0\leqslant x\leqslant 1\\ 0\leqslant y\leqslant\sqrt{x-x^2}\end{cases}$，故选择 D.

思考 (i) 若累次积分为 $\int_0^{\frac{\pi}{2}}d\theta\int_0^{\sin\theta}f(r\cos\theta,\ r\sin\theta)r\,dr$，结果如何？(ii) 若选项 B 正确，则相应的累次积分怎样？

例 8.7.6 计算二次积分 $\int_0^{\frac{\pi}{3}}dy\int_y^{\frac{\pi}{3}}\dfrac{\sin^2 x}{x}dx$ 的值.

分析 因为被积函数 $\dfrac{\sin^2 x}{x}$ 的原函数不是初等函数，故 $\int_y^{\frac{\pi}{3}}\dfrac{\sin^2 x}{x}dx$ 无法求出. 但若采用另一种次序的积分，则可避免这个问题. 因此，先交换积分，再计算. 通常包括写出积分区域；画出区域图；表示成另一种类型的区域并写出另一种次序的累次积分和计算累次积分几个步骤.

解 如图 8.19，积分区域为 D_X：$0\leqslant y\leqslant\pi/3$，$y\leqslant x\leqslant\pi/3$，表示成另一种类型的积分区域 D_Y：$0\leqslant x\leqslant\pi/3$，$0\leqslant y\leqslant x$，故

$$\int_0^{\frac{\pi}{3}}dy\int_y^{\frac{\pi}{3}}\frac{\sin^2 x}{x}dx=\int_0^{\frac{\pi}{3}}\frac{\sin^2 x}{x}dx\int_0^x dy=\int_0^{\frac{\pi}{3}}\sin^2 x\,dx=\frac{1}{2}\int_0^{\frac{\pi}{3}}(1-\cos 2x)dx$$

$$=\frac{1}{2}\left(x-\frac{1}{2}\sin 2x\right)\Big|_0^{\pi/3}=\frac{\pi}{6}-\frac{\sqrt{3}}{8}.$$

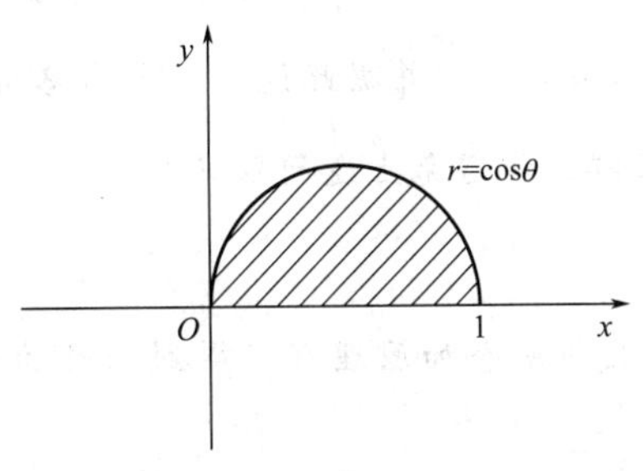

图 8.18

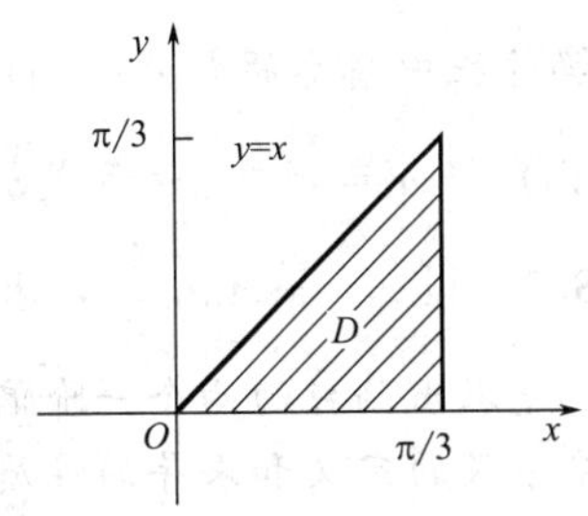

图 8.19

第八节　习题课

例 8.8.1　求函数 $f(x, y)=\arcsin\frac{x+y}{x^2+y^2}$ 的定义域 D，并讨论函数 $f(x, y)$ 在点 $O(0, 0)$ 处的极限是否存在.

分析　函数的定义域根据反正弦函数的定义可求，而能否补充定义使函数 $f(x, y)$ 在点 $O(0, 0)$ 处连续，取决于函数 $f(x, y)$ 在坐标原点 $O(0, 0)$ 的极限是否存在.

解　根据反正弦函数的定义，得

$$\left|\frac{x+y}{x^2+y^2}\right|\leqslant 1\Rightarrow |x+y|\leqslant x^2+y^2\Rightarrow -x^2-y^2\leqslant x+y\leqslant x^2+y^2,$$

于是由

$$\begin{cases}-x^2-y^2\leqslant x+y\\ x+y\leqslant x^2+y^2\end{cases}\Rightarrow\begin{cases}x^2+y^2+x+y\geqslant 0\\ x^2+y^2-x-y\geqslant 0\end{cases}\Rightarrow\begin{cases}\left(x+\frac{1}{2}\right)^2+\left(y+\frac{1}{2}\right)^2\geqslant\frac{1}{2}\\ \left(x-\frac{1}{2}\right)^2+\left(y-\frac{1}{2}\right)^2\geqslant\frac{1}{2}\end{cases},$$

故 $f(x, y)$ 的定义域是两相切圆

$$\odot O_1:\left(x+\frac{1}{2}\right)^2+\left(y+\frac{1}{2}\right)^2\geqslant\frac{1}{2}\text{ 和 }\odot O_2:\left(x-\frac{1}{2}\right)^2+\left(y-\frac{1}{2}\right)^2\geqslant\frac{1}{2}$$

的外部，即 $D=\{(x,y)\mid(x,y)\notin D_1\cup D_2\}$，其中 D_1，D_2 分别是 $\odot O_1$，$\odot O_2$ 所围成的闭区域. 如图 8.20.

思考　(i) 若 $f(x, y)=\arcsin\frac{2x+y}{x^2+y^2}$ 或 $f(x, y)=\arcsin\frac{x+2y}{x^2+y^2}$，结果如何？(ii) 若 $f(x, y)=\arccos\frac{x+y}{x^2+y^2}$，结果怎样？

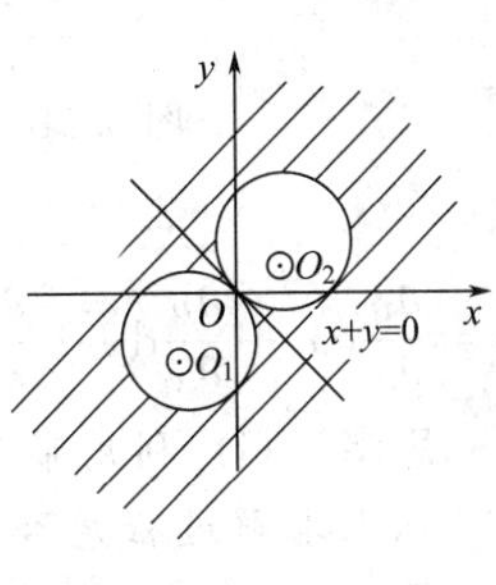

图 8.20

例 8.8.2　求函数 $u=x^{y+z}$ 的偏导数.

分析　对于三变量 x，y，z 来说，$u=x^{y+z}$ 是幂指数函数，但对单变量 x 或 y 或 z 来说，$u=x^{y+z}$ 分别为幂函数和指数函数，因此可以直接利用幂函数和指数函数的求导公式求解.

解　把 y，z 或 z，x 或 x，y 看成常数，则 $u=x^{y+z}$ 分别是 x 的幂函数、y 和 z 的指数函数，故根据幂函数和指数函数的求导公式，得

$$\frac{\partial u}{\partial x}=(y+z)x^{y+z-1},\quad \frac{\partial u}{\partial y}=x^{y+z}\ln x,\quad \frac{\partial u}{\partial z}=x^{y+z}\ln x.$$

思考 (i) 把 z，x 或 x，y 看成常数，$u=x^{y+z}$ 是 y 和 z 的简单的指数函数吗？找出 $\frac{\partial u}{\partial y},\frac{\partial u}{\partial z}$ 求解过程中省略的部分；(ii) 若 $u=x^{2y-z}$，结果如何？并据此说明以上省略部分是重要的；(iii) 将 $u=x^{2y-z}$ 表示成 $u=x^{2y}\cdot x^{-z}$ 再求解，能避免上述问题吗？

例 8.8.3 设 $z=\arctan\frac{y}{x}$，求 $\mathrm{d}z$，$\frac{\partial^2 z}{\partial x\partial y}$.

分析 先求出函数的两个一阶偏导数，在此基础上利用叠加原理可以得到函数的微分，利用二阶偏导数的定义和求导的性质可以求二阶偏导数.

解

$$\frac{\partial z}{\partial x}=\frac{1}{1+(y/x)^2}\frac{\partial}{\partial x}\left(\frac{y}{x}\right)=\frac{1}{1+(y/x)^2}\left(-\frac{y}{x^2}\right)=-\frac{y}{x^2+y^2},$$

$$\frac{\partial z}{\partial y}=\frac{1}{1+(y/x)^2}\frac{\partial}{\partial y}\left(\frac{y}{x}\right)=\frac{1}{1+(y/x)^2}\cdot\frac{1}{x}=\frac{x}{x^2+y^2}.$$

所以

$$\mathrm{d}z=\frac{\partial z}{\partial x}\mathrm{d}x+\frac{\partial z}{\partial y}\mathrm{d}y=-\frac{y}{x^2+y^2}\mathrm{d}x+\frac{x}{x^2+y^2}\mathrm{d}y=\frac{x\mathrm{d}y-y\mathrm{d}x}{x^2+y^2},$$

$$\frac{\partial^2 z}{\partial x\partial y}=\frac{\partial}{\partial y}\left(-\frac{y}{x^2+y^2}\right)=-\frac{x^2+y^2-y\cdot 2y}{(x^2+y^2)^2}=\frac{y^2-x^2}{(x^2+y^2)^2}.$$

思考 (i) 若函数 $z=\arctan\frac{x}{y}$，结果如何？为 $z=\operatorname{arccot}\frac{y}{x}$ 或 $z=\operatorname{arccot}\frac{x}{y}$ 呢？(ii) 在以上各题中，求 $\frac{\partial^2 z}{\partial x^2},\frac{\partial^2 z}{\partial y^2}$.

例 8.8.4 设 $u=f(x,\ xy,\ xyz)$，f 是可微函数，求 $\frac{\partial u}{\partial x},\frac{\partial u}{\partial y},\frac{\partial u}{\partial z}$ 及 $\mathrm{d}u$.

分析 该题未给出中间变量，但中间变量比较显然. 先引进中间变量，明确复合关系，再利用复合函数求导公式求解；也可以利用全微分形式的不变性求解. 注意，若利用带下标的偏导记号，可以使求解过程简洁.

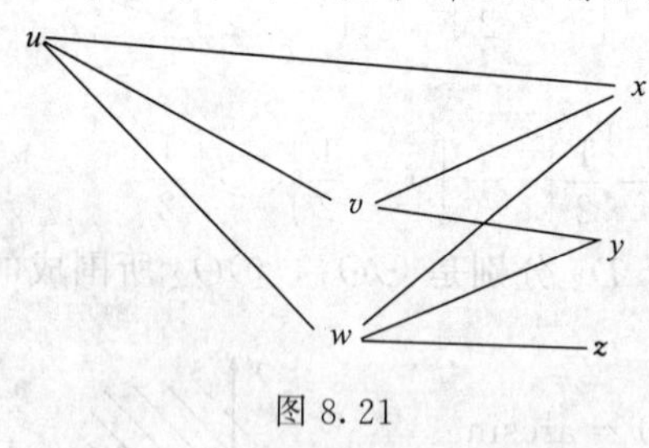

图 8.21

解 令 $v=xy$，$w=xyz$，则 $z=f(x,\ v,\ w)$. 于是 u 对 x，y，z 的复合关系如图 8.21 所示.

所以

$$\frac{\partial u}{\partial x}=\frac{\partial f}{\partial x}+\frac{\partial f}{\partial v}\frac{\partial v}{\partial x}+\frac{\partial f}{\partial w}\frac{\partial w}{\partial x}=\frac{\partial f}{\partial x}+y\frac{\partial f}{\partial v}+yz\frac{\partial f}{\partial w},$$

$$\frac{\partial u}{\partial y}=\frac{\partial f}{\partial v}\frac{\partial v}{\partial y}+\frac{\partial f}{\partial w}\frac{\partial w}{\partial y}=x\frac{\partial f}{\partial v}+xz\frac{\partial f}{\partial w},$$

$$\frac{\partial u}{\partial z}=\frac{\partial f}{\partial w}\frac{\partial w}{\partial z}=xy\frac{\partial f}{\partial w},$$

$$\mathrm{d}u=\frac{\partial u}{\partial x}\mathrm{d}x+\frac{\partial u}{\partial y}\mathrm{d}y+\frac{\partial u}{\partial z}\mathrm{d}z=\left(\frac{\partial f}{\partial x}+y\frac{\partial f}{\partial v}+yz\frac{\partial f}{\partial w}\right)\mathrm{d}x+\left(x\frac{\partial f}{\partial v}+xz\frac{\partial f}{\partial w}\right)\mathrm{d}y+xy\frac{\partial f}{\partial w}\mathrm{d}z.$$

思考 (i) 利用带下标的偏导记号表示以上求解过程；(ii) 若 f 具有一阶连续的偏导数，以上求解过程是否可行？若 f 具有一阶偏导数呢？(iii) 用微分形式的不变性求解.

例 8.8.5 设 $f(x,\ y,\ z)=yz^2\mathrm{e}^x$，其中 $z=z(x,\ y)$ 是由 $x+y+z+xyz=0$ 所确定的隐函数，求 $f'_x(0,\ 1,\ -1)$.

分析 这是求三元复合函数在一点的偏导问题，必须明确复合关系. 这里 $f(x,\ y,\ z)=yz^2\mathrm{e}^x$ 是 x，y，z 的三元函数，其中 x，y 是直接变量，$z=z(x,\ y)$ 是由 $x+y+z+xyz=0$ 所确定的隐函数，是中间变量.

解　方程 $x+y+z+xyz=0$ 两边对 x 求偏导数，得

$$1+\frac{\partial z}{\partial x}+yz+xy\frac{\partial z}{\partial x}=0\Rightarrow\frac{\partial z}{\partial x}=-\frac{1+yz}{1+xy},$$

根据复合函数求导法则，有

$$f_x(x,y,z)=yz^2\mathrm{e}^x+2yz\mathrm{e}^x\frac{\partial z}{\partial x}=yz^2\mathrm{e}^x-2yz\mathrm{e}^x\cdot\frac{1+yz}{1+xy},$$

于是
$$f_x(0,1,-1)=1\cdot(-1)^2\mathrm{e}^0-2\cdot1\cdot(-1)\mathrm{e}^0\cdot\frac{1+1\cdot(-1)}{1+0\cdot1}=1.$$

思考　(i) 若 $f(x,\ y,\ z)=y^2z^2\mathrm{e}^x$ 或 $f(x,\ y,\ z)=yz^2\mathrm{e}^{-x}$，结果如何？(ii) 若求 $f'_x(0,\ -1,\ 1)$ 或 $f'_y(0,\ -1,\ 1)$ 或 $f'_y(0,\ 1,\ -1)$，以上各题结果如何？(iii) 若 $z=z(x,\ y)$ 是由 $xy+yz+zx+xyz=0$ 所确定的隐函数，以上各题结果怎样？

例 8.8.6　设函数 $\Phi(u,\ v,\ w)$ 具有一阶连续偏导数，$z=z(x,\ y)$ 是方程 $\Phi(x-y,\ y-z,\ z-x)=0$ 所确定的隐函数，证明：$\dfrac{\partial z}{\partial x}+\dfrac{\partial z}{\partial y}=1$.

分析　这是抽象复合函数所构成的方程所确定的隐函数的求导问题．若用公式 $\dfrac{\partial z}{\partial x}=-\dfrac{F_x}{F_z},\dfrac{\partial z}{\partial y}=-\dfrac{F_y}{F_z}$ 求解，要注意 $F(x,\ y,\ z)=0$ 是 x，y，z 的简单函数，而这里 $\Phi(x-y,\ y-z,\ z-x)=0$ 是 $\Phi(u,\ v,\ w)=0$ 的复合函数.

解　令 $G(x,\ y,\ z)=\Phi(x-y,\ y-z,\ z-x)$，则

$$G_x=\Phi'_1-\Phi'_3,\ G_y=\Phi'_2-\Phi'_1,\ G_z=\Phi'_3-\Phi'_2,$$

于是
$$\frac{\partial z}{\partial x}=-\frac{G_x}{G_z}=-\frac{\Phi'_1-\Phi'_3}{\Phi'_3-\Phi'_2},\frac{\partial z}{\partial y}=-\frac{G_y}{G_z}=-\frac{\Phi'_2-\Phi'_1}{\Phi'_3-\Phi'_2},$$

所以
$$\frac{\partial z}{\partial x}+\frac{\partial z}{\partial y}=-\frac{\Phi'_1-\Phi'_3}{\Phi'_3-\Phi'_2}-\frac{\Phi'_2-\Phi'_1}{\Phi'_3-\Phi'_2}=1.$$

思考　(i) 若 $x=x(y,\ z)$ 或 $y=y(x,\ x)$ $z=z(x,\ y)$ 是方程 $\Phi(x-y,\ y-z,\ z-x)=0$ 所确定的隐函数，是否可以证明类似的结论？是，给出证明；否，说明理由．(ii) 用复合函数求导法和全微分法给出以上结论的证明.

例 8.8.7　求二元函数 $z=f(x,\ y)=x^2y(4-x-y)$ 在由直线 $x+y=6$、x 轴和 y 轴所围成的闭区域 D 上的极值、最大值和最小值.

分析　这是函数在闭区域上的极值（最值）问题.

解　由
$$\begin{cases}f_x=2xy(4-x-y)-x^2y=0\\f_y=x^2(4-x-y)-x^2y=0\end{cases}$$

求得驻点 $x=0(0\leqslant y\leqslant6)$ 及 (4，0)，(2，1)．由于 (4，0) 及线段 $x=0(0\leqslant y\leqslant6)$ 在 D 的边界上，只有 (2，1) 在 D 的内部，可能是极值点.

又
$$f_{xx}=8y-6xy-2y^2,\ f_{xy}=8x-3x^2-4xy,\ f_{yy}=-2x^2.$$

在 (2，1) 处，$A=f_{xx}(2,\ 1)=-6$，$B=f_{xy}(2,\ 1)=-4$，$C=f_{yy}(2,\ 1)=-8$．因为 $B^2-AC=-32<0$，$A<0$，因此 (2，1) 是 $f(x,\ y)$ 的极大值点，且极大值 $f(2,\ 1)=4$.

在 D 的边界 $x=0(0\leqslant y\leqslant6)$ 及 $y=0(0\leqslant x\leqslant6)$ 上 $f(x,\ y)=0$；在边界 $x+y=6$ 上，将 $y=6-x$ 代入得

$$z=f(x,\ y)=2x^3-12x^2\quad(0\leqslant x\leqslant6).$$

由 $z'=6x^2-24x=0$ 得 $x=0$，$x=4$. 在边界 $x+y=6$ 上对应 $x=0$，4，6 处的 z 值分别为 $z=0$，-64，0，因此 $z=f(x, y)$ 在边界上的最大值为 0，最小值为 -64.

将边界上最大值和最小值与驻点 (2，1) 处的值比较得，$z=f(x, y)$ 在闭区域 D 上的最大值为 $f(2, 1)=4$，最小值为 $f(4, 2)=-64$.

思考 (i) 若函数为 $z=f(x, y)=xy^2(4-x-y)$，结果如何？(ii) 若 D 为直线 $x-y=6$ 或 $x+2y=6$ 与 x 轴和 y 轴所围成的闭区域，以上两题的结果如何？

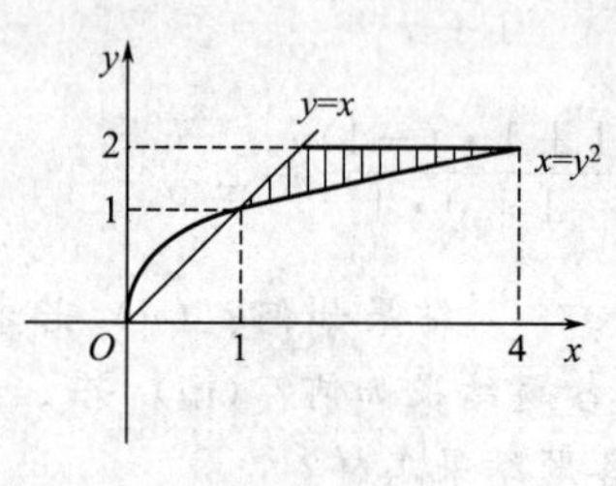

图 8.22

例 8.8.8 计算积分 $\int_1^2 dx\int_{\sqrt{x}}^x \sin\frac{\pi x}{2y}dy+\int_2^4 dx\int_{\sqrt{x}}^2 \sin\frac{\pi x}{2y}dy$.

分析 由于被积函数 $\sin\frac{\pi x}{2y}$ 关于 y 的原函数不是初等函数，故若按题中给出先对 y 的积分，无法求解. 因此，必须交换积分次序，转化成另一种次序的积分. 注意，两个二次积分的被积函数相同，因此它们的积分区域可以合并.

解 如图 8.22. 根据累次积分限，分别写出两积分的积分区域

$$D_{1X}:\begin{cases}1\leqslant x\leqslant 2\\ \sqrt{x}\leqslant y\leqslant x\end{cases},\quad D_{2X}:\begin{cases}2\leqslant x\leqslant 4\\ \sqrt{x}\leqslant y\leqslant 2\end{cases}.$$

据此画出两积分区域图，并合并成一个大的积分区域，从而得出另一种次序的积分区域

$$D_Y:\begin{cases}1\leqslant y\leqslant 2\\ y\leqslant x\leqslant y^2\end{cases}.$$

故 $$\text{原式}=\int_1^2 dy\int_y^{y^2}\sin\frac{\pi x}{2y}dx=-\int_1^2\frac{2y}{\pi}\left[\cos\frac{\pi x}{2y}\right]_{x=y}^{y^2}dy$$

$$=\int_1^2\frac{2y}{\pi}\left(-\cos\frac{\pi y}{2}+\cos\frac{\pi}{2}\right)dy=\frac{4}{\pi^3}(2+\pi).$$

思考 (i) 若二重积分为 $\int_1^2 dx\int_{\sqrt{x}}^x \cos\frac{\pi x}{2y}dy+\int_2^4 dx\int_{\sqrt{x}}^2 \cos\frac{\pi x}{2y}dy$，结果如何？(ii) $\int_0^1 dx\int_x^{\sqrt{x}}\sin\frac{\pi x}{2y}dy$ 是否为普通二重积分？能否用以上方法计算？为什么？二重积分 $\int_0^1 dx\int_x^{\sqrt{x}}\sin\frac{\pi x}{2y}dy+\int_1^2 dx\int_{\sqrt{x}}^x \sin\frac{\pi x}{2y}dy$ 呢？

1. 已知 $A(x, 0, 0)$，$B(-2, 0, 1)$ 和 $C(2, 3, 0)$ 为等腰三角形的三个顶点，BC 为底边，则 $x =$______.

2. 在几何上，方程 $x^2 + y^2 + z^2 - 2x + 4y + 2z = 3$ 表示球心为________，半径为________的球面.

3. 下列说法正确的是（　　　　　　）.、

i. xOy 平面的方程是 $z = 0$；

ii. 平面 $z = c$ 上任意一点的坐标可以设为 (x, y, c)；

iii. 平面 $2z = 3$ 与 z 轴交点的坐标为 $z = \dfrac{3}{2}$.

A. i、ii；　　B. ii、iii；　　C. i、iii；　　D. i、ii、iii.

4. 下列说法不正确的是（　　）.

A. 平面 $z = 1$ 上中心在 z 轴上，半径为 1 的圆的方程是 $x^2 + y^2 = 1$；

B. 用与坐标面的距离小于 $a(a > 0)$ 的平面去截球面 $x^2 + y^2 + z^2 = a^2$，截痕都是圆；

C. 用平行于 xOz 平面的平面去截双曲抛物面 $z = x^2 - y^2$，截痕都是抛物线；

D. 用到 yOz 平面的距离为 1 的平面去截圆柱面 $x^2 + y^2 = 2$，截痕是两条平行线.

5. 已知点 $A(2, 3, 0)$ 及点 $B(-2, 2, 1)$，试在 yOz 平面上求一点 C，使得 ABC 为以 AB 为斜边的等腰直角三角形.

6. 求过三点 $A(0, 1, -1)$，$B(2, 1, 0)$，$C(1, 0, 1)$ 的平面的方程.

7. 用截痕法讨论曲面 $z = x^2 + 2y^2$，并画出曲面的图形.

1. 函数 $z=\dfrac{\sqrt{2x-y^2}}{\ln(1-x^2-y^2)}$ 的定义域是＿＿＿＿＿＿.

2. 设 $f\left(x+y,\dfrac{y}{x}\right)=x^2-y^2(x\neq 0)$，则 $f(x,y)=$＿＿＿＿＿.

3. 极限 $\lim\limits_{(x,y)\to(0,1)}(1+xy)^{\frac{1}{x}}=$（　　）.

A. 1；　　B. 2；　　C. e；　　D. 不存在.

4. 设函数 $f(x,y)=\begin{cases}\dfrac{xy\sin(xy)}{\sqrt{x^2y^2+1}-1}, & (x,y)\neq(0,0)\\ a, & (x,y)=(0,0)\end{cases}$ 连续，则 $a=$（　　）.

A. 0；　　B. 1；　　C. 2；　　D. 3.

5. 求极限 $\lim\limits_{(x,y)\to(+\infty,+\infty)}\left(\dfrac{xy}{x^2+y^2}\right)^{x^2}$.

6. 求 $\lim\limits_{(x,y)\to(0,0)}\dfrac{1-\cos(x^2+y^2)}{(x^2+y^2)e^{x^2y^2}}$.

7. 证明极限 $\lim\limits_{(x,y)\to(0,0)}\dfrac{x^2y^4}{x^4+y^8}$ 不存在.

1. 设 $f(x, y)=x^2+(y-2)\arcsin\sqrt{\dfrac{x}{y}}$，$f_x(1, 2)=$＿＿＿＿，$f_y(1, 2)=$＿＿＿＿＿＿.

2. 设 $f_x(x_0, y_0)=1$，则 $\lim\limits_{\Delta x \to 0}\dfrac{f(x_0+2\Delta x, y_0)-f(x_0-\Delta x, y_0)}{\Delta x}=$＿＿＿＿＿＿.

3. 设 $f(x, y)=\begin{cases}0, & xy=0 \\ 1, & xy \neq 0\end{cases}$，则 $f(x, y)$ 在点 $(0, 0)$ 处（　　）.

A. 不连续且偏导数不存在；　　B. 不连续，但偏导数存在；

C. 连续，但偏导数不存在；　　D. 连续且偏导数存在.

4. 设 $z=\dfrac{xy}{x^2-y^2}$，则 $dz\big|_{(2, 1)}=$（　　）.

A. $\dfrac{5}{9}dx+\dfrac{10}{9}dy$；　　B. $-\dfrac{5}{9}dx+\dfrac{10}{9}dy$；

C. $\dfrac{5}{9}dx-\dfrac{10}{9}dy$；　　D. $-\dfrac{5}{9}dx-\dfrac{10}{9}dy$.

5. 求函数 $z=\mathrm{e}^{xy}+x\ln y$ 的偏导数 $\dfrac{\partial z}{\partial x},\dfrac{\partial z}{\partial y}$.

6. 设 $u=y^{x}$ ，求 $\dfrac{\partial^2 u}{\partial x^2},\dfrac{\partial^2 u}{\partial y^2},\dfrac{\partial^2 u}{\partial x\partial y}$.

7. 设 $u=\sin(xy)+\cos(yz)$ ，求 $\mathrm{d}u$.

1. 设 $z=\mathrm{e}^{x+y^2}$，$x=\sin t$，$y=t^2$，$\dfrac{\mathrm{d}z}{\mathrm{d}x}=$______.

2. 设 $z=x^{\ln y}$，则 $\dfrac{\partial z}{\partial x}=$______，$\dfrac{\partial z}{\partial y}=$____.

3. 设 $z=(1+xy)^{x+2y}$，则 $\left.\dfrac{\partial z}{\partial x}\right|_{(0,1)}=$（　　）.

A. 0；　　B. 1；　　C. 2；　　D. 3.

4.设 $z=f(x, y)$ 是由 $x^2+y^2+z^2-xy-2z-1=0$ 所确定的隐函数，则当 $z=2$ 时，$f_x(1, 1)=$（　　）.

A. $-\dfrac{1}{2}$；　　B. $\dfrac{1}{2}$；　　C. 0；　　D. 1.

5. 设 $\sin z = xy + z$，求 $\frac{\partial z}{\partial x}$，$\frac{\partial z}{\partial y}$.

6. 设 $z = u^2 + 2uv + w^2$，$u = x^2 + y^2$，$v = xy$，$w = x^2 - y^2$，求 $\frac{\partial z}{\partial x}, \frac{\partial z}{\partial y}$.

7. 设函数 $z = f\left(xy, \frac{y}{x}\right) + g(x^2 y)$，其中 f 具有一阶偏导数，g 具有一阶导数，求 $\frac{\partial z}{\partial x}, \frac{\partial z}{\partial y}$.

1. 若函数 $z=x^2+axy+bxy^2$ 在 $(-1,1)$ 处取得极值，则常数 $a=$＿＿，$b=$＿＿.

2. 函数 $z=3axy-x^3-y^3$ 的全部驻点为＿＿；极值点为＿＿.

3. 已知 $f(1,1)=-1$ 是函数 $f(x,y)=ax^3+by^3+cxy$ 的极小值，则 a，b，c 分别为（　　）.

A. 1，1，－1；　B. －1，－1，3；　C. －1，－1，－3；　D. 1，1，－3.

4. 已知函数 $z=f(x,y)$ 在点 $(0,0)$ 处连续，$\lim\limits_{(x,y)\to(0,0)}\dfrac{f(x,y)-xy}{(x^2+y^2)^2}=1$，则 $f(x,y)$ 在 $(0,0)$ 处（　　）.

A. 无极值；　B. 有极大值；　C. 有极小值；　D. 不一定有极值.

5. 求函数 $f(x,\ y)=4(x-y)-x^2-y^2$ 的极值.

6. 求 $u=\sin x\sin y\sin z$ 满足条件 $x+y+z=\pi/2$ $(x,\ y,\ z>0)$ 的条件极值.

7. 在对角线为 $2\sqrt{3}$ 的长方体中，求体积最大的长方体.

1. 设区域 D：$x^2+y^2\leqslant 4$，则 $\iint\limits_D \mathrm{d}\sigma=$＿＿＿＿＿＿；$\iint\limits_D \sqrt{4-x^2-y^2}\,\mathrm{d}\sigma=$＿＿＿＿＿＿.

2. 设 D 由 $y=x^2$ 与 $y=8-x^2$ 所围成，则 $\iint\limits_D xy^2\,\mathrm{d}x\,\mathrm{d}y=$＿＿＿.

3. 估计二重积分 $I=\iint\limits_{|x|+|y|\leqslant 1} \mathrm{e}^{-x^2-y^2}\,\mathrm{d}x\,\mathrm{d}y$ 的值，则（　　）.

A. $2\mathrm{e}^{-1}\leqslant I\leqslant 2$；　　B. $4\mathrm{e}^{-1}\leqslant I\leqslant 4$；

C. $4\mathrm{e}^{-1}\leqslant I\leqslant 2\mathrm{e}^{-1}$；　　D. $2\leqslant I\leqslant 4$.

4. 设 D 是由直线 $y=x$，$y=1$ 以及 y 所围成的三角形区域，则二重积分 $\iint\limits_D f(x,y)\,\mathrm{d}\sigma=$（　　）.

A. $\int_0^1 \mathrm{d}x\int_0^1 f(x,y)\,\mathrm{d}y$；　　B. $\int_0^1 \mathrm{d}x\int_0^x f(x,y)\,\mathrm{d}y$；

C. $\int_0^1 \mathrm{d}y\int_0^y f(x,y)\,\mathrm{d}x$；　　D. $\int_0^1 \mathrm{d}y\int_y^1 f(x,y)\,\mathrm{d}x$.

5. 估计二重积分$\iint\limits_{D}(x^2+y^2)\mathrm{d}\sigma$的值，其中$D$：$x^2+y^2\leqslant 1$.

6. 比较二重积分$\iint\limits_{D_1}(x^2+y^2)^3\mathrm{d}\sigma$与$\iint\limits_{D_2}(x^2+y^2)^3\mathrm{d}\sigma$之间的大小，其中$D_1$：$-1\leqslant x\leqslant 1$，$-2\leqslant y\leqslant 2$；$D_2$：$0\leqslant x\leqslant 1$，$0\leqslant y\leqslant 2$.

7. 计算$\iint\limits_{D}\sqrt{xy-y^2}\,\mathrm{d}x\mathrm{d}y$，$D$为以（0，0），（10，1），（1，1）为顶点的三角形区域.

1. 改变二重积分的积分次序：$\int_0^1 \mathrm{d}y \int_y^{\sqrt{y}} f(x, y)\mathrm{d}x =$ ＿＿＿＿.

2. 设 D：$x^2 + y^2 \leqslant ax$，则二重积分 $\iint\limits_D f(x, y)\mathrm{d}x\mathrm{d}y$ 化为极坐标系下的二次积分为＿＿＿＿＿＿＿＿.

3. 由曲面 $z = 1 - x^2 - y^2$，平面 $y = x$，$y = \sqrt{3}x$，$z = 0$ 所围成立体位于第一卦限的体积 $V =$（　　）.

A. $\frac{\pi}{12}$；　　B. $\frac{\pi}{16}$；　　C. $\frac{\pi}{24}$；　　D. $\frac{\pi}{48}$.

4. 二重积分 $\int_0^a \mathrm{d}y \int_0^y \mathrm{e}^{a-x} f(x)\mathrm{d}x =$（　　）.

A. $-\int_0^a y\mathrm{e}^y f(a-y)\mathrm{d}y$；　　B. $\int_0^a y\mathrm{e}^y f(a-y)\mathrm{d}y$；

C. $-\int_0^a (a-x)\mathrm{e}^x f(x)\mathrm{d}x$；　　D. $\int_0^a (a-y)\mathrm{e}^y f(y)\mathrm{d}y$.

5. 计算 $\int_0^1 dx\int_0^{\sqrt{1-x^2}} \sqrt{1-x^2-y^2}\,dy$.

6. 利用二重积分求上半球面 $z=\sqrt{a^2-x^2-y^2}$ 与 xOy 平面所围成的半球体的体积.

7. 将积分化为另一种次序的积分并计算其值：$I=\int_0^1 dx\int_x^1 \sin y^2\,dy$.

1. 设 $z=e^{\frac{y}{x}}$，则 $dz|_{(1,2)}=$＿＿＿＿＿＿.

2. 设 $z=y+f(u)$，其中 $u=x^2-y^2$，$f(u)$ 为可微函数，则 $y\frac{\partial z}{\partial x}+x\frac{\partial z}{\partial y}=$ ＿＿＿＿＿＿.

3. 函数 $z=\begin{cases}\dfrac{2xy}{x^2+y^2}, & (x,y)\neq(0,0)\\ 0, & (x,y)=(0,0)\end{cases}$ 在点 $(0,0)$ 处（　　）.

A. 连续可导；　　B. 不连续，可导；

C. 连续不可导；　　D. 不连续不可导.

4. 极坐标下的二次积分 $\int_0^{\frac{\pi}{2}}d\theta\int_0^1 f(r\cos\theta, r\sin\theta)r\,dr$ 可以写成（　　）.

A. $\int_0^1 dy\int_0^{\sqrt{y-y^2}} f(x,y)dx$；　　B. $\int_0^1 dy\int_0^{\sqrt{1-y^2}} f(x,y)dx$；

C. $\int_{-1}^1 dx\int_0^{\sqrt{1-x^2}} f(x,y)dy$；　　D. $\int_0^1 dx\int_0^{\sqrt{x-x^2}} f(x,y)dy$.

5. 设函数 $z=x^2 f\left(2x, \dfrac{y^2}{x}\right)$，$f$ 具有二阶连续偏导数，求 $\dfrac{\partial z}{\partial x}$ 和 $\dfrac{\partial^2 z}{\partial x \partial y}$.

6. 计算二重积分 $\int_{-1}^{1} \mathrm{d}x \int_{0}^{\sqrt{1-x^2}} \cos(x^2+y^2)\mathrm{d}y$

7. 某人欲花费完人民币 90 元，用于买 6 元一本的参考书、3 元一瓶的汽水和 5 元一支的笔，设他买 x 本书、y 瓶汽水和 z 支笔，若要求乘积 xyz 最大，那么每种东西各应买多少？

第九章　微分方程教学同步指导与训练

第一节　微分方程的基本概念与可分离变量微分方程

一、教学目标

了解微分方程的基本概念. 了解可分离变量微分方程的概念，掌握可分离变量微分方程的解法.

二、考点题型

微分方程的阶、特解、通解等的判断与求解；可分离变量微分方程的求解*；可分离变量微分方程应用题，包括几何应用与实际应用.

三、例题分析

例 9.1.1　求微分方程 $x^2y\mathrm{d}x=(1-y^2+x^2-x^2y^2)\mathrm{d}y$ 的通解.

分析　关键是要能将两个变量分开.

解　这是变量可分离的方程. 将变量分开，得

$$\frac{x^2}{1+x^2}\mathrm{d}x=\frac{1-y^2}{y}\mathrm{d}y,$$

两边积分，得

$$\int\frac{x^2}{1+x^2}\mathrm{d}x=\int\frac{1-y^2}{y}\mathrm{d}y.$$

解得方程的通解是

$$x-\arctan x=\ln|y|-\frac{y^2}{2}+C.$$

思考　若方程为 $x^2\mathrm{d}x=(1-y^2+x^2-x^2y^2)\mathrm{d}y$ 或 $xy\mathrm{d}x=(1-y^2+x^2-x^2y^2)\mathrm{d}y$，结果如何？为 $x^2y\mathrm{d}x=(1+y^2+x^2+x^2y^2)\mathrm{d}y$ 或 $xy\mathrm{d}x=(1+y^2+x^2+x^2y^2)\mathrm{d}y$ 呢？

例 9.1.2　求通过原点，且与微分方程 $\frac{\mathrm{d}y}{\mathrm{d}x}=\mathrm{e}^y(x+1)$ 的一切积分曲线均正交的曲线方程.

分析　微分方程的积分曲线就是该方程的解. 所谓两曲线正交，就是指两曲线在交点处的切线是正交的. 因此，这里要求的曲线的切线斜率应是 $-\frac{\mathrm{e}^{-y}}{1+x}$.

解　所求的定解问题是

$$\begin{cases}\frac{\mathrm{d}y}{\mathrm{d}x}=-\frac{\mathrm{e}^{-y}}{1+x}.\\ y(0)=0\end{cases}$$

方程 $\frac{\mathrm{d}y}{\mathrm{d}x}=-\frac{\mathrm{e}^{-y}}{1+x}$ 是变量可分离的方程. 将变量分开，得

$$\mathrm{e}^y\mathrm{d}y=-\frac{\mathrm{d}x}{1+x},$$

两边积分，得

$$\int\mathrm{e}^y\mathrm{d}y=-\int\frac{\mathrm{d}x}{1+x}.$$

不难得到方程的通解是

$$\mathrm{e}^y=-\ln|1+x|+C.$$

由定解条件 $y(0)=0$ 得 $C=1$. 于是所求曲线方程是 $\mathrm{e}^y=-\ln(1+x)+1$.

思考 若微分方程为 $\dfrac{dy}{dx}=e^y(x-1)$，结果如何？若曲线通过 $(-2,0)$，求以上两个微分方程的特解.

例 9.1.3 求微分方程 $\dfrac{dy}{dx}+\dfrac{e^{y^2+3x}}{y}=0$ 的通解.

分析 将方程通过恒等变形，化成能解的形式，这一步很重要.

解 原方程可写成 $ye^{-y^2}dy+e^{3x}dx=0$，这是变量可分离的方程.

方程两边积分，得
$$\int ye^{-y^2}dy+\int e^{3x}dx=C.$$

所以原方程的通解是
$$-\frac{1}{2}e^{-y^2}+\frac{1}{3}e^{3x}=C.$$

思考 若方程为 $\dfrac{dy}{dx}+ye^{y^2+3x}=0$，结果如何？为 $\dfrac{dy}{dx}+\dfrac{e^{y^2-3x}}{y}=0$ 或 $\dfrac{dy}{dx}+ye^{y^2-3x}=0$ 呢？

例 9.1.4 设函数 $y=f(x)$ 连续，且满足积分方程 $f(x)=\displaystyle\int_1^x\frac{xf(t)dt}{1+t^2}+x$，求 $f(x)$ 的表达式.

分析 通过在方程两边同时求导，可以将积分方程化成微分方程，注意：在得到微分方程后，还需要导出定解条件. 为了能在一次求导之后，方程中不再出现积分，需要将方程的形式作适当的改变.

解 将积分方程 $f(x)=\displaystyle\int_1^x\frac{xf(t)dt}{1+t^2}+x$ 改写成 $\dfrac{f(x)}{x}=\displaystyle\int_1^x\frac{f(t)dt}{1+t^2}+1$（这样做是为了在积分方程两边只作一次求导之后，方程中不再出现积分号）. 再方程两边同时对 x 求导数，得
$$\frac{f'(x)}{x}-\frac{f(x)}{x^2}=\frac{1}{1+x^2}f(x),\quad f'(x)=\left(\frac{x}{1+x^2}+\frac{1}{x}\right)f(x).$$

又在方程 $f(x)=\displaystyle\int_1^x\frac{xf(t)dt}{1+t^2}+x$ 两边令 $x=1$，得 $f(1)=1$.

方程 $f'(x)=\left(\dfrac{x}{1+x^2}+\dfrac{1}{x}\right)f(x)$ 这是变量可分离的方程. 将变量分开，得
$$\frac{df(x)}{f(x)}=\left(\frac{x}{1+x^2}+\frac{1}{x}\right)dx,$$

两边积分，得
$$\int\frac{df(x)}{f(x)}=\int\left(\frac{x}{1+x^2}+\frac{1}{x}\right)dx,$$

解得
$$\ln f(x)=\frac{1}{2}\ln(1+x^2)+\ln x+\ln C \text{ 或 } f(x)=Cx\sqrt{1+x^2}.$$

由 $f(1)=1$ 得 $C=\dfrac{1}{\sqrt{2}}$. 所以 $f(x)=\dfrac{1}{\sqrt{2}}x\sqrt{1+x^2}$.

思考 若积分方程为 $f(x)=\displaystyle\int_2^x\frac{xf(t)dt}{1+t^2}+x$，结果如何？若为 $f(x)=\displaystyle\int_1^x\frac{xf(t)dt}{1+t^2}$ 或 $f(x)=\displaystyle\int_2^x\frac{xf(t)dt}{1+t^2}$ 呢？

例 9.1.5 当 $\Delta x\to 0$ 时，α 是比 Δx 较高阶的无穷小，函数 $y(x)$ 在任意点处的增量 $\Delta y=\dfrac{y\Delta x}{x^2+x+1}+\alpha$，且 $y(0)=\pi$，求 $y(1)$.

分析　本题需要用到函数微分的概念来建立微分方程，然后再求出方程的解．最后从定解问题的解中求出 $y(1)$．

解　由一元函数微分的定义知，函数 $y(x)$ 在任意点 x 处可微，且

$$\mathrm{d}y=\frac{y\,\mathrm{d}x}{x^2+x+1},$$

这是变量可分离的方程．将变量分开，得

$$\frac{\mathrm{d}y}{y}=\frac{\mathrm{d}x}{x^2+x+1}.$$

两边积分，得 $\int\frac{\mathrm{d}y}{y}=\int\frac{\mathrm{d}x}{x^2+x+1}$，求得方程的隐式通解是

$$\ln y=\int\frac{\mathrm{d}\left(x+\frac{1}{2}\right)}{\left(x+\frac{1}{2}\right)^2+\frac{3}{4}}=\frac{2}{\sqrt{3}}\int\frac{\frac{2}{\sqrt{3}}\mathrm{d}\left(x+\frac{1}{2}\right)}{\frac{4}{3}\left(x+\frac{1}{2}\right)^2+1}=\frac{2}{\sqrt{3}}\arctan\frac{2x+1}{\sqrt{3}}+C,$$

由初始条件 $y(0)=\pi$ 得 $C=\ln\pi-\frac{\pi}{3\sqrt{3}}$．于是定解问题的解是

$$\ln y=\frac{2}{\sqrt{3}}\arctan\frac{2x+1}{\sqrt{3}}+\ln\pi-\frac{\pi}{3\sqrt{3}}.$$

最后，解得 $y(1)=\pi e^{\frac{\pi}{3\sqrt{3}}}$．

思考　若 $y(0)=-\pi$，以上求通解的过程是否仍然正确？若不正确，请修正．

例 9.1.6　将物体放置于空气中，在时刻 $t=0$ 时，测量得它的温度为 $u_0=150℃$，10 分钟后测量得温度为 $u_1=100℃$．我们要求此物体的温度 u 和时间 t 的关系，并计算 20 分钟后物体的温度．这里我们假定空气温度保持为 $u_a=24℃$．

分析　为了解决上述问题，需要了解有关热力学的一些基本规律．例如，热量总是从温度高的物体向温度低的物体传导的；在一定的温度范围内，一个物体的温度变化速度与这一物体的温度和其所在介质温度的差值成正比．这是已被实验证实了的牛顿（Newton）冷却定律．

解　设物体在时刻 t 的温度为 $u=u(t)$，则温度的变化速度以 $\frac{\mathrm{d}u}{\mathrm{d}t}$ 来表示．注意到热量总是从温度高的物体向温度低的物体传导的，因而 $u_0>u_a$．所以温度差 $u-u_a$ 恒正；又因物体将随时间而逐渐冷却，故温度变化速度 $\frac{\mathrm{d}u}{\mathrm{d}t}$ 恒负．故有

$$\frac{\mathrm{d}u}{\mathrm{d}t}=-k(u-u_a),$$

这里 $k>0$ 是比例常数．

再根据初始条件：当 $t=0$ 时，$u=u_0=150$．

又当 $t=10$ 时，$u=u_1=100$．

方程 $\frac{\mathrm{d}u}{\mathrm{d}t}=-k(u-u_a)$ 是变量可分离的微分方程．将变量分开，得

$$\frac{\mathrm{d}(u-u_a)}{u-u_a}=-k\,\mathrm{d}t,$$

方程两边积分，得到方程的通解是 $\ln(u-u_a)=-kt+C$，这里 C 是任意常数．

根据条件 $t=0$ 时，$u=u_0=150$，得到 $C=\ln(u_0-u_a)=\ln 126$．

第二节　齐次方程与一阶线性微分方程

一、教学目标

了解齐次方程的概念，会求解一些简单的齐次方程. 理解一阶线性微分方程的概念，掌握一阶线性微分方程的解法.

二、考点题型

齐次方程与其初值问题的求解；一阶线性微分方程与其初值问题的求解 *.

三、例题分析

例 9.2.1　求方程 $3xy\dfrac{dy}{dx}+12x^2=2x^2\dfrac{dy}{dx}+4y^2-xy$ 的通解.

分析　一般地，在微分方程中如果同时将 x 用 tx 代，y 用 ty 代之后，方程的形式能保持不变量，这样的方程就是齐次方程. 本题的方程就是齐次方程.

解　将方程中 $\dfrac{dy}{dx}$ 解出，得方程 $\dfrac{dy}{dx}=\dfrac{4y^2-xy-12x^2}{3xy-2x^2}$，这是齐次方程.

令 $u=\dfrac{y}{x}$，则 $y=xu$，$\dfrac{dy}{dx}=u+x\dfrac{du}{dx}$，代入原方程中，得

$$u+x\frac{du}{dx}=\frac{4u^2-u-12}{3u-2},\quad x\frac{du}{dx}=\frac{u^2+u-12}{3u-2},$$

分离变量，得
$$\frac{3u-2}{u^2+u-12}du=\frac{dx}{x},\quad \left(\frac{1}{u-3}+\frac{2}{u+4}\right)du=\frac{dx}{x},$$

两边积分，得
$$\int\left(\frac{1}{u-3}+\frac{2}{u+4}\right)du=\int\frac{dx}{x},$$

解得
$$\ln|u-3|+2\ln|u+4|=\ln|x|+\ln C,$$

即得原方程的通解是
$$\left|\frac{y}{x}-3\right|\left(\frac{y}{x}+4\right)^2=C|x|.$$

思考　若方程为 $3xy\dfrac{dy}{dx}+12x^2=2x^2\dfrac{dy}{dx}+4y^2-3xy$，结果如何?

例 9.2.2　求方程 $\dfrac{dx}{dy}=\left(1-\dfrac{y}{x}\cdot\dfrac{dx}{dy}\right)\sin\dfrac{y}{x}$ 满足条件 $y(1)=0$ 的特解.

分析　本题将变量 x 视为未知函数，而 y 视为自变量，方程就是齐次方程. 先求通解，然后再求特解.

解　将原方程写成 $\dfrac{dy}{dx}=\csc\dfrac{y}{x}+\dfrac{y}{x}$，这是齐次方程.

令 $u=\dfrac{y}{x}$，则 $y=xu$，$\dfrac{dy}{dx}=u+x\dfrac{du}{dx}$，代入方程后，得

$$u+x\frac{du}{dx}=\csc u+u,\quad x\frac{du}{dx}=\csc u,\quad \sin u\,du=\frac{dx}{x}.$$

两边积分，得 $\int\sin u\,du=\int\dfrac{dx}{x}$，可解得原方程的通解是

$$C-\cos u=\ln|x| \text{ 或 } C-\cos\frac{y}{x}=\ln|x|.$$

再由 $y(1)=0$，得 $C=1$．故所求特解是 $\ln|x|+\cos\dfrac{y}{x}=1$．

思考　若求满足初始条件 $y(-1)=0$ 的特解，结果如何？

例 9.2.3　求微分方程 $xy'\ln x+y=x(\ln x+1)$ 的通解．

分析　用常数变易法求解一阶线性非齐次微分方程，先求对应的齐次微分方程的通解；再将该通解中的任意常数，变成待定函数，代入原方程求出待定函数，从而得出原方程的通解．注意，应用常数变易法求解时，微分方程不必化成标准形式；常数变易代入原方程后，得出的方程一定是不显含待定函数的一阶微分方程，否则说明前面的求解过程有误．

解　原方程对应的齐次方程为 $xy'\ln x+y=0$，即 $\dfrac{dy}{y}+\dfrac{dx}{x\ln x}=0$，积分得

$\ln|y|+\ln|\ln x|=\ln|C|$，即　　$y=\dfrac{C}{\ln x}$．

令 $y=\dfrac{u(x)}{\ln x}$，则　　$y'=\dfrac{u'(x)\ln x-u(x)/x}{\ln^2 x}=\dfrac{xu'(x)\ln x-u(x)}{x\ln^2 x}$．

代入原方程，得

$u'(x)=\ln x+1$，于是 $u(x)=\int\ln x\,dx+x=x\ln x+C$．故原方程的通解为 $y=x+\dfrac{C}{\ln x}$.

思考　若微分方程为 $xy'\ln x+y=2x(\ln x+1)$，结果如何？若为 $xy'\ln x+y=ax(\ln x+1)$ 呢？

例 9.2.4　求方程 $y'-\dfrac{n}{1+x}y=(x+1)^n x\sin x^2$ 的通解．

分析　这是标准的一阶线性方程，可以直接套用通解公式求解．应用通解公式解题时，既要注意三个积分的位置与积分的先后次序，也要理解公式中的三个积分都不必再加任意常数，因为公式中已经加了任意常数．

解　这里 $P(x)=-\dfrac{n}{1+x}$，$Q(x)=(x+1)^n x\sin x^2$，代入一阶线性方程通解公式，得

$$y=e^{-\int P(x)dx}\left(\int Q(x)e^{\int P(x)dx}dx+C\right)=e^{\int\frac{n}{1+x}dx}\left(\int(x+1)^n x\sin x^2 e^{-\int\frac{n}{1+x}dx}dx+C\right)$$
$$=(x+1)^n\left[C-\frac{1}{2}\cos(x^2)\right].$$

思考　(i) 若微分方程为 $y'-\dfrac{n}{1+x}y=(x+1)^n xe^{x^2}$，结果如何？(ii) 用常数变易法求解以上各题．

例 9.2.5　求微分方程 $y'\cos x+y\sin x=1$ 的通解．

分析　用一阶线性微分方程的通解公式求解，先必须将其化成标准形式，再套用通解公式．

解　方程化为 $y'+y\tan x=\sec x$ 一阶线性方程．通解是

$$y=e^{-\int\tan x dx}\left(\int\frac{1}{\cos x}e^{\int\tan x dx}dx+C\right)=e^{\ln\cos x}\left(\int\frac{1}{\cos x}e^{-\ln\cos x}dx+C\right)=\cos x(\tan x+C).$$

思考　(i) 若微分方程为 $y'\sin x+y\cos x=1$，结果如何？为 $y'\cos x+y\sin x=\cos x$ 或 $y'\sin x+y\cos x=\sin x$ 呢？(ii) 用常数变易法求解以上各题．

例 9.2.6　求微分方程 $\dfrac{dy}{dx}=\dfrac{y}{2(\ln y-x)}$ 的通解．

分析　将 y 看成是 x 未知函数，该方程显然不是一阶线性微分方程；但若将 x 看成是 y

未知函数，该方程是一阶线性微分方程吗？

解 原方程化为 $\dfrac{dx}{dy}+\dfrac{2x}{y}=\dfrac{2\ln y}{y}$，这是一阶线性方程. 由通解公式，可得

$$x=e^{-\int P(y)dy}\left(\int Q(y)e^{\int P(y)dy}dy+C\right)=e^{-\int \frac{2}{y}dy}\left[\int \frac{2\ln y}{y}e^{\int \frac{2}{y}dy}dy+C\right]=\frac{C}{y^2}+\ln y-\frac{1}{2}.$$

思考 若微分方程为 $\dfrac{dy}{dx}=\dfrac{y}{2(\ln y+x)}$，结果如何？

第三节　可降阶高阶微分方程

一、教学目标

掌握 $y^{(n)}=f(x)$ 型微分方程和 $y''=f(x,y')$ 型微分方程的解法；了解 $y''=f(y,y')$ 型微分方程的解法.

二、考点题型

微分方程 $y^{(n)}=f(x)$ 和 $y''=f(x,y')$ 的及其初值问题的求解*，微分方程 $y''=f(y,y')$ 及其初值问题的求解.

三、例题分析

例 9.3.1 求微分方程 $(x+1)y''+y'=0$ 的通解.

分析 用积的求导公式审视方程的左边，能将其写成积的导数吗？

解 原方程即 $[(x+1)y']'=0$，积分得 $(x+1)y'=C_1$，即 $y'=\dfrac{C_1}{x+1}$，于是

$$y=C_1\ln|x+1|+C_2.$$

思考 (i) 若微分方程为 $(x+2)y''+y'=0$，结果如何？若为 $(x+a)y''+y'=0$ 呢？(ii) 用替换 $y'=p(x)$ 求解以上各方程.

例 9.3.2 求微分方程 $(x+1)y^{(4)}-y^{(3)}=0$ 的通解.

分析 因为四阶导数是三阶导数的导数，故作替换 $y^{(3)}=p(x)$，可将其降为二阶微分方程.

解 令 $y^{(3)}=p(x)$，则 $y^{(4)}=p'(x)$，原方程化为 $(x+1)p'-p=0$. 于是

$$\frac{p-(x+1)p'}{p^2}=0，即 \left[\frac{x+1}{p}\right]'=0，$$

积分得 $\dfrac{x+1}{p}=\dfrac{1}{C_{11}}$，即 $p=C_{11}(x+1)$，$y'''=C_{11}(x+1)$. 所以

$$y''=\frac{1}{2}C_{11}(x+1)^2+C_{22}，\quad y'=\frac{1}{6}C_{11}(x+1)^3+C_{22}x+C_3，$$

$$y=\frac{1}{24}C_{11}(x+1)^4+\frac{1}{2}C_{22}x^2+C_3x+C_4=C_1(x+1)^4+C_2x^2+C_3x+C_4.$$

思考 (i) 若微分方程为 $(x+2)y^{(4)}-y^{(3)}=0$，结果如何？为 $(x+a)y^{(4)}-y^{(3)}=0$ 呢？(ii) 用商的求导公式审视方程 $(x+a)y^{(n+1)}-y^{(n)}=0$ 的左边，并将其写成商的导数，再求其通解.

例 9.3.3 求微分方程 $2\sqrt{y^3}\,y''=[1+(y')^2]^{\frac{3}{2}}$，$y(0)=2$，$y'(0)=1$ 的特解.

分析 这是 $y''=f(y',y)$ 型的微分方程，作替换 $y'=p(y)$ 可转化成一阶微分方程.

解 令 $y'=p(y)$，则 $y''=\dfrac{dp}{dx}=\dfrac{dp}{dy}\dfrac{dy}{dx}=p\dfrac{dp}{dy}$，所以原方程变为

$$\frac{p\mathrm{d}p}{(1+p^2)^{3/2}}=\frac{\mathrm{d}y}{2\sqrt{y^3}},$$

解之得
$$\frac{1}{\sqrt{1+p^2}}=\frac{1}{\sqrt{y}}+C_1 .$$

由 $y(0)=2$，$y'(0)=1$ 得 $C_1=0$. 所以 $p=\sqrt{y-1}$，即 $y'=\sqrt{y-1}$，解得 $2\sqrt{y-1}=x+C_2$，再由 $y(0)=2$ 得 $C_2=2$. 于是所求的特解是 $2\sqrt{y-1}=x+2$.

思考　若初始条件为 $y(0)=2$，$y'(0)=-1$，结果如何？

例 9.3.4　求方程 $yy''-(y')^2-yy'=0$ 的通解.

分析　这是可降阶的方程，方程不显含自变量. 降阶后可转化成齐次方程.

解　令 $p=y'$，则 $y''=p\dfrac{\mathrm{d}p}{\mathrm{d}y}$，于是又得到方程 $yp\dfrac{\mathrm{d}p}{\mathrm{d}y}=p^2+yp$.

若 $p=0$，则得方程 $y'=0$，所以 $y=C$.

若 $p\neq 0$，得到方程 $y\dfrac{\mathrm{d}p}{\mathrm{d}y}=p+y$，这是齐次方程. 又令 $u=\dfrac{p}{y}$，则 $p=yu$，$\dfrac{\mathrm{d}p}{\mathrm{d}y}=u+y\dfrac{\mathrm{d}u}{\mathrm{d}y}$，代入方程中，又得到

$$u+y\frac{\mathrm{d}u}{\mathrm{d}y}=u+1,\ \mathrm{d}u=\frac{\mathrm{d}y}{y},\ \int\mathrm{d}u=\int\frac{\mathrm{d}y}{y},\ u=\ln|y|+C_1,\ y'=p=y(\ln|y|+C_1)$$

方程 $y'=y(\ln|y|+C_1)$ 是变量可分离的方程. 将变量分开，得

$$\frac{\mathrm{d}y}{y(\ln|y|+C_1)}=\mathrm{d}x,\quad \int\frac{\mathrm{d}y}{y(\ln|y|+C_1)}=\int\mathrm{d}x$$

解得原方程的通解是 $\ln|\ln|y|+C_1|=x+C_2$.

思考　若微分方程为 $yy''-(y')^2=0$，结果如何？为 $yy''+(y')^2=0$ 呢？

例 9.3.5　已知曲线 $y=y(x)$ 上点 $M(-1,4)$ 处的切线平行于直线 $3x+y+5=0$ 且 $y(x)$ 满足微分方程 $xy''-2y'=0$，求曲线的方程.

分析　该题其实是一个初值问题，其初始条件用曲线上的点以及这点处切线的斜率给出.

解　令 $p=y'$，$y''=p'$，于是 $x\dfrac{\mathrm{d}p}{\mathrm{d}x}-2p=0$，解得 $p=C_1x^2$. 将 $x=-1$，$p=-3$ 代入，可得 $C_1=-3$，所以 $\dfrac{\mathrm{d}y}{\mathrm{d}x}=-3x^2$，于是 $y=-x^3+C_2$. 又将 $x=-1$，$y=4$ 代入，得 $C_2=3$，故所求曲线 $y=-x^3+3$.

思考　若微分方程为 $xy''+2y'=0$，结果如何？若为 $xy''-y'=0$ 或 $xy''+y'=0$ 呢？

例 9.3.6　设 $x>-1$ 时，可微函数 $f(x)$ 满足方程 $f'(x)+f(x)-\dfrac{1}{1+x}\displaystyle\int_0^x f(x)\mathrm{d}x=0$，且 $f(0)=1$，试证：当 $x\geqslant 0$ 时，有 $\mathrm{e}^{-x}\leqslant f(x)\leqslant 1$.

分析　对于积分方程的求解，通常是将其转化成微分方程. 在方程两边求导后，所得的微分方程与原积分方程并不是同解的，需要设法导出定解条件.

证明　方程两边同时乘以 $(x+1)$，再对 x 求导，得

$$(x+1)f''(x)+(x+2)f'(x)=0 .$$

又方程两边令 $x=0$，得 $f'(0)=-f(0)=-1$. 于是得定解问题

$$\begin{cases}(x+1)f''(x)+(x+2)f'(x)=0\\ f'(0)=-1,f(0)=1\end{cases},$$

令 $p=f'(x)$，则方程 $(x+1)f''(x)+(x+2)f'(x)=0$ 化成 $(x+1)p'+(x+2)p=0$，这是变量

可分离的方程，不难求得其通解是 $p=\dfrac{Ce^{-x}}{x+1}$，于是又得方程 $f'(x)=\dfrac{Ce^{-x}}{1+x}$. 由定解条件 $f'(0)=-1$ 知 $C=-1$，故 $f'(x)=-\dfrac{e^{-x}}{1+x}<0$. 当 $x\geqslant 0$ 时，有 $f'(x)\geqslant -e^{-x}$，即 $\int_0^x f'(x)dx\geqslant -\int_0^x e^{-x}dx$，所以 $f(x)\geqslant e^{-x}$. 又 $f'(x)<0$，$f(x)$ 单调减少，所以又有 $f(x)\leqslant f(0)=1$.

思考 当 $-1<x\leqslant 0$ 时，是否有 $1\leqslant f(x)<e^{-x}$？是，给出证明；否，写出正确结论，并给出结论的证明.

第四节 习题课

例 9.4.1 求微分方程 $\dfrac{dy}{dx}=\cot^2(y-x)$ 的通解.

分析 因为涉及三角函数，方程右边的 x，y 无法分离. 因此，不如把和角 $x+y$ 看成一个整体，这样方程右边就是单角的三角函数.

解 令 $y-x=u$，则 $\dfrac{dy}{dx}-1=\dfrac{du}{dx}$，$\dfrac{dy}{dx}=\dfrac{du}{dx}+1$，代入原方程，得

$$\frac{du}{dx}+1=\csc^2 u,\ \frac{du}{dx}=\csc^2 u-1=\cot^2 u,\ \tan^2 u\,du=dx,\ (\sec^2 u-1)du=dx,$$

积分得 $\tan u-u=x+C$，即 $\tan(x+y)=y+C$.

思考 若方程为 $\dfrac{dy}{dx}=\sec^2(y-x)$，结果如何？若为 $\dfrac{dy}{dx}=\sin^2(y-x)$ 或 $\dfrac{dy}{dx}=\cos^2(y-x)$ 呢？

例 9.4.2 设对任意实数 s 和 t，连续函数 $x(t)$ 具有性质 $x(t+s)=\dfrac{x(t)+x(s)}{1-x(t)x(s)}$，且 $x'(0)$ 存在，求函数 $x(t)$ 的表达式.

分析 首先要根据已知条件来建立函数 $x(t)$ 所满足的微分方程及相应的定解条件，这需要用到函数导数概念.

解 由等式 $x(t+s)=\dfrac{x(t)+x(s)}{1-x(t)x(s)}$，得

$$x(t+s)-x(t+s)x(t)x(s)=x(t)+x(s).$$

令 $t=s=0$，得 $x(0)[x^2(0)+1]=0$，所以 $x(0)=0$. 又由

$$x(t+s)-x(t+s)x(t)x(s)=x(t)+x(s) \text{ 及 } x(0)=0,$$

得到

$$\frac{x(t+s)-x(t)}{s}=\frac{x(s)[x(t+s)x(t)+1]}{s}=\frac{[x(s)-x(0)][x(t+s)x(t)+1]}{s}.$$

上式两边令 $s\to 0$ 求极限，注意到函数 $x(t)$ 连续，且 $x'(0)$ 存在，得到

$$\frac{dx(t)}{dt}=x'(0)[x^2(t)+1],$$

于是得定解问题

$$\begin{cases}\dfrac{dx(t)}{dt}=x'(0)[x^2(t)+1]\\ x(0)=0\end{cases}.$$

分离变量，得 $\dfrac{dx(t)}{x^2(t)+1}=x'(0)dt$，两边积分，求得通解是

$$\arctan[x(t)] = x'(0)t + C .$$

再由 $x(0)=0$，所以又得 $C=0$. 于是 $x(t)=\tan[x'(0)t]$.

思考 若 $x(t-s)=\dfrac{x(t)+x(s)}{1-x(t)x(s)}$，结果如何?

例 9.4.3 求方程 $\dfrac{dy}{dx}=\dfrac{y^6-2x^2}{2xy^5+x^2y^2}$ 的通解.

分析 将 y^3 视为一个变量，通过变量变换，将方程化成可解的形式.

解 原方程可化成 $$3y^2\frac{dy}{dx}=3\frac{y^6-2x^2}{2xy^3+x^2}.$$

令 $u=y^3$，则原方程可化成 $\dfrac{du}{dx}=3\dfrac{u^2-2x^2}{2xu+x^2}=3\dfrac{(u/x)^2-2}{2(u/x)+1}$，这是齐次方程.

再令 $v=\dfrac{u}{x}$，则 $u=xv$，$\dfrac{du}{dx}=v+x\dfrac{dv}{dx}$，代入上面方程，得

$$x\frac{dv}{dx}=\frac{v^2-v-6}{2v+1},\quad \frac{2v+1}{v^2-v-6}dv=\frac{dx}{x},\quad \frac{1}{5}\left(\frac{7}{v-3}+\frac{3}{v+2}\right)dv=\frac{dx}{x},$$

两边积分：$\dfrac{1}{5}\displaystyle\int\left(\frac{7}{v-3}+\frac{3}{v+2}\right)dv=\int\frac{dx}{x}$，解得通解是

$$\frac{7}{5}\ln|v-3|+\frac{3}{5}\ln|v+2|=\ln|x|+\ln C \quad 或 \quad |v-3|^{\frac{7}{5}}|v+2|^{\frac{3}{5}}=|Cx|.$$

再将 $v=\dfrac{u}{x}=\dfrac{y^3}{x}$ 代入，得原方程的通解是

$$\left|\frac{y^3}{x}-3\right|^{\frac{7}{5}}\left|\frac{y^3}{x}+2\right|^{\frac{3}{5}}=|Cx|.$$

思考 若方程为 $\dfrac{dy}{dx}=\dfrac{y^6+2x^2}{2xy^5+x^2y^2}$，结果如何? 为 $\dfrac{dy}{dx}=\dfrac{y^6+2x^2}{2xy^5-x^2y^2}$ 呢?

例 9.4.4 求微分方程 $x\dfrac{dy}{dx}-y=x^2\sin x$ 满足初始条件 $y(\pi)=0$ 的特解.

分析 这是一阶线性非齐次微分方程，但不是标准形式. 若用公式法求解，先应化成标准形式.

解 原方程化为 $\dfrac{dy}{dx}-\dfrac{y}{x}=x\sin x$，这里 $p(x)=-\dfrac{1}{x}$，$q(x)=x\sin x$，代入通解公式得

$$y=e^{-\int p(x)dx}\left(\int q(x)e^{\int p(x)dx}dx+C\right)=e^{\int\frac{1}{x}dx}\left(\int x\sin x\, e^{-\int\frac{1}{x}dx}dx+C\right)$$
$$=x\left[\int x\sin x\cdot\frac{1}{x}dx+C\right]=x(C-\cos x),$$

将初始条件 $y(\pi)=0$ 代入，得 $0=\pi(C-\cos\pi)$，于是 $C=-1$. 故所求特解为

$$y=-x(\cos x+1).$$

思考 若微分方程为 $x\dfrac{dy}{dx}-y=x^3\sin x$ 或 $x\dfrac{dy}{dx}-2y=x^3\sin x$，结果如何? 为 $x\dfrac{dy}{dx}-y=x^2\cos x$ 或 $x\dfrac{dy}{dx}-y=x^3\cos x$ 或 $x\dfrac{dy}{dx}-2y=x^3\cos x$ 呢?

例 9.4.5 求微分方程 $(x+1)\dfrac{dy}{dx}-ny=e^x(x+1)^{n+1}$ 的通解.

分析 公式法和常数变易法是求解一阶线性非齐次微分方程的两种常用的方法，但遇到该题类似的问题，也可以使用如下所谓的凑微分的方法.

解 原方程可化成 $\frac{1}{(x+1)^n}\frac{\mathrm{d}y}{\mathrm{d}x}-\frac{n}{(x+1)^{n+1}}y=\mathrm{e}^x$，即 $\frac{\mathrm{d}}{\mathrm{d}x}\left[\frac{y}{(x+1)^n}\right]=\mathrm{e}^x$，两边积分得方程的通解

$$y=(x+1)^n(\mathrm{e}^x+C).$$

思考 若微分方程为 $(x+1)\frac{\mathrm{d}y}{\mathrm{d}x}-ny=\mathrm{e}^x(x+1)^{n+2}$，结果如何？若为 $(x+1)\frac{\mathrm{d}y}{\mathrm{d}x}-ny=\mathrm{e}^x(x+1)^{n+3}$ 或 $(x+1)\frac{\mathrm{d}y}{\mathrm{d}x}-(n-1)y=\mathrm{e}^x(x+1)^n$ 呢？

例 9.4.6 求微分方程 $(y^2-6x)y'+2y=0$ 的通解.

分析 对 $y=y(x)$ 来说，该方程不是一阶线性非齐次微分方程. 反过来，对 $x=x(y)$ 来说它是不是一阶线性非齐次微分方程呢？

解 原方程可化成 $\frac{\mathrm{d}x}{\mathrm{d}y}-\frac{3}{y}x=-\frac{y}{2}$，于是，由公式法可得

$$x=\mathrm{e}^{-\int p(y)\mathrm{d}y}\left[\int q(y)\mathrm{e}^{\int p(y)\mathrm{d}y}\mathrm{d}y+C\right]=\mathrm{e}^{\int\frac{3}{y}\mathrm{d}y}\left[-\frac{1}{2}\int y\mathrm{e}^{-\int\frac{3}{y}\mathrm{d}y}\mathrm{d}y+C\right]$$

$$=\mathrm{e}^{3\ln y}\left(-\frac{1}{2}\int y\mathrm{e}^{-3\ln y}\mathrm{d}y+c\right)=y^3\left(-\frac{1}{2}\int y\cdot y^{-3}\mathrm{d}y+c\right)=y^3\left(\frac{1}{2y}+C\right)=Cy^3+\frac{1}{2}y^2.$$

思考 (i) 若方程为 $(y-6x)y'+2y=0$，结果如何？若为 $(y^3-6x)y'+2y=0$ 呢？(ii) 用常数变易法求解以上各题.

例 9.4.7 求微分方程 $y''=[1+(y')^2]^{\frac{3}{2}}$ 的通解.

分析 该方程不显含 x，y，既是 $y''=f(x, y')$ 型，也是 $y''=f(y, y')$ 型的微分方程. 下面看成是第二种类型的微分方程来求解.

解 令 $y'=p(y)$，则 $y''=p\frac{\mathrm{d}p}{\mathrm{d}y}$，所以原方程变为 $\frac{p\mathrm{d}p}{(1+p^2)^{\frac{3}{2}}}=\mathrm{d}y$，解之得

$$p=\sqrt{\frac{1-(y+C_1)^2}{(y+C_1)^2}},\text{即}\quad \frac{\mathrm{d}y}{\mathrm{d}x}=\frac{\sqrt{1-(y+C_1)^2}}{|y+C_1|},\quad \frac{y+C_1}{\sqrt{1-(y+C_1)^2}}\mathrm{d}y=\pm\mathrm{d}x,$$

于是原方程的通解是 $\sqrt{1-(y+C_1)^2}=\pm x+C_2$.

思考 (i) 若微分方程为 $y''=1+(y')^2$，结果如何？若为 $y''=[4+(y')^2]^{\frac{3}{2}}$ 或 $y''=4+(y')^2$ 呢？(ii) 用求解 $y''=f(x, y')$ 型的方法求解以上各方程.

例 9.4.8 已知函数 $f(x)$ 连续，且满足 $f(x)=\int_0^x\frac{\cos t-f(t)}{t}\mathrm{d}t+1$，试求函数 $f(x)$ 的表达式.

分析 在将积分方程化成微分方程后，要导出定解条件. 有时，还需要通过变量变换，才能将方程化成可解的形式.

解 令 $x=0$，则由所给方程，得 $f(0)=1$. 由原方程两边同时对 x 求导数，得

$$f'(x)=\frac{\cos x-f(x)}{x},\text{即}\quad f'(x)+\frac{1}{x}f(x)=\frac{\cos x}{x},$$

这是一阶线性方程，其通解为

$$f(x)=\mathrm{e}^{-\int P(x)\mathrm{d}x}\left[\int\frac{\cos x}{x}\mathrm{e}^{\int P(x)\mathrm{d}x}\mathrm{d}x+C\right]=\mathrm{e}^{-\int\frac{1}{x}\mathrm{d}x}\left[\int\frac{\cos x}{x}\mathrm{e}^{\int\frac{1}{x}\mathrm{d}x}\mathrm{d}x+C\right]=\frac{\sin x+C}{x}.$$

再由 $f(0)=1$，得 $\lim\limits_{x\to 0}\frac{\sin x+C}{x}=1$，故 $C=0$，所以 $f(x)=\frac{\sin x}{x}$.

思考 若已知函数 $f(x)$ 连续，且满足 $f(x)=\int_0^x\frac{\sin t-f(t)}{t}\mathrm{d}t+1$，结果如何？

注 $x=0$ 是函数 $f(x)=\frac{\sin x}{x}$ 的可去间断点. 可去间断点可以当作连续点处理.

1. 设微分方程的通解是 $y=C_1x+C_2x^{-1}$，则该微分方程的阶数为＿＿＿＿，满足初始条件 $y|_{x=1}=1$，$y'|_{x=1}=1$ 的特解为＿＿＿＿.

2. 微分方程 $y\mathrm{d}x+(x-4)\mathrm{d}y=0$ 的通解是＿＿＿＿.

3. 对微分方程 $yy''-y'^2=0$，下列结论不正确的是（　　）.

A. $y=C_1\mathrm{e}^{C_2x}$ 是其通解；　B. $y=C\mathrm{e}^{2x}$ 不是其特解；

C. $y=\mathrm{e}^{-x}$ 是其特解；　D. $y=C_1\mathrm{e}^{2x}+C_2\mathrm{e}^{-x}$ 是其通解.

4. 设非负连续函数 $f(x)$ 满足关系式 $f^2(x)=6\int_0^x t^2f(t)\mathrm{d}t+1$，则 $f(x)=$（　　）.

A. $\sqrt{1+x^3}$；　B. $1+x^3$；

C. $\sqrt[3]{1+x^3}$；　D. $\sqrt{1+x^2}$.

5. 求微分方程 $(e^{y-x}+e^{-x})dx+(e^{y-x}+e^{y})dx=0$ 的通解.

6. 求微分方程 $y'\cos x=y\ln y$ 满足初始条件 $y|_{x=0}=e$ 的特解.

7. 一曲线通过点（2，3），它在两坐标轴间的任意切线均被切点所平分，求这曲线的方程.

1. 微分方程 $(2y+x)\mathrm{d}x-x\mathrm{d}y=0$ 的通解是＿＿＿＿＿.

2. 微分方程 $y'-y=\cos x$ 的通解是＿＿＿＿＿＿＿＿.

3. 微分方程 $y'=\dfrac{y}{x}+\dfrac{x}{2y}$ 满足初始条件 $y|_{x=-1}=1$ 的特解是（　　）.

A. $y=-x\sqrt{\ln(-x)+1}$；　B. $y=-x\sqrt{\ln|x|+1}$；

C. $y=|x|\sqrt{\ln(-x)+1}$；　D. $y=|x|\sqrt{\ln|x|+1}$.

4. 已知函数 $y=\mathrm{e}^{x}-\mathrm{e}^{-x}$ 是某个一阶线性微分方程的特解，则这个微分方程可能是（　　）.

A. $\dfrac{\mathrm{d}y}{\mathrm{d}x}+y=2\mathrm{e}^{x}$；　B. $\dfrac{\mathrm{d}y}{\mathrm{d}x}-y=-2\mathrm{e}^{x}$；

C. $\dfrac{\mathrm{d}y}{\mathrm{d}x}+y=2\mathrm{e}^{-x}$；　D. $\dfrac{\mathrm{d}y}{\mathrm{d}x}-y=-2\mathrm{e}^{-x}$.

5. 求微分方程 $\frac{\mathrm{d}y}{\mathrm{d}x}=\frac{y}{x}+\mathrm{e}^{-\frac{y}{x}}$ 的通解.

6. 求微分方程 $y'=\frac{1}{3x+2y}$ 的通解.

7. 求微分方程 $xy'+y-\mathrm{e}^{x}=0$ 满足初始条件 $y|_{x=2}=\mathrm{e}^{2}$ 的特解.

1. 微分方程 $y''=\sin x$ 的通解是＿＿＿＿＿＿.

2. 微分方程 $xy''+y'=0$ 的通解是＿＿＿＿＿＿.

3. 微分方程 $yy''+y'^2=0$ 满足初始条件 $y|_{x=0}=1$，$y'|_{x=0}=\dfrac{1}{2}$ 的特解是（　　）.

A. $y^2=x+1$；　　B. $y^2=2x+1$；

C. $y=\sqrt{x+1}$；　　D. $y=\sqrt{2x+1}$.

4. 微分方程 $(x+1)y''+(x+2)y'=0$ 的通解 y 的导数等于（　　）.

A. $\dfrac{Ce^{-x}}{1+x}$；　　B. $C(1+x)e^{-x}$；　　C. $\dfrac{Ce^{x}}{1+x}$；　　D. $C(1+x)e^{x}$.

5. 求微分方程 $y''=\dfrac{1}{x}$ 的满足初始条件 $y\,|_{x=\mathrm{e}}=1$，$y'\,|_{x=\mathrm{e}}=1$ 的特解.

6. 求微分方程 $y''-2yy'=0$ 满足初始条件 $y(0)=0$，$y'(0)=1$ 的特解.

7. 设对任意的 $x>0$，曲线 $y=y(x)$ 上任意点 (x, y) 处的切线在 y 轴上的截距等于 $\dfrac{1}{x}\displaystyle\int_0^x y(t)\mathrm{d}t$，求 $y=f(x)$ 的一般表达式.

1. 微分方程 $(x+1)\mathrm{d}y-\mathrm{d}x=0$ 满足初始条件 $y|_{x=0}=1$ 的特解是＿＿＿＿.

2. 微分方程 $\dfrac{\mathrm{d}y}{\mathrm{d}x}+2y=\mathrm{e}^{-2x}$ 的通解为＿＿＿＿＿＿＿＿.

3. 已知 $y=\dfrac{x}{\ln x}$ 是微分方程 $y'=\dfrac{y}{x}+\varphi\left(\dfrac{x}{y}\right)$ 的解，则 $\varphi\left(\dfrac{x}{y}\right)=$(　　).

A. $-\dfrac{y^2}{x^2}$；　B. $\dfrac{y^2}{x^2}$；　C. $-\dfrac{x^2}{y^2}$；　D. $\dfrac{x^2}{y^2}$.

4. 已知曲线 $y=y(x)$ 上点 $M(1,\ 4)$ 处的切线平行于直线 $x-y+5=0$ 且 $y(x)$ 满足微分方程 $xy''+2y'=0$，则此曲线的方程为(　　).

A. $y=\dfrac{1}{x}+3$；　B. $y=-\dfrac{1}{x}+5$；

C. $y=\dfrac{1}{3x^3}+\dfrac{2}{3}$；　D. $y=-\dfrac{1}{3x^3}+\dfrac{4}{3}$.

5. 求方程 $xy' + x\tan\dfrac{y}{x} - y = 0$ 的通解.

6. 求微分方程 $\dfrac{\mathrm{d}y}{\mathrm{d}x} = (x+y)^2$ 的通解.

7. 设函数 $y = f(x)$ 满足方程 $f(x) = \mathrm{e}^x + \int_0^x f(t)\mathrm{d}t$ ，求 $f(x)$.